数据管理实务译丛
中国人民大学中国调查与数据中心组编

# STATA环境下的数据管理实务手册

【美】迈克尔 · N · 米歇尔（Michael N. Mitchell）/ 著
唐丽娜 / 译

Data Management Using Stata :
A Practical Handbook

中国人民大学出版社
· 北京 ·

# 致　谢

回想本书的创作过程，我的内心充满了感激，感谢所有在写作过程中给予我帮助的人。

我首先要感谢的是 Stata 公司和 Stata 出版社善良的人们，感谢他们对本书的帮助、鼓励和支持。我非常感激 Bill Rising。书中很多内容都得益于他的热心和明智的建议。我要特别感谢 Vince Wiggins，他一直关注本书的写作，一直给予鼓励，最重要的是他非常认可我写作过程中的种种努力。我还要感谢 Deirdre Patterson 出色且一丝不苟的编辑工作，Annette Fett 富有创意且有趣的封面设计以及 Stata 出版社 Lisa Gilmore 的所有出色工作。

我还要感谢 UCLA ATS 统计咨询小组的成员们，感谢他们大方地分享他们对本书的一些想法。Xiao Chen、Phil Ender、Rose Medeiros、Brigid Brettesborn，特别是 Christine Wells 提供了很多非常及时的反馈和富有思想的建议。我还要感谢 Lynn Soban 的有益评论和鼓励。我还非常感激 Frauke Kreuter 将第四章中的标签转换成德语的热心帮助。

最后，我想感谢在 UCLA 向我咨询过统计问题的所有优秀读者。和你们讨论问题和困难让我学到了很多。

# 前　言

原始数据和统计分析之间有一道沟，这道沟就是数据管理，数据管理通常包含大量繁琐费劲的工作，这些工作就摆在你和你的数据分析之间。我发现数据管理经常包含了数据分析中那些最具挑战性的方面。我一直想写一本关于如何用 Stata 来解决数据管理工作中这些繁琐费力工作的书。

我想写这样一本书的其中一个原因是：由此能够展示一下 Stata 在数据管理中的作用。有时人们认为 Stata 的优势仅在于其统计上的功能。我个人使用 Stata 已经有 10 多年了，给学生教授 Stata 这门课程也有 10 多年了，其在数据管理方面的强大功能和简单用法总是让我印象深刻。拿命令 reshape 来说，用这个简单的命令很容易就可以把一个宽数据文件转变为长数据文件（更多示例参阅 8.3 节），反之亦然。而且，从某种程度上说，reshape 命令是 Stata 的一名使用者发明的，这表明：Stata 用户编写的程序进一步增强了 Stata 在数据管理方面的功能，而且用户编写的程序很容易下载（10.2 节中有说明）。

本书的每部分几乎都自成一体，每部分讲的都是如何在 Stata 中完成一项特定的数据管理任务。以 2.4 节为例，这节介绍了怎样把一个逗号分隔的数据文件读入 Stata 里。读者不必逐页阅读本书，我鼓励你在最相关的主题间来回跳读。

数据管理是一项重要的（有时甚至是令人生畏的）工作。我以一种非正式的形式来写这本书，就像是我们一起坐在电脑前，我在向你展示关于数据管理的一些小知识。本书的目的是帮助读者轻松快速地学到读者在数据管理中需要的 Stata 知识和技巧。如果读者需要进一步的帮助指导来解决自己遇到的问题，那么 10.3 节讲了很多读者可用的在线 Stata 资源。特别推荐的是 Statalist Listserver，通过它，读者可以接触到来自世界各地的 Stata 用户提供的知识资源。

如果读者想给我一些意见或建议，我非常愿意倾听。可以给我发邮件，我的电子邮箱地址是：MichaelNormanMitchell@gmail.com，也可以访问我的网站，地址是：http://www.MichaelNormanMitchell.com。于我而言，写这本书既是一种挑战也是一种乐趣，希望读者会喜欢它。

加利福尼亚州西米谷市　Michael N. Mitchell

2010 年 8 月

# 目　录

# 第一章　入门介绍

1.1　本书的使用
1.2　本书的概要
1.3　列出书中的观测值

有人说收集数据就像收垃圾一样：收集之前就应该想好怎么处理它。

——罗素·福克斯，马克思·哥白尼和罗伯特·虎克

## 1.1 本书的使用

书如其名，这是一本关于用 Stata 来管理数据的操作手册。作为一本操作手册，也就没有必要一定遵循某种顺序来阅读每个章节。书中不仅各章各自独立，各章中的大多数小节也相互独立。书中每一部分都关注某一个特定的数据管理任务，且提供了相应的示例来展示如何在 Stata 中实现这一特定的数据管理任务。我认为本书至少有两种使用方式。

读者可挑选其中一章，比如第三章"数据清理"，通过阅读这一章来掌握一些有关如何清理和准备数据的新知识点或小技巧。这样，当下次需要清理数据时，就可以直接使用之前学到的这些相关知识点，如果需要的话，也可以再快速浏览一下相关章节。

或者，面对之前从来没有做过的数据任务（也许之前做过，但是已经很长时间没有操作过了），希望能够快速获得帮助。例如，要读入一个用逗号作为分隔符的数据文件。这时候，拿起这本书直接翻到第二章"读入数据"的 2.4 节，这节介绍了如何读入以逗号和制表符作分隔符的数据文件。根据这节中的示例，就能把逗号分隔的数据文件读入 Stata，然后继续你的数据处理工作。

当阅读这本书的时候，读者会发现本书的每个章节都是为解决某个具体问题而设计的，但千万不要迷失在一些附属或难懂的细节之中。如果发现自己需要了解一些更深的知识，本书的每个小节也列出了一些 Stata 帮助文件中的相关参考文件，这些参考中包含了更多的知识。如果读者用的是 Stata 11.0 版本，那么这些帮助文件中还包含了在线参考手册的链接。由于本书是按照实际数据管理中会遇到的不同任务来组织的，而 Stata 的参考手册是根据命令来组织的，因此我希望本书能够帮助读者将手头上要处理的数据管理任务和手册中与这些任务相关的对应条目联系起来。从这个角度来看，本书并不是 Stata 参考手册的竞争者，相反是它们的使用指南。

建议读者自己去操作和运行书中的示例。和被动学习（比如仅阅读本书）相比，实际操作让你进入一种主动学习的状态。如果读者主动在 Stata 中敲入命令，查看运行结果，自己试验同一命令的变体，那么相信这时你对知识的理解和被动学习相比，会更好且更深入。

为了方便读者重复操作书中列出的示例，书中所有的数据都可以从网络上直接下载。通过在 Stata 中键入下面的命令，将书中涉及的所有数据直接读入 Stata 的当前工作目录下：

```
. net from http://www.Stata-press.com/data/dmus①
. net get dmus1
. net get dmus2
```

执行完这些命令后，就可以使用这些数据了，比如：要用数据 wws. data，只需键入如下命令即可：

```
. use wws
```

书中每个小节都是独立的，因此可以在每个小节开始时键入相关命令，直接重复运行本节中的示例。有时甚至可以在某个小节的中间重复运行一个示例，但并不是在所有的小节中都能这么操作。此时，需要重新回到这一小节的开头来重复这些示例。尽管大部分的章节是独立的，但有些部分仍是建立在之前章节的基础上。即使在这种情况下，数据也是可用的，以便读者能从任何一个给定小节开头部分来运行这些示例。

尽管书中讲的所有示例都可以通过点击 Stata 菜单中的相关条目来实现，但本书的重点是使用 Stata 的命令行进行操作。但有一点需要说明：Stata 里有两个非常方便的交互界面/点击的功能，即使一些以写命令为主的用户（包括我自己）也会发现这些功能很有用。数据编辑器（Data Editor，2.10 节会介绍）是一个非常有用的用来把数据录入 Stata 的交互界面。这节中还介绍了变量管理器（Variable Manager）的使用。虽然这是在给一个新创建的数据添加标签的背景中介绍变量管理器，但它对修改（或增加）一个既存数据的标签同样非常有用。

需要说明的是本书是在 Stata 11.0 下写成的。书中大部分示例在 11.0 之前的版本中也同样有效。但是，有些示例在 11.0 之前的版本下是无效的，最明显的是第六章中那些用来讲解数据合并的例子。

这就提出了一个问题，读者要一直保持自己所用的 Stata 是最新的，这也是一个不错的练习。要想证实你的 Stata 是最新版并获取所有免费更新，输入下面这个命令：

```
. update query
```

然后根据提示操作。升级完成后，可键入命令 help whatsnew 来查看刚刚都更新了些什么以及此前 Stata 的更新记录。

在下载完所需数据并实现 Stata 的全面升级后，便可投入到本书的学习中，并亲自操作书中的所有示例。在此之前，希望读者能看完下面一节，它是对本书的总体介绍，能够帮助读者选择可能是你想最先阅读的章节。

---

① 本书英文版初版于 2010 年，原始随书数据发布在 Stata 的官方网站上。但作者后来对数据做了更新，所以本书中有些输出结果和原书会有不同。——译者注

## 1.2 本书的概要

本书每一章都包含了一个不同的、和数据管理有关的主题，每一章都非常独立。本书各章之间的先后顺序和传统书本中的不一样，传统的书需要从头读到尾。也许读者学习本书的大部分内容都不是按照书中呈现的顺序进行，而是按一种不同顺序来学习。我想让读者先快速对本书有整体的了解，以便能以自己喜欢的顺序来学完书中的大部分内容。

本书共 11 章，包括介绍章节（第一章），主体章节第二至十章，以及一个附录。

接下来的四章，第二至五章，讨论的是基本主题，其中包含了所有数据管理项目中都会遇到的问题：读取和录入数据、数据清理、给数据加标签以及创建变量。之所以将这些主题放在前面来讲，是因为我认为它们都是数据管理中最常见的主题；把它们放在前面还有一个原因：它们都是最明确且最具体的主题。

后面的三章，第六至八章，讨论的是在很多（但不是所有）数据管理项目中都会出现的问题：合并数据、处理分组的观测值以及改变数据形状。

第九章讲的是数据管理编程。虽然这章中涉及的主题对很多（不是所有的）数据管理项目而言很常见，但相对前面的二至五章中讨论的主题而言，它们更深入、更高级。这章讲的是如何构建数据分析以使其能够被循环使用，并介绍了很多用来处理重复性任务的快捷编程方法。

第十章主要是一些扩展内容，介绍了怎样为本书获取一些在线资源，如何寻找和安装其他 Stata 用户编写的程序，并推荐了一系列作为补充的在线资源。如果更早地看完这一章，或许你会发现这些信息很有用。

附录 A 列出了 Stata 操作中的一些基本要素。和前面的章节不一样，这些要素是分散的，并且不是关于某一个特定的数据管理任务的，但是它们无处不在，本书通篇都会经常涉及。前面的几个章节会经常涉及附录中的各节，在附录中给每一个要素提供一个解释，这样就不需要在它们每次出现的时候都重复这些解释了。附录包含的主题有：注释、逻辑表达式、函数、if 和 in、缺失值以及变量列表。把这一章放在最后，是为了方便读者在需要时能够快速翻到这里。也许你会发现，和反复回到附录相比，先读完附录并让自己熟悉附录中的这些要素会更容易些。

下一节介绍并解释了一些选项，这些选项可以和贯穿全书的命令 list 一起使用。

## 1.3 列出书中的观测值

本书主要用各种示例向读者展示 Stata 中数据管理命令的工作原理。我更倾向于用一个简单的示例向读者展示怎样使用一条命令，而不是用很多文字来解释这条命令。为此，我会经常使用 list 命令来讲解其他命令的作用。命令 list 默认的输出结果并不总是如我们希望的那样清楚明了。有时我会在 list 命令的后面加入一些选项让运行结果尽量清晰。我用这节来讲解这些选项并解释为什么全书都会用到它们，而不是每次这些选项出现时都去解释它们。

在第一组示例中，使用数据 wws. dta，它包含 2 246 个虚构的、关于女性及其工作的观测值。

```
. use wws
(Working Women Survey)
```

对包含了很多观测值的文件，列出其中一部分观测值非常有用。我经常用 in 来显示在一个数据中选中的观测值。在下面的示例中，列出了第 1～5 个观测值，显示了变量 idcode，age，hours 和 wage。

```
. list idcode age hours wage in 1/5
```

| | idcode | age | hours | wage |
|---|---|---|---|---|
| 1. | 5159 | 38 | 38 | 7.15781 |
| 2. | 5157 | 24 | 35 | 2.447664 |
| 3. | 5156 | 26 | 40 | 3.824476 |
| 4. | 5154 | 32 | 40 | 14.32367 |
| 5. | 5153 | 35 | 35 | 5.517124 |

有时变量名太长，命令 list 就会把变量名进行缩写。这样列表就会更紧凑，但这样也会让被缩写的标题更难以理解。例如，下面的列表显示了前 5 个观测值中的变量 idcode、married、marriedyrs 和 nevermarried。请注意变量 marriedyrs 和 nevermarried 是如何被缩写的。

```
. list idcode married marriedyrs nevermarried in 1/5
```

| | idcode | married | marrie~s | neverm~d |
|---|---|---|---|---|
| 1. | 5159 | 0 | 0 | 0 |
| 2. | 5157 | 1 | 0 | 0 |
| 3. | 5156 | 1 | 3 | 0 |
| 4. | 5154 | 1 | 2 | 0 |
| 5. | 5153 | 0 | 0 | 1 |

在缩写变量时，可以用选项 abbreviate()来指定命令 list 可用的最少字符数。例如，指定 abbreviate(20)表示所有的变量都不能被缩写到小于 20 个字符。在本书中，这个选项缩写为 abb()［例如下面的 abb(20)］。这里用这个选项就能让所有变量名都完整地显示出来。

```
. list idcode married marriedyrs nevermarried in 1/5, abb(20)

     +---------------------------------------------+
     | idcode   married   marriedyrs   nevermarried |
     |---------------------------------------------|
  1. |   5159         0            0              0 |
  2. |   5157         1            0              0 |
  3. |   5156         1            3              0 |
  4. |   5154         1            2              0 |
  5. |   5153         0            0              1 |
     +---------------------------------------------+
```

如果在一行中要显示的变量列表太长，列表会在页内自动换行。如下所示，这种列表很难读懂，因此在本书中会避免这种情况的出现。

```
. list idcode ccity hours uniondues married marriedyrs nevermarried in 1/3,
> abb(20)

     +--------------------------------------------------------------+
  1. | idcode | ccity | hours | uniondues | married | marriedyrs |
     |   5159 |     1 |    38 |        29 |       0 |          0 |
     |--------------------------------------------------------------|
     |                         nevermarried                         |
     |                                    0                         |
     +--------------------------------------------------------------+

     +--------------------------------------------------------------+
  2. | idcode | ccity | hours | uniondues | married | marriedyrs |
     |   5157 |     0 |    35 |         0 |       1 |          0 |
     |--------------------------------------------------------------|
     |                         nevermarried                         |
     |                                    0                         |
     +--------------------------------------------------------------+

     +--------------------------------------------------------------+
  3. | idcode | ccity | hours | uniondues | married | marriedyrs |
     |   5156 |     0 |    40 |         0 |       1 |          3 |
     |--------------------------------------------------------------|
     |                         nevermarried                         |
     |                                    0                         |
     +--------------------------------------------------------------+
```

有时用选项 noobs 来避免出现这种自动换行的情况。选项 noobs 禁止显示观测值的序号，这样偶尔会节省出足够的空间以防止变量列表在该页内自动换行。

在上面示例的命令中加入选项 noobs，再重新运行该命令，现在就节省出足够的空间防止列表在页内被换行显示。

```
. list idcode ccity hours uniondues married marriedyrs nevermarried in 1/3,
>  abb(20) noobs
```

| idcode | ccity | hours | uniondues | married | marriedyrs | nevermarried |
|---|---|---|---|---|---|---|
| 5159 | 1 | 38 | 29 | 0 | 0 | 0 |
| 5157 | 0 | 35 | 0 | 1 | 0 | 0 |
| 5156 | 0 | 40 | 0 | 1 | 3 | 0 |

接下来的示例用的是数据 tv1.dta，它包含了 10 个观测值，内容是 4 个不同孩子的看电视的习惯。

```
. use tv1
```

可以用命令 list 来查看整个数据。

```
. list
```

| | kidid | dt | female | wt | tv | vac |
|---|---|---|---|---|---|---|
| 1. | 1 | 07jan2002 | 1 | 53 | 1 | 1 |
| 2. | 1 | 08jan2002 | 1 | 55 | 3 | 1 |
| 3. | 2 | 16jan2002 | 1 | 58 | 8 | 1 |
| 4. | 3 | 18jan2002 | 0 | 60 | 2 | 0 |
| 5. | 3 | 19jan2002 | 0 | 63 | 5 | 1 |
| 6. | 3 | 21jan2002 | 0 | 66 | 1 | 1 |
| 7. | 3 | 22jan2002 | 0 | 64 | 6 | 0 |
| 8. | 4 | 10jan2002 | 1 | 62 | 7 | 0 |
| 9. | 4 | 11jan2002 | 1 | 58 | 1 | 0 |
| 10. | 4 | 13jan2002 | 1 | 55 | 4 | 0 |

注意每 5 个观测值间的后面会显示一条分隔线。这样更容易阅读输出结果。有时囿于空间，会禁止显示分隔线以确保列表能显示在同一页上。选项 seperator(0) ［这个选项的缩写为 sep(0)］不显示这些分隔线。

```
. list, sep(0)
```

| | kidid | dt | female | wt | tv | vac |
|---|---|---|---|---|---|---|
| 1. | 1 | 07jan2002 | 1 | 53 | 1 | 1 |
| 2. | 1 | 08jan2002 | 1 | 55 | 3 | 1 |
| 3. | 2 | 16jan2002 | 1 | 58 | 8 | 1 |
| 4. | 3 | 18jan2002 | 0 | 60 | 2 | 0 |
| 5. | 3 | 19jan2002 | 0 | 63 | 5 | 1 |
| 6. | 3 | 21jan2002 | 0 | 66 | 1 | 1 |
| 7. | 3 | 22jan2002 | 0 | 64 | 6 | 0 |
| 8. | 4 | 10jan2002 | 1 | 62 | 7 | 0 |
| 9. | 4 | 11jan2002 | 1 | 58 | 1 | 0 |
| 10. | 4 | 13jan2002 | 1 | 55 | 4 | 0 |

在其他情况下，分隔符在区分观测值组群时特别有用。在这个数据中，每个孩子都有多个观测值，通过加入选项 sepby(kidid)要求在每两个 kidid 之间加入一条分隔线。这便于清楚地看到不同孩子的观测值组。

```
. list, sepby(kidid)

     +-----------------------------------------------+
     | kidid          dt   female   wt   tv   vac   |
     |-----------------------------------------------|
  1. |     1   07jan2002        1   53    1     1   |
  2. |     1   08jan2002        1   55    3     1   |
     |-----------------------------------------------|
  3. |     2   16jan2002        1   58    8     1   |
     |-----------------------------------------------|
  4. |     3   18jan2002        0   60    2     0   |
  5. |     3   19jan2002        0   63    5     1   |
  6. |     3   21jan2002        0   66    1     1   |
  7. |     3   22jan2002        0   64    6     0   |
     |-----------------------------------------------|
  8. |     4   10jan2002        1   62    7     0   |
  9. |     4   11jan2002        1   58    1     0   |
 10. |     4   13jan2002        1   55    4     0   |
     +-----------------------------------------------+
```

本节对书中使用命令 list 时会用到的选项的介绍到此为止。在使用这些选项遇到疑惑，且没有关于这些选项是什么以及为什么用这些选项的解释时，希望本节能帮助你解除这些疑惑。

# 第二章　读取和录入数据



数据！数据！数据！巧妇难为无米之炊。

——夏洛克·福尔摩斯

## 2.1 简介

假设你有一个原始数据，而且很想用 Stata 来分析它。在用 Stata 分析这个数据之前，首先需要做的是把它读入 Stata。本章要介绍的就是怎样把几种常见类型的数据文件读入 Stata 里，以及如何保存这几种常见类型的数据文件。本节先概述了在 Stata 中读取和保存数据文件时的常见问题。

### 更改目录

要读入一个数据文件，首先需要知道该数据所在的目录或文件夹，以及如何进入。

假设用的是 Windows 操作系统，所用数据文件都保存在一个名为 c：\ statadata 的文件夹中。可以通过输入下面的命令进入该目录[①]：

```
. cd c:/statadata
```

如果用的是 Unix（如 Linux、OSX 或 AIX）操作系统，数据文件保存在一个名为～/Statadata 的目录中。可以通过输入下面的命令进入该目录：

```
. cd ~ /statadata
```

更多有关导航问题的信息，请参见手册 *Getting Started with Stata*。从现在起，假定需要的数据已被保存在当前工作目录中[②]。

> **注意！用主菜单更改目录**
>
> 在前面的示例中，目录或文件夹名都很短也很简单，但是在实际操作中，这类名字通常都很长，输入它们时很容易出错。这样，和输入相比，点击目录或文件夹更容易。找到 File 菜单，然后选择 Change Working Directory……，这样就可以通过点击目录或文件夹来改变当前工作目录，而不必输入全名。

### 你想读入的是什么类型的数据文件?

有几种不同类型的数据文件可以读入 Stata 里，包括 Stata 数据、不同类型的原始

① 注意在 Stata 中，既可以指定 c：\ statadata 也可以指定 c：/ statadata。更倾向于使用正斜线（/），因为在 Stata 里反向斜线还有其他意义。

② 虽然通过指定完整的路径能够获取其他文件夹中的数据（如目录或文件夹名和文件名），但是我强烈建议先用命令 cd 进入数据所在的文件夹。这样只需指定数据名就能读取和写入数据。

数据文件以及 SAS XPORT 文件。先介绍一下这些不同类型的数据文件。

如你所料，把 Stata 数据读入 Stata 很容易。2.2 节会介绍如何读入 Stata 数据。

原始数据有多种不同类型的格式，包括逗号作分隔符的、以制表符作分隔符的、以空格作分隔符的以及固定格式的数据文件。每种类型的数据文件都举出了一个例子。

以逗号分隔的文件，有时称为 CSV（comma-separated values）文件，通常被用来保存原始数据。这类文件经常来自电子表格程序，并且文件名的后缀是 .csv。下面看一个以逗号作分隔符的文件 dentists1. txt。用命令 type 显示该文件。

```
. type dentists1.txt
name,years,fulltime,recom
"Y. Don Uflossmore",7.25,0,1
"Olive Tu'Drill",10.25,1,1
"Isaac O'Yerbreath",32.75,1,1
"Ruth Canaale",22,1,1
"Mike Avity",8.5,0,0
```

逗号分隔文件，就如它的名字一样，是用逗号隔开数据中的变量（列）。在这类文件中，第一行是变量名，也用逗号隔开。这个文件里包含了五行有关五位牙医的数据。四个变量分别是牙医的姓名、她/他从医的年数、她/他是否为全职、她/他是否推荐了 Quaddent 牌口香糖。注意牙医的姓名由字符构成，都被括在双引号里。如果姓名里有逗号，这样做可以防止出现混淆。2.4 节将介绍如何读入逗号分隔文件。

与其类似的另一类文件是制表符分隔文件。该类文件不是用逗号而是用制表符（tab）把变量（列）隔开。文件 dentists2. txt 就是这类文件的一个示例，如下所示。

```
. type dentists2.txt
name    years   fulltime        recom
"Y. Don Uflossmore"     7.25    0       1
"Olive Tu'Drill"        10.25   1       1
"Isaac O'Yerbreath"     32.75   1       1
"Ruth Canaale"  22      1       1
"Mike Avity"    8.5     0       0
```

无法直观地看到隔开变量的制表符符号，但是能够看到制表符的出现是怎样使得跟在它后面的变量排列在了下一个制表位上（像 word 处理器中的制表位一样）。在这个例子中，变量并不是整齐排在一列，主要是因为牙医姓名长短不一。前 3 名牙医的姓名有些长，第二个变量（years）在同一个制表位上。后 2 个牙医的姓名有些短，因此第二个变量制表位就比较靠前。列的这种排列方式在制表符分隔文件中很常见。更多有关如何读入制表符分隔文件的信息，请参阅 2.4 节。

原始数据还可以被保存成空格分隔文件。这样的文件用一个（也可能是多个）空格来隔开变量（列）。下面的文件 dentists5. txt 就是这样一个示例。

```
. type dentists5.txt
"Y. Don Uflossmore" 7.25 0 1
"Olive Tu'Drill" 10.25 1 1
"Isaac O'Yerbreath" 32.75 1 1
"Ruth Canaale" 22 1 1
"Mike Avity" 8.5 0 0
```

注意这个文件和用逗号分隔的那个文件有相似之处。不同的是，这里没有用逗号隔开变量，而是使用了空格。在这个示例文件中，第一行不是变量名（逗号分隔文件的第一行是变量名）①。2.5 节将介绍如何读入这种空格分隔文件。

原始数据也可以被保存成固定列格式文件。在这类文件中，原始数据中的变量根据它们所在的列位置进行区分。文件 dentists7. txt 就是固定列文件的一个示例。

```
. type dentists7.txt
Y. Don Uflossmore 7.2501
Olive Tu'Drill   10.2511
Isaac O'Yerbreath32.7511
Ruth Canaale     22.0011
Mike Avity        8.5000
```

正如你看到的，所有的数据都挤在了一起，看起来像是一堆没有头绪的数字。要让这些数据有用，固定列文件需要有对应的提供了变量名和变量所在列的文件。在这个文件中，牙医的姓名占据了第 1～17 列，从医年数占据的是第 18～22 列，是否全职占了第 23 列，是否推荐 Quaddent 口香糖占了第 24 列。有了这些关于列位置的信息，就能把这个数据文件中的信息分解到各个不同的变量中。2.6 节和 2.7 节将介绍如何读入固定列文件。

也许你下载或收到的是 SAS XPORT 文件。可以根据 2.8 节中介绍的方法，把这类文件读入 Stata 里。

**建议！读入数据时的常见错误**

读入数据时会出现几种常见错误。最常见的错误有“no; data in memory would be lost”，“you must start with an empty dataset”，“no room to add more observations”。2.9 节中会对这些错误做出解释，并指出该如何处理它们。在遇到这些错误之前，你可以先直接跳到 2.9 节中阅读有关这些错误的内容。

有时数据是自己收集的，这时就需要把数据输入 Stata 中。2.10 讲的是如何用 Stata 的数据编辑器直接把数据录入 Stata 里。如果你希望进一步确认数据已被正确录入，可以考虑阅读 3.2 节中讲的有关双录数据的内容。

---

① 根据经验，逗号分隔文件和制表符分隔文件的第一行通常都是变量名，但是空格分隔文件不是。

### 你想保存成哪种类型的数据文件?

在 Stata 里，可以把数据保存成不同的格式，包括 Stata 数据、各种不同类型的原始数据文件以及 SAS XPORT 文件。还是先简单介绍一下。

Stata 里用于保存数据最常见的格式就是 Stata 数据。2.3 节将介绍如何保存成这类数据文件。

2.11 节讲的是如何保存成逗号分隔文件以及制表符分隔文件。这种类型的文件还可以用很多种其他程序来读取，包括电子表格。

2.12 节中讲的是把数据保存成空格分隔文件的方法。在使用空格作分隔符的软件时，这类文件（有时又称自由格式）就相当实用。

2.13 节介绍的是如何把数据保存成 SAS XPORT 文件。这类文件可用于向美国食品和药物管理局（FDA）申请新药物和新医疗设备（NDAs）。

**建议！通过 web 读入数据文件**

在 Stata 中，大部分的命令，包括读入数据的命令，都可以通过 web 读入数据文件。例如，可以从 UCLA ATS 网站上读入数据 habdemo. dta，在 Stata 中输入：

```
. use http://www.ats.ucla.edu/stat/data/hsbdemo
```

虽然 Stata 可以读取保存在远程网站上的数据文件，但是不能把数据文件保存到这些远程网站上。

## 2.2 读入 Stata 数据

本节要讲的是怎样读入 Stata 数据。举例说明，读入一个名为 dentists. dta 的数据。这个数据的信息来自对 5 个牙医的调查，其中包含他们是否向有咀嚼口香糖习惯的病人推荐 Quaddent 牌口香糖。把这个数据读入 Stata 中时要用 use 命令，如下所示。

```
. use dentists

. list
```

| | name | years | fulltime | recom |
|---|---|---|---|---|
| 1. | Y. Don Uflossmore | 7.25 | 0 | 1 |
| 2. | Olive Tu'Drill | 10.25 | 1 | 1 |
| 3. | Isaac O'Yerbreath | 32.75 | 1 | 1 |
| 4. | Ruth Canaale | 22 | 1 | 1 |
| 5. | Mike Avity | 8.5 | 0 | 0 |

如你所见，数据成功读入。用命令 list 展示这 5 位医生的信息：包括他们的姓名、从医年限、是否是全职工作，以及是否推荐了 Quaddent 牌口香糖。（如果收到的错误提示是“no; data in memory would be lost”，就需要先用命令 clear 清空当前内存中的所有数据。）

即使现在用的是老版本的 Stata，命令 use 也同样有效（直到 1.0 版都有效），另外还可以读入在其他计算机系统中生成的 Stata 数据。Stata 能够识别出 Stata 数据属于哪种类型，在读入该数据时也不需要使用其他的命令或特殊选项。

除了从本地电脑里读取数据，还可以读取保存在远程网络服务器上的 Stata 数据。例如，dentists. dta 也被上传到 Stata Press 网站上，可以用下面这个命令读入这个数据：

```
. use http://www.stata-press.com/data/dmus/data/dentists.dta
```
[①]

假定 dentists. dta 是一个非常大的数据，现在只想读入变量 name 和 years。如下所示，可以只读入数据中的这两个变量。注意在命令 use 的后面如何指定待读入的变量。

```
. use name years using dentists

. list
```

| | name | years |
|---|---|---|
| 1. | Y. Don Uflossmore | 7.25 |
| 2. | Olive Tu'Drill | 10.25 |
| 3. | Isaac O'Yerbreath | 32.75 |
| 4. | Ruth Canaale | 22 |
| 5. | Mike Avity | 8.5 |

假设现在只想读入 dentists. dta 中的部分观测值，例如，只读取那些从业年限不少于 10 年的牙医。可以照下面这么做（更多关于 if 限定符的内容，请参见 A. 8 节）。

```
. use dentists if years >= 10

. list
```

| | name | years | fulltime | recom |
|---|---|---|---|---|
| 1. | Olive Tu'Drill | 10.25 | 1 | 1 |
| 2. | Isaac O'Yerbreath | 32.75 | 1 | 1 |
| 3. | Ruth Canaale | 22 | 1 | 1 |

---

① 该文件已不存在了。——译者注

还可以把这两个命令结合起来用，只读入那些从业年限不少于 10 年的观测值且只读入 name 和 years 两个变量，如下所示。

```
. use name years using dentists if years >= 10

. list

     +----------------------------+
     |             name    years  |
     |----------------------------|
  1. |     Olive Tu'Drill    10.25  |
  2. | Isaac O'Yerbreath    32.75  |
  3. |       Ruth Canaale       22  |
     +----------------------------+
```

通过选取部分变量或部分观测值，可以读入超过内存容量的 Stata 数据。例如，假设只有 800 兆的可用内存，但想读入的 Stata 数据是 1 400 兆。通过只读取需要的变量或观测值，就能在内存容量允许的条件下读入需要的数据。

除了命令 use，Stata 还提供了两个命令可以帮你找到并调用 Stata 提供的示例数据。一个是命令 sysuse，它能帮你找到并读入 Stata 的内置数据。使用命令 sysuse dir 会列出 Stata 中所有的内置演示数据。命令 sysuse 会读入指定的演示数据。auto. dta 是 Stata 内置的一个常用演示数据。可以通过输入下面的命令读入这个数据。

```
. sysuse auto
(1978 Automobile Data)
```

Stata 手册里还提到了很多其他的示例数据，但它们并不是内置在 Stata 里。可以输入 help data contents 来列出这些演示数据，也可以在主菜单中选择 File，然后点击 Example Datasets……。命令 webuse 可以通过网络读入指定的数据。例如，可以通过互联网读入 auto. dta 的一个对应数据 fullauto. dta，如下所示：

```
. webuse fullauto
(Automobile Models)
```

要了解更多信息，请参阅 help use、help sysuse 和 help webuse。

## 2.3 保存 Stata 数据

假设你已看过了如何读取原始数据（如 2.4 节）的章节。现在读入一个逗号分隔的数据 dentists1. txt，如下所示。

```
. insheet using dentists1.txt
(4 vars, 5 obs)
```

要想把它保存成一个名为 mydentists. dta 的 Stata 数据，可以用命令 save，如下所示。

```
. save mydentists
file mydentists.dta saved
```

如果数据 mydentists. dta 已经存在，可以加入选项 replace 以指示可以覆盖原有的数据，如下所示。

```
. save mydentists, replace
file mydentists.dta saved
```

也许你保存数据不是为自己，而是想把它给一个朋友或者和几个不同的人分享。有时，其他人可能并不像你一样及时地把 Stata 更新到了最新版本，因此需要给他们一个在之前的版本中照样也能打开的数据。这可以用命令 saveold 实现。Stata 的 11.0 和 10.0 版本支持的是相同的数据格式，因此当命令 saveold 在这些版本下使用时，是将文件保存成在 Stata9.0 和 8.0 中都可以使用的数据类型。如下所示，把数据保存成 dentistsold. dta。

```
. saveold dentistsold
file dentistsold.dta saved
```

也许你想和最好的朋友共享这个数据，但是你不知道他是在 Windows、Macintosh、Linux、Solaris 还是 AIX 系统下使用 Stata，去问他又显得很尴尬。别担心！无需问他，因为在一种操作系统下保存的 Stata 数据可以在任何操作系统下的 Stata 中使用。

也许你非常喜欢 dentists. dta，想通过你的网站 http：//www. iamastatgenious. net/ 向全世界分享它。假如你把 dentists. dta 上传到你网络服务器中的一个名为 mydata 的文件夹中。这样获取该数据的完整路径即为 http：//www. iamastatgenious. net/mydata/dentists. dta。这时只需在 Stata 中输入如下命令，你和全世界的人就都能从那个网络服务器上读取这个数据。

```
. use http://iamastatgenious.net/mydata/dentists.dta
```

由于 Stata 数据不受平台限制，因此，这条命令对所有操作平台的人都适用。而且如果是用命令 saveold 保存的数据，那么即使是那些使用老版本 Stata 的用户也可以使用这个数据。

## 你知道吗？Stata 数据里包含什么？

你有没有好奇过 Stata 数据中包含什么呢？当然，我知道你知道里面有哪些内容，因为很可能是你录入的。我的意思是，你有没有想过 Stata 数据是如何组织的？如果想了解的话，可以参见 help dta，它提供了很多关于 Stata 数据内部工作原理的详细信息，包括 Stata 是怎样从不同的操作系统中读入数据。

正如 2.2 节中所讲的，命令 use 允许通过指定选项 if 来读入特定的观测值，允许通过指定一个变量列表来读入特定的变量。或许你想把这些方法也用在命令 save 中，但命令 save 并不支持这两种功能。替代办法是，可以先用命令 keep 或 drop 选择想保留的变量，用命令 keep if 或 drop if 选择要保留的观测值。A.9 节中对这些命令有详细解释。

为了说明这一点，先读入 dentists.dta，并列出整个数据。

```
. use dentists

. list
```

| | name | years | fulltime | recom |
|---|---|---|---|---|
| 1. | Y. Don Uflossmore | 7.25 | 0 | 1 |
| 2. | Olive Tu'Drill | 10.25 | 1 | 1 |
| 3. | Isaac O'Yerbreath | 32.75 | 1 | 1 |
| 4. | Ruth Canaale | 22 | 1 | 1 |
| 5. | Mike Avity | 8.5 | 0 | 0 |

如果只想保留那些推荐了 Quaddent 的牙医（即 recom 等于 1）的观测值，而且只保留变量 name 和 year。可以这么做：

```
. keep if recom ==1
(1 observation deleted)

. keep name years

. save dentist_subset
file dentist_subset.dta saved
```

用命令 keep if 选择要保留的观测值。（同样，也可以用命令 drop if 选择想删除的观测值。）用命令 keep 选择想保留的变量。（也可以用命令 drop 选择要删除的变量。）

更多有关保存 Stata 数据的信息，请参见 help save。

## 2.4 读取逗号或制表符作分隔符的文件

可以用不同的方式来保存原始数据。如果变量用逗号隔开，不妨称这个文件为逗号分隔文件；如果变量用制表符隔开，不妨称这个文件为制表符分隔文件。这种类型的文件都可以用命令 insheet 读入。如果数据文件的第一行是变量名，那么 Stata 会识别并用它们给变量命名。用数据 dentists1. txt 做演示，这个数据包含了 5 条观测值，是 5 个虚构的牙医的信息，包括他们是否向有吃口香糖习惯的病人推荐 Quaddent 牌口香糖的信息。

```
. type dentists1.txt
name,years,fulltime,recom
"Y. Don Uflossmore",7.25,0,1
"Olive Tu'Drill",10.25,1,1
"Isaac O'Yerbreath",32.75,1,1
"Ruth Canaale",22,1,1
"Mike Avity",8.5,0,0
```

也许稍后会有人问第五个牙医为什么没有推荐这款口香糖，但是现在要考虑的是应该怎样把这个数据文件读入 Stata。数据文件的第一行提供了变量名——牙医的姓名(name)、牙医的从医年限（years）、是否是全职牙医（fulltime）以及是否推荐了 Quaddent（recom）。可以用命令 insheet 读取这类数据，如下所示：

```
. insheet using dentists1.txt
(4 vars, 5 obs)
```

由于这是一个很小的数据文件，可以直接用命令 list 来确认是否正确读取了该数据。

```
. list
```

| | name | years | fulltime | recom |
|---|---|---|---|---|
| 1. | Y. Don Uflossmore | 7.25 | 0 | 1 |
| 2. | Olive Tu'Drill | 10.25 | 1 | 1 |
| 3. | Isaac O'Yerbreath | 32.75 | 1 | 1 |
| 4. | Ruth Canaale | 22 | 1 | 1 |
| 5. | Mike Avity | 8.5 | 0 | 0 |

另一种常见格式是制表符分隔文件，这种文件中的变量是用制表符隔开的。文件 dentists2. dta 是牙医数据的制表符分隔版本。

```
. type dentists2.txt
name	years	fulltime	recom
"Y. Don Uflossmore"	7.25	0	1
"Olive Tu'Drill"	10.25	1	1
"Isaac O'Yerbreath"	32.75	1	1
"Ruth Canaale"	22	1	1
"Mike Avity"	8.5	0	0
```

用命令 insheet 读入该类数据文件也可以，为了节省篇幅，就不再列出数据中的内容。

```
. insheet using dentists2.txt
(4 vars, 5 obs)
```

可能会有不包含变量名的逗号分隔文件或制表符分隔文件。数据文件 dentists3. dta 就是一个第一行没有变量名且用逗号作分隔符的示例数据。

```
. type dentists3.txt
"Y. Don Uflossmore",7.25,0,1
"Olive Tu'Drill",10.25,1,1
"Isaac O'Yerbreath",32.75,1,1
"Ruth Canaale",22,1,1
"Mike Avity",8.5,0,0
```

要读入这样的数据有两种选择：一是可以让 Stata 分配临时的变量名，二是在读入数据时加上变量名。下面的示例演示的就是怎样读入这种数据以及如何让 Stata 为这些变量命名。

```
. insheet using dentists3.txt
(4 vars, 5 obs)
```

命令 list 显示 Stata 已经给变量分配了变量名：v1、v2、v3 和 v4。

```
. list

     +---------------------------------------+
     |                v1      v2   v3   v4   |
     |---------------------------------------|
  1. | Y. Don Uflossmore    7.25    0    1   |
  2. |    Olive Tu'Drill   10.25    1    1   |
  3. | Isaac O'Yerbreath   32.75    1    1   |
  4. |      Ruth Canaale      22    1    1   |
  5. |        Mike Avity     8.5    0    0   |
     +---------------------------------------+
```

可以用命令 rename 或变量管理器（Variable Manager）给变量重命名。更多关于如何在 Stata 中为变量重命名的信息，请参阅 5.15 节，更多有关变量管理器（Variable Manager）的内容，请参阅 2.10 节。

与其读入数据后再给变量重命名，不如直接在命令 insheet 中指定想要的变量名，如下所示。

```
. insheet name years fulltime recom using dentists3.txt
(4 vars, 5 obs)
```

**小建议！如何处理使用其他类型分隔符的数据文件？**

Stata 也能读入使用其他类型分隔符的数据文件。文件 dentists4. txt 用冒号（:）分隔变量。可以在命令 insheet 中加入选项 delimiter(":")来读入文件。例如，

```
. insheet using dentists4.txt, delimiter(":")
```

更多关于命令 insheet 的内容，请参阅 help insheet。

## 2.5 读取空格作分隔符的文件

另一种常见的用于保存原始数据的格式是空格分隔文件。在这类数据文件中，变量之间用一个（或多个）空格隔开，如果一个字符型变量中有空格，需要将其放在括号里。文件 dentists5. txt 就是这样的一个示例，同样是包含了 5 个牙医的信息：他们的姓名、从医年限、是不是全职牙医以及是否推荐了 Quaddent 口香糖。

```
. type dentists5.txt
"Y. Don Uflossmore" 7.25 0 1
"Olive Tu'Drill" 10.25 1 1
"Isaac O'Yerbreath" 32.75 1 1
"Ruth Canaale" 22 1 1
"Mike Avity" 8.5 0 0
```

可以用命令 infile 读取这个数据。由于这个文件中没有变量名，所以还需要在命令 infile 中指定变量名。此外，由于变量 name 是一个字符型变量，还需要在 name 的前面加上 str17 来告诉 Stata 这是一个宽度为 17 的字符型变量。

```
. infile str17 name years fulltime recom using dentists5.txt
(5 observations read)
```

list 的输出结果显示读入的数据是正确的。

```
. list

     +------------------------------------------------+
     |                name   years   fulltime   recom |
     |------------------------------------------------|
  1. |  Y. Don Uflossmore    7.25          0       1 |
  2. |    Olive Tu'Drill    10.25          1       1 |
  3. | Isaac O'Yerbreath    32.75          1       1 |
  4. |      Ruth Canaale       22          1       1 |
  5. |        Mike Avity      8.5          0       0 |
     +------------------------------------------------+
```

命令 infile 不能读入第一行是变量名的数据文件。那么该怎样读取这样的数据文件呢？还可以用带选项 delimiter("")的 insheet 命令，双引号中间要加上空格来告诉 Stata 变量是用空格隔开的。数据 dentists6. txt 是以空格分隔的，且第一行是变量名。用命令 insheet 读入这个数据，如下所示：

```
. insheet using dentists6.txt, delimiter(" ")
(4 vars, 5 obs)
```

有时，可能需要读入一个包含几十甚至上百个变量的空格分隔文件，但是又只对其中的部分变量感兴趣。例如，假设有一个名为 abc. txt 的文件，该文件中包含了 26 个变量，变量名分别是 a，b，c，……z。假设只对变量 a 和 x 感兴趣。与其在命令 infile 中加入所有的变量，还不如跳过其中的 22 个变量（b～w）和最后的两个变量 y 和 z，只读入变量 a 和 x。这样做不仅会减少工作量（不用给不想保留的变量命名了），而且允许读入大小超过内存容量的文件（更多有关给数据分配内存的信息，请参阅 2.9 节）。

```
. infile a _skip(22) x _skip(2) using abc.txt
(5 observations read)

. list

     +-------+
     | a   x |
     |-------|
  1. | 3   8 |
  2. | 6   5 |
  3. | 4   2 |
  4. | 5   9 |
  5. | 6   9 |
     +-------+
```

有时，可能只想读入原始数据中的部分观测值。可以先读入整个数据文件，然后用 keep if 删除不需要的观测值。通常来讲，这也是一个不错的方法，但还可以通过给命令 infile 加入限定项 if 的方法来读入所需的观测值（A.8 提供了更多关于 if 的内容），这样做同样能节省时间和内存。例如，可以只读入数据 abc.txt 中的那些变量 a 小于或等于 5 的观测值。

```
. infile a _skip(22) x _skip(2) using abc.txt if (a <=  5)
(3 observations read)

. list
```

| | a | x |
|---|---|---|
| 1. | 3 | 8 |
| 2. | 4 | 2 |
| 3. | 5 | 9 |

**小建议！读取相邻的变量**

思考这样一个数据文件，里面包含了变量身份、性别、年龄以及 5 次血压测量值和 5 次脉搏测量值。读入这个原始数据，如下所示。

```
. infile id age bp1 bp2 bp3 bp4 bp5 pu1 pu2 pu3 pu4 pu5 using cardio1.txt
```

也可以用一种简便的方法读入，如下所示。

```
. infile id age bp1-bp5pu1-pu5 using cardio1.txt
```

更多信息请参阅 help infile。

## 2.6 读取固定格式文件

固定格式数据文件看起来很容易让人迷惑，因为其里面的变量之间没有空格，全都挤在一起，没有逗号或制表符把它们区隔开。对于这类文件，Stata 根据变量所在的列位置来识别变量。这种文件能节省存储空间，但读取时难度会更大，因为需要对每个变量指定起止列的位置。这类信息一般来自编码手册，它会给出每个变量对应的列位置。dentists7.txt 是 dentists.dta 的固定格式数据。

```
. type dentists7.txt
Y. Don Uflossmore 7.2501
Olive Tu'Drill   10.2511
Isaac O'Yerbreath32.7511
Ruth Canaale     22.0011
Mike Avity        8.5000
```

在这个数据中，牙医的名字占第1～17列，从医年数占第18～22列，是不是全职牙医占第23列，是否推荐了Quaddent占第24列。知道了列的位置，就可以用命令infix读取该数据文件，如下所示：

```
. infix str name 1-17 years 18-22 fulltime 23 recom 24 using dentists7.txt
(5 observations read)

. list
```

| | name | years | fulltime | recom |
|---|---|---|---|---|
| 1. | Y. Don Uflossmore | 7.25 | 0 | 1 |
| 2. | Olive Tu'Drill | 10.25 | 1 | 1 |
| 3. | Isaac O'Yerbreath | 32.75 | 1 | 1 |
| 4. | Ruth Canaale | 22 | 1 | 1 |
| 5. | Mike Avity | 8.5 | 0 | 0 |

不必读入固定列数据文件中的所有变量。实际上，当我第一次试着读取固定列数据文件时，在读取更多变量之前，我先只读取了第一个和最后一个变量并检查了这两个变量的读取情况。当你有很多变量但只想读取其中一部分时，也可以采用同样的策略。例如，可以只读取变量name和fulltime，如下所示。

```
. infix str name 1-17 fulltime 24 using dentists7.txt
(5 observations read)

. list
```

| | name | fulltime |
|---|---|---|
| 1. | Y. Don Uflossmore | 1 |
| 2. | Olive Tu'Drill | 1 |
| 3. | Isaac O'Yerbreath | 1 |
| 4. | Ruth Canaale | 1 |
| 5. | Mike Avity | 0 |

同样地，也不必读取数据中的所有观测值。同样可以用限定符in或if，这样就可以只读取观测值的一个子集。当读取包含很多观测值的数据文件时，在读取整个数据文件前，通过添加限定符in 1/10，先读取前10个观测值。如果想读入dentists7. txt中

的前 3 个观测值，可以输入

```
. infix years 18-22 fulltime 23 using dentists7.txt in 1/3
```

如果想只读取全职牙医的案例，可以输入

```
. infix years 18-22 fulltime 23 using dentists7.txt if fulltime==1
```

更多有关 if 和 in 用法的知识，请参阅 A. 8。

Stata 提供了另一种读入固定列文件的方法，用字典文件（dictionary file）。与上面的命令 infix 一样，字典文件（如下所示）中也包含了变量名和列位置。字典文件和命令 infix 联合使用尤其有效，这也是为什么下面的这个命令要以 infix dictionary 开头。

```
. type dentists1.dct
infix dictionary {
  str name 1-17 years 18-22 fulltime 23 recom 24
}
```

定义好数据字典后，就可以用命令 infix 激活它，如下所示。也可以省略扩展名 .dct，因为字典文件默认的扩展名就是 .dct。

```
. infix using dentists1.dct, using(dentists7.txt)
infix dictionary {
  str name 1-17 years 18-22 fulltime 23 recom 24
}
(5 observations read)

. list
```

| | name | years | fulltime | recom |
|---|---|---|---|---|
| 1. | Y. Don Uflossmore | 7.25 | 0 | 1 |
| 2. | Olive Tu'Drill | 10.25 | 1 | 1 |
| 3. | Isaac O'Yerbreath | 32.75 | 1 | 1 |
| 4. | Ruth Canaale | 22 | 1 | 1 |
| 5. | Mike Avity | 8.5 | 0 | 0 |

在这个例子中，在命令 infix 中用选项 using(dentists7. txt) 指出了原始数据的名字；用 infix dictionary 命令定义文件时也可以把原始数据文件的文件名指出来。以字典文件 dentists2. dct 为例，如下所示。

```
. type dentists2.dct
infix dictionary using dentists7.txt {
  str name 1-17 years 18-22 fulltime 23 recom 24
}
```

注意此时用字典如何指定数据文件名。我们用命令 infix 读入这个字典文件，它继而就会转向去读取文件 dentists7. txt，如下所示。

```
. infix using dentists2.dct
infix dictionary using dentists7.txt {
  str name 1-17 years 18-22 fulltime 23 recom 24
}
(5 observations read)
```

命令 list 的结果显示 dentists7. txt 中的变量都已被正确地读入 Stata。

```
. list

     +-------------------------------------------+
     |              name   years   fulltime   recom |
     |-------------------------------------------|
  1. | Y. Don Uflossmore    7.25          0       1 |
  2. |   Olive Tu'Drill    10.25          1       1 |
  3. | Isaac O'Yerbreath   32.75          1       1 |
  4. |     Ruth Canaale       22          1       1 |
  5. |       Mike Avity      8.5          0       0 |
     +-------------------------------------------+
```

再看看另一种读取 dentists7. txt 的方法，用的是命令 infile 和一个字典文件。infile dictionary 和 infix dictionary 命令的结构还不太一样。下面用字典文件 dentists3. dct 展示了该怎样用 infile dictionary 读取文件 dentists7. txt。

```
. type dentists3.dct
infile dictionary using dentists7.txt {
  str17 name     %17s   "Name of dentist"
        years    %5f    "Years in practice"
        fulltime %1f    "Full time?"
        recom    %1f    "Recommend Quaddent?"
}
```

这个字典以命令 infile dictionary 开始调用，指定该字典和命令 infile 一起作用，接下来是 using dentists7. txt，指的是原始数据的文件名，然后跟着一个左大括号，在其中指定如何读入每个变量。

接下来就要定义每个变量，需要指定变量的存储类型（对数值型变量来说这是一个可选项）、变量名、读入数据时的输入格式以及变量标签（可选项）。第一个变量的存储格式是 str17（长度是 17 的字符型变量），该变量的变量名是 name，以%17s 的格式（宽度为 17 的字符型变量）读入。最后，该变量的变量标签是“Name of dentist”。对于数值型变量而言指定存储类型是一个可选项，因此剩下的变量就都跳过了这一步。下一个变量是 years，字符宽度为 5，读入格式为%5f，后面跟着的是变量标签。后面提供的是第 3 个和第 4 个变量的变量名、读入格式以及变量标签，最后用一个右大括号括起来。

定义完字典后，就可以用命令 infile 读入数据文件 dentists7. txt 了，如下所示。

```
. infile using dentists3.dct

infile dictionary using dentists7.txt {
  str17 name     %17s  "Name of dentist"
        years    %5f   "Years in practice"
        fulltime %1f   "Full time?"
        recom    %1f   "Recommend Quaddent?"
}

(5 observations read)
```

下面的列表表明已成功读取数据 dentists7. txt。

```
. list
```

| | name | years | fulltime | recom |
|---|---|---|---|---|
| 1. | Y. Don Uflossmore | 7.25 | 0 | 1 |
| 2. | Olive Tu'Drill | 10.25 | 1 | 1 |
| 3. | Isaac O'Yerbreath | 32.75 | 1 | 1 |
| 4. | Ruth Canaale | 22 | 1 | 1 |
| 5. | Mike Avity | 8.5 | 0 | 0 |

也许你会问为什么用命令 infix 来直接指定变量名和列位置时，使用数据字典会更适合。固定格式的数据通常会有很多变量，可能会有上百个。在这种情况下，用字典文件来指定变量名和列位置会更容易些。但到底是用 infix dictionary 还是用 infile dictionary 取决于你，命令 infix dictionary 需要指定每个变量列的起止位置，而 infile dictionary 则需要指定每个变量的长度。命令 infile dictionary 里能包含变量标签，但 infix dictionary 则不能。

使用数据字典来读入固定列文件还有另外一个原因。如 2.7 节中介绍的，有时固定列文件中每个观测值的数据可能会占很多行。使用字典是读取这类原始数据的唯一方法。更多关于读入固定列文件的信息，请参见 help infix 和 help infile2。

**小心！只是一堆数字而已**

有一次，我和一个使用固定列数据文件的客户合作。她看着数据说，“这只是一堆数字而已”，该如何处理。不幸的是，她没有编码手册，就无法读入该数据。当拿到一个原始数据文件时（尤其是一个固定列的数据文件），一定要索要它的编码手册信息。这会避免你拿到的数据文件“只是一堆数字”。

## 2.7　读取一条观测值包含多行原始数据的固定格式的文件

有时在固定列原始数据文件中，每个观测值的数据占了很多行。这种方法多用来保存老式数据文件，那时用打孔的 80 列计算机卡来保存数据。如果每条观测值包含 140 列信息，这样每条观测值就会被分成两个卡，第一个卡包含了 1 到 80 列的信息，第二个卡包含了 81～140 列的信息。后来也有数据文件采用这种方法，以避免数据行超出了电脑屏幕。本节要讲的就是怎样用 Stata 读入这样的原始数据文件。

在 2.6 节中，学习了怎样用命令 infix 读入固定列文件以及如何将命令 infix 与指定的变量所在列位置的字典文件联合起来使用。在此基础上，看看如何读入每个观测值数据占据了多行的原始数据文件。在下面的这个文件 dentists8. txt 中，每个牙医都有两行数据。第一行数据的 1 到 17 列是牙医的姓名，18～19 列是从医年数。第二行的第 1 列为是否为全职牙医，第 2 列是牙医是否推荐了 Quaddent。这个文件中包含 5 位牙医的信息，其中每位牙医占据了两行的数据，一共有 10 行数据。

```
. type dentists8.txt
Y. Don Uflossmore 7.25
01
Olive Tu'Drill   10.25
11
Isaac O'Yerbreath32.75
11
Ruth Canaale     22.00
11
Mike Avity        8.50
00
```

可以用字典文件 dentists4. dct 读入 dentists8. txt，如下所示。注意操作方法：先用 2 lines 指出在原始数据中每个观测值占据的行数。接下来是 1：读入原始数据中每个观测值的第一行变量的指令。然后是 2：读入原始数据中每个观测值的第二行变量的指令。

```
. type dentists4.dct
infix dictionary using dentists8.txt {
  2 lines
  1: str name 1-17 years 18-22
  2: fulltime 1 recom 2
}
```

然后用命令 infix 和 dentists4. dct 读入 dentists8. txt。

```
. infix using dentists4.dct
infix dictionary using dentists8.txt {
  2 lines
  1: str name 1-17 years 18-22
  2: fulltime 1 recom 2
}
(5 observations read)
```

命令 list 的结果证实已成功读入了该文件。

```
. list
```

| | name | years | fulltime | recom |
|---|---|---|---|---|
| 1. | Y. Don Uflossmore | 7.25 | 0 | 1 |
| 2. | Olive Tu'Drill | 10.25 | 1 | 1 |
| 3. | Isaac O'Yerbreath | 32.75 | 1 | 1 |
| 4. | Ruth Canaale | 22 | 1 | 1 |
| 5. | Mike Avity | 8.5 | 0 | 0 |

正如 2.6 节中介绍的，命令 infile 也可以和字典联合用以读取固定列文件。用命令 infile 结合字典文件 dentists5. dct 来读取原始数据文件 dentists8. txt。

```
. type dentists5.dct
infile dictionary using dentists8.txt {
  _lines(2)
  _line(1)
  str17 name      %17s  "Name of dentist"
        years     %5f   "Years in practice"
  _line(2)
        fulltime %1f    "Full time?"
        recom     %1f   "Recommend Quaddent?"
}
```

字典里包括的_lines(2)指令表示 dentists8. txt 里的每个观测案例有 2 行原始数据。在读取第一行数据的指令之前要加入_line(1)，同样，在读取第二行数据的指令之前要加入_line(2)。下面就用这个字典来读入 dentists8. txt。

```
. infile using dentists5.dct

infile dictionary using dentists8.txt {
  _lines(2)
  _line(1)
  str17 name      %17s  "Name of dentist"
        years     %5f   "Years in practice"
  _line(2)
        fulltime %1f    "Full time?"
        recom     %1f   "Recommend Quaddent?"
}

(5 observations read)
```

正如本节介绍的，命令 infix 和 infile 都可以和字典结合起来使用，来读取每个观测值中包含了多行数据的原始数据文件。更多信息请参阅 help infix 和 help infile2。

## 2.8 读取 SAS XPORT 文件

Stata 能够直接读入 SAS XPORT 文件。假设有人给了你一个名为 dentists. xpt 的牙医数据副本，该数据被保存成 SAS XPORT 文件。可以直接用命令 fdause 将这个文件读入 Stata，如下所示。

```
. fdause dentists

. list

     +-----------------------------------------------+
     |              name   years   fulltime   recom |
     |-----------------------------------------------|
  1. | Y. Don Uflossmore    7.25          0       1 |
  2. |   Olive Tu'Drill    10.25          1       1 |
  3. | Isaac O'Yerbreath   32.75          1       1 |
  4. |      Ruth Canaale      22          1       1 |
  5. |        Mike Avity     8.5          0       0 |
     +-----------------------------------------------+
```

假设还有一个名为 formats. xpt 的 XPORT 文件，它是对牙医文件定义格式的 SAS 文件，可以把它和 dentlab. xpt 放到同一个文件夹中。这样，用命令 fdause 读取 dentlab. xpt 时，不需要再指定任何其他选项，Stata 会自动检测到 formats. xpt。

```
. fdause dentlab

. list

     +-----------------------------------------------------------+
     |              name   years    fulltime          recom |
     |-----------------------------------------------------------|
  1. | Y. Don Uflossmore    7.25   part time      recommend |
  2. |   Olive Tu'Drill    10.25   full time      recommend |
  3. | Isaac O'Yerbreath   32.75   full time      recommend |
  4. |      Ruth Canaale      22   full time      recommend |
  5. |        Mike Avity     8.5   part time   do not rec |
     +-----------------------------------------------------------+
```

注意变量 fulltime 和 recom 显示的是取值标签。它们是从数据 formats. xpf 中抽出来的。命令 describe 的输出结果表明变量 fulltime 和变量 recom 分别被贴上了取值标签 ftlab 和 reclab。

```
. describe fulltime recom

              storage  display     value
variable name   type   format      label      variable label
-------------------------------------------------------------------
fulltime        double %16.0g      ftlab
recom           double %10.0g      reclab
```

如果目标是把一个 SAS 数据文转换成可以在 Stata 里使用的数据，那么可以用 SAS 中的 PROC EXPORT 来创建一个 Stata 数据集。下面演示了如何用 PROC EXPORT 把一个名为 dentists 的 SAS 数据文件转换成一个名为 c:\data\dentists.dta 的 Stata 文件。

```
PROC EXPORT DATA=dentists OUTFILE="C:\data\dentist.dta";
RUN;
```

更多有关如何把 SAS XPORT 文件读入 Stata 的信息，请参见 help fdause。

## 2.9 读取数据时的常见错误

这节要讲的是在把数据读入 Stata 时可能遇到的 3 种常见的错误信息。这些错误分别是"no;data in memory would be lost"，"you must start with an empty dataset"和"no room to add more observations"。

为了更好地理解这些错误，首先简单地讨论一下 Stata 读取、修改和保存数据的模式。思考一下 word 处理器是如何工作的。读入一个文件（如给你母亲的一封信），对这个文件做一些修改，然后将这些修改保存下来。或者，如果你不喜欢这些改动，可以选择不保存这个文件，那么原来保存在硬盘上的给母亲的这封信就会保持不变。Stata 的工作原理也一样。Stata 数据可以被读入也可以被修改，如果喜欢这些改动，也可以将它们保存下来。内存中的数据被叫做工作数据，可以用各种各样的命令来分析和修改工作数据。但是，和给母亲的那封信一样，如果不保存，那么对工作数据的修改就是暂时的。如果粗心大意，很可能会把做好的改动丢掉。幸运的是，Stata 可以帮你避免这一点，如下所示。

### 错误"no;data in memory would be lost"

Stata 一次只允许在内存中打开一个数据。如果没有保存对工作数据的改动，那么读入一个新的数据就会丢失没有保存的改动。为了防止未保存的修改丢失，Stata 会发出一条这样的错误提示"no;data in memory would be lost"。比如，如果在尚未保存对工作数据的修改时就想使用一个新的 Stata 数据，就会得到如下的错误提示：

```
. use dentists
no; data in memory would be lost
r(4);
```

这条错误提示如果在内存中读入新数据，就会丢失对当前数据的修改，所以 Stata 拒绝读入这个新数据。如果当前数据很重要，可以用命令 save 来保存这个数据（参见 2.3 节）；如果当前工作数据并不重要，就可以用命令 clear 直接将其从内存中清除。

**建议！命令 clear 和 clear 选项**

与其用命令 clear，不如用 clear 选项，大部分（但不是全部）的命令中都允许用选项 clear。例如，可以输入

```
. use dentists, clear
```

来替代输入

```
. clear
. use dentists
```

同样地，也可以把选项 clear 加到其他的命令中，如 infile、infix 和 insheet。选择用哪种方法取决于读者自己。

### 错误 "you must start with an empty dataset"

当读入原始数据时（例如，用命令 infile、infix 或 insheet），内存中不能有工作数据。如果当前内存中有数据（无论保存与否），执行上述命令中的任何一个，都会出现如下错误提示：

```
. insheet using dentists5.txt
you must start with an empty dataset
r(18);
```

这条错误提示的意思是：在执行命令前，要先清除当前内存中的数据。如果内存中的数据很重要，一定要确保已经保存该数据，然后再执行命令 clear。只有清除了当前内存中的所有数据后，才允许将原始数据读入 Stata。

### 错误 "no room to add more observation"

尽管书中使用的数据都很小，但是当读入自己的数据时，就可能需要用命令 set memory 来分配足够的内存空间，以便能够读入所用数据。如果想读入一个比当前分配的内存空间还大的数据时，就会收到一条这样的错误提示：

```
. use hypothetical_bigfile①
currently possible. You have the following alternatives:

1. Store your variables more efficiently; see help compress. (Think of
Stata's data area as the area of a rectangle; Stata can trade off width
and length.)

2. Drop some variables or observations; see help drop.

3. Increase the amount of memory allocated to the data area using the set
memory command; see help memory.
r(901);
```

可以用命令 dir 查看数据的大小。

```
. dir hypothetical_bigfile.dta
  237.4m 6/10/09 16:54hypothetical_bigfile.dta
```

这个文件的大小是 237.4 兆，所以分配 300 兆的内存就够了（这样即使要加入其他的变量也会有足够的空间）。

```
. set memory 300m
. use hypothetical_bigfile
```

上面的命令 set memory 仅改变当前 Stata 工作时的内存分配情况。[②] 一旦关闭了 Stata，再次打开它后，就会变回系统默认分配的内存大小。可以加入选项 permanently（如下所示），这样以后每次启动 Stata 时都会使用这个内存分配。

```
. set memory 30m, permanently
```

**建议！原始数据文件中的缺失值**

原始数据中通常用数字给缺失值编码。例如，−7 可能是对“don't know”的编码；−8 是对“refused”的编码；−9 是对“not applicable”的编码。在这种情况下，没有将缺失值和非缺失值区分开，因此 Stata 所有的分析命令都会把这些取值当成有效数据来处理。如果缺失值是按这种规则编码的（例如，缺失值被编成了 −7，−8，−9），可参见 5.6 节，这节中提供了更多有关如何将数字取值转换成缺失值的信息。

① 该文件已不存在了。——译者注

② Stata 12.0 以上的版本中，不用预先设置所需内存大小，Stata 会根据数据大小自动分配。——译者注

本节介绍的是读入数据时的常见错误。下节要讲的是怎样用数据编辑器把数据直接录入 Stata 中。

## 2.10 在 Stata 数据编辑器中直接录入数据

前面的几节中，我们假定数据被保存在一个原始数据文件中。但是，有时数据是自己收集的，这时需要自己把数据录入电脑中。很多人喜欢用电子表格来录入数据，觉得电子表格很好用。而且，那些录入数据的人通常对电子表格也很熟悉。但是，作者极其反对用电子表格做数据录入。出现如下问题的情况很常见：在电子表格中把数据录错、录入的数据格式不整齐、变量名不合适甚至没有变量名、数据只在一列上排列整齐、很难把电子表格数据转换成 Stata 可用的数据格式等等。为避免这类问题的出现，推荐直接用数据编辑器（Data Editor）将数据录入 Stata 中。数据编辑器看起来和电子表格很像，但是能避免数据录入中可能出现的种种问题。

在把数据录入数据编辑器之前，首先需要给数据创建一个编码手册。下面给一个虚构的大学生调查数据创建一个示例手册。该调查中包含这些变量：能唯一识别学生的变量（id）、学生的姓名（stuname）、民族（race）、是否幸福（happy）、是否高兴（glad）、出生日期（dob）和他们每小时的工资（wage）。

```
Codebook for studentsurvey
Variable list
________________________________________________________________

   Variable name      Label                   Var type     Coding scheme name
1. id                 Unique identifier       Numeric
2. stuname            Name of student         String 30
3. race               Race of student         Numeric        racelab
4. happy              Is student happy        Numeric        yesnolab
5. glad               Is student glad         Numeric        yesnolab
6. dob                Date of birth           Date
7. wage               Hourly wage             Numeric
Codeing scheme for categorical variables
________________________________________________________________

    Name      Coding scheme
  racelab    1=White, 2=Black, 3=Hispanic, 4=Asian
  yesnolab   1=yes  0=no
```

这个编码手册包含变量名以及每个变量的描述标签。还包括对变量类型的描述，即变量是数值型、日期型，还是字符型（如果是字符型，变量长度是多少）。例如，变量 wage 是一个数值型变量，而 dob 是一个日期型变量。学生姓名是一个字符型变量，其最大长度为 30 个字符。

变量列表的最后一列显示的是分类变量的编码表名，它和编码手册的另一部分——对这些变量的编码表描述——相联。例如，变量 race 对应的是名为 racelab[1] 的编码方案，在该编码方案中 1＝White，2＝Black，3＝Hispanic，4＝Asian。如果没有这些，就无法得知给 race 的每个类别都分配了什么样的数字取值。变量 happy 和 glad 都是是否变量，它们共用一个名为 yesnolab 的编码方案，在这种编码方案中 1 表示是，0 表示否。

把数据录入数据编辑器的过程分为 4 步，分别是（第一步）输入第一个学生的数据，（第二步）给变量和变量取值加标签，（第三步）处理日期变量的取值，（第四步）将剩下的观测值录入数据里。下面会详细地讲解这个过程。创建一个假想的学生调查数据。

在开始之前，需要用命令 clear 清除当前的工作数据。

第一步：输入第一个观测值的数据。用命令 edit 打开 Stata 的数据编辑器。首先输入第一个学生的数据。在第一列输入变量 id 的取值，然后按 *Tab* 键，就会自动移到第二列。录入学生的姓名后再点 *Tab*，录入学生的民族（指的是对 race 的编码），再按 *Tab* 键。以此类推，录完所有变量，日期变量先暂时输入一个数值（例如 1）。在第三步时会回头再来处理它们。直到录入完第一个观测值中的所有变量后，最后再按一次 *Tab* 键。图 2.1 显示了数据编辑器在输入完假想数据的第一行后的样子。

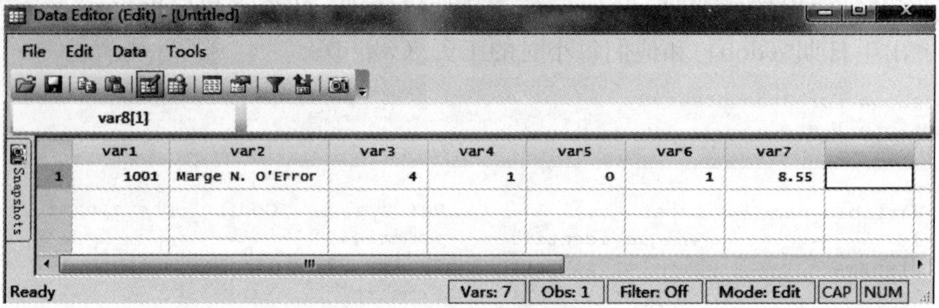


**图 2.1 第一步输入第一个观测值的数据后的 Stata 数据编辑器**

第二步：给变量加标签。第二步要基于编码手册中的信息给变量贴标签。用变量管理器（Variable Manager）[2] 来完成这一步。可以从主菜单中打开变量管理窗口：点击 Data 然后点击 Variable Manager（或者直接点击工具栏上的 Variable Manager 图标）。

第一个变量 var1 应该已经被选中（如果没有，就点击它）。可以在 Variable Properties 窗口（右边）添加编码手册中的信息。对于第一个变量，把 Name 中的内容改成

① 有些人会把编码表命名为“race”，但这么做的话，人们会把变量名 race 和编码表名混在一起。

② 第四章中讲了很多加标签的工具，变量管理器是另外一种点击式方法。阅读该章可以学习变量管理器的技术。第四章讲了如何用 Stata 命令加标签以及相关的技术术语，但是这节使用的是变量管理器的点击界面，并尽量避免任何术语。

id，把 Label 中的内容改成 Unique identifier。点击 Apply 之后，左边的小窗口会把这些改动显示出来，如图 2.2 所示。

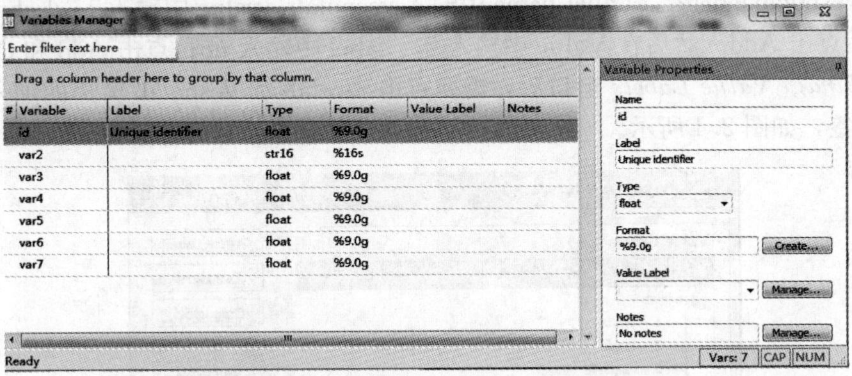

图 2.2　给第一个变量加上标签后的数据管理器

然后点击左边窗口中的第二个变量（var2），接着改这个变量的 Variable Properties，将 Name 指定为 stuname，Label 为 Name of student。对 Type 而言，输入 str30 指定这个变量是一个最多可容纳 30 个字符的字符型变量。然后把 Format 改成%30s，这样 stuname 会按最大宽度为 30 的字符变量的格式显示出来。然后再点击 Apply。

接着点击第三个变量。编码手册显示这个变量对应的编码方案名为 racelab。在做其他之前（甚至在指定变量名或变量标签之前），先输入编码方案 racelab 的内容。要实现这一点，可以先点击 Manage...，再点击 Value Label。然后，在 *Manage Value Labels* 窗口中，点击 Create Label。Label name 后输入 racelab，然后在 Value 中输入 1，Label 中输入 white；然后点击 Add。给剩下的 3 个民族输入取值和标签时，每个民族输完后都要点击一次 Add。Create Label 窗口如图 2.3 所示。

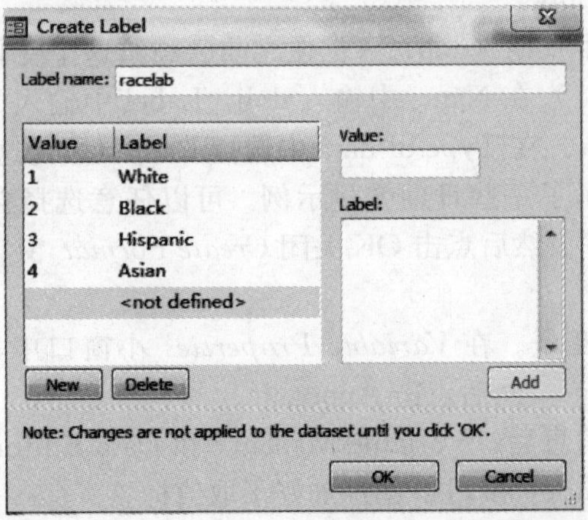

图 2.3　创建标签窗口：显示 racelab 的取值标签

然后点击 OK 保存这些修改，接着返回 *Manage Value Labels* 窗口。在 *Manage Value Labels* 窗口中，建议输入所有分类变量的编码。根据编码手册，点击 Create Label 输入 yesnolab 的内容。Label name 中输入 yesnolab，value 中输入 1，Label 中输入 yes；然后点击 Add。然后在 Value 中输入 0，Label 中输入 no；点击 Add 和 OK 即可。在返回 *Manage Value Labels* 窗口后，需要点击 racelab 和 yesnolab 旁边的加号来确认取值和标签，如图 2.4 所示。

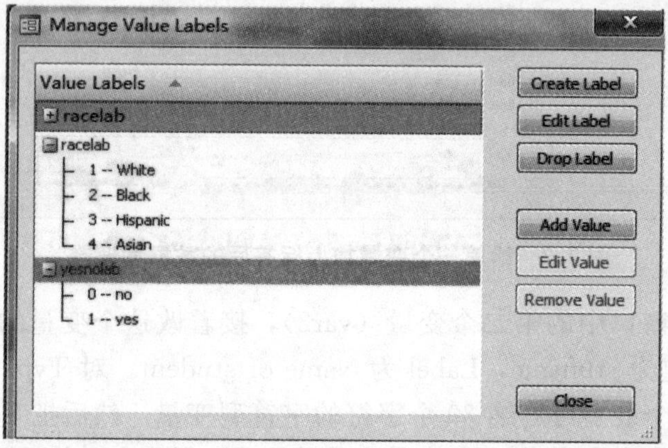


**图 2.4 管理取值标签窗口：显示 racelab 和 yesnolab 的取值标签**

现在点击 *Manage Value Labels* 窗口中的 Close 按钮。这样就把 racelab 和 yesnolab 的所有编码内容都输到 Stata 里。

现在可以在 *Variable Properties* 小窗口中输入变量 race 的内容。在 Name 中输入 race，Label 中输入 Race of student。在 Value Label 中选择 racelab 并点击 Apply。

给 happy 和 glad 加标签和给 race 加一样。指定 Name 和 Label，在 Value Label 中选择 yesnolab 并点击 Apply。

现在要处理的是出生日期（dob）。（记住之前已经给这个变量录入了一个临时取值 1，在第三步中会处理它。）在 Name 中输入 dob，Label 中输入 Date of birth。在 Format 的右边点击 Create...。在 Type of data 中选择 Daily（因为这是一个日期变量）。右边的 Samples 方框中展示了一些日期变量示例。可以任意选择自己喜欢的格式；这里选择的是 April 07，2009。然后点击 OK 关闭 *Create Format* 窗口。点击 Apply 把这些改动应用于出生日期。

现在点击最后一个变量。在 *Variable Properties* 小窗口中，Name 中输入 wage，Label 中输入 Hourly wage，然后点击 Apply。

输入完所有变量的信息后，Variable Manager 和 Data Editor 如图 2.5 所示。数据编辑器显示变量 race、happy 和 glad 已经加好了取值标签。

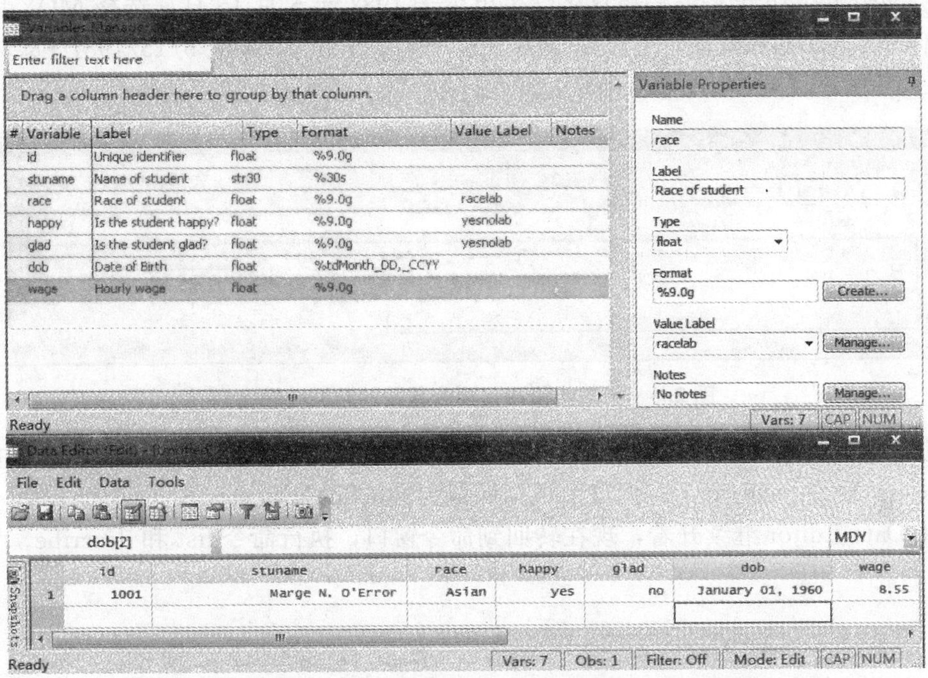

图 2.5 完成第二步添加变量标签后的变量管理和数据编辑窗口

**注意！红色和蓝色的取值**

在 Data Editor 中，学生姓名的取值显示为红色。这主要是为了强调 stuname 是一个字符型变量。注意变量 race、happy 和 glad 加了标签的取值（如 Asian）显示为蓝色。蓝色表示变量是数值型而且显示的取值是加了标签的取值。如果想看看实际的取值，可以点击主菜单选择 Tools，再选择 Value Labels，然后选择 Hide All Value Labels。重复这个过程就能再次显示贴了标签的取值。显示贴了标签取值的一个优点是：能够确认输入的原始变量的取值的含义（如 4 代表 Asian），反馈录入人员录入的是否是有效取值（例如，给 race 输入了取值 5，它就会显示为一个没有加标签的取值）。

第三步：修改日期变量。在第一步中，给 dob 输入了一个临时取值 1。这么做是因为那时候 Stata 尚无法识别这是一个日期变量。在第二步中，作为给变量加标签过程中的一部分，告诉 Stata，变量 dob 是一个日期变量。现在可以正确录入第一个观测值的出生日期。

在 Data Editor 中，点击 dob 这一列。在右边选择日期格式（看一下图 2.6 中的箭头）。可以在下拉菜单中选择 DMY（day month year）、MDY（month day year）或

YMD（year month day）。假设这名学生出生于 1987 年 5 月 15 日。选择 MDY 后，可以用不同的方法输入数据，可以是 May 15，1987，5 15 1987 或 5/15/1987。录入出生日期后，Data Editor 如图 2.6 所示。

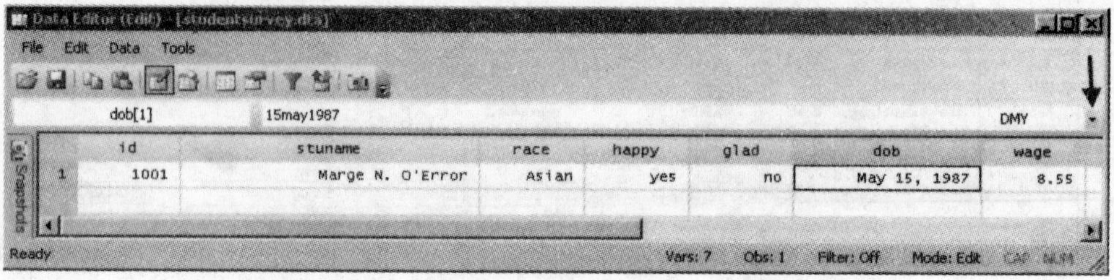


**图 2.6 第三步修改日期变量后的数据编辑窗口**

把这些都做完后，现在需要做的是保存这些数据。在 Data Editor 的主菜单中，点击 File，然后点 Save As...，把这个数据保存为 studentsurvey。

让 Data Editor 继续开着，现在转回到命令窗口，执行命令 list 和 describe。

```
. list

     +-------------------------------------------------------------------------+
     |   id            stuname    race   happy   glad            dob    wage |
     |-------------------------------------------------------------------------|
  1. | 1001   Marge N. O'Error   Asian     yes     no   May 15, 1987    8.55 |
     +-------------------------------------------------------------------------+

. describe

Contains data from studentsurvey.dta
  obs:             1
 vars:             7                          15 Dec 2009 15:33
 size:            54
-------------------------------------------------------------------------------
              storage  display     value
variable name   type   format      label      variable label
-------------------------------------------------------------------------------
id              float  %9.0g                  Unique identifier
stuname         str30  %30s                   Name of student
race            float  %9.0g       racelab    Race of student
happy           float  %9.0g       yesnolab   Is the student happy?
glad            float  %9.0g       yesnolab   Is the student glad?
dob             float  %td..                  Date of Birth
wage            float  %9.0g                  Hourly wage
-------------------------------------------------------------------------------
Sorted by:
```

列表显示出 race、happy 和 glad 的取值标签。根据第二步中规定的格式，变量 dob 显示为日期，dob 的取值显示的是在第三步规定的更新后的取值。命令 describe 显示了在第二步中指定的变量名、变量标签和取值标签。到目前为止已经成功输入了数据中的第一条观测值并且给这个数据加上了标签，现在进入第四步，输入剩下的观测值。

第四步：输入剩下的观测值。返回 Data Editor 中，继续输入调查中其他学生的数据。注意输入 race、happy 和 glad 的数字取值时，这些数字是怎样即时转换成贴标签的取值的。注意当输入 dob 的取值时，取值是怎样马上转换成已选好的日期显示格式的。输入完所有学生的数据并保存好这个数据后，就可以关掉数据编辑和变量管理窗口。

要用这个数据时，可以通过主菜单选择 File 和 Open，找到数据所在文件夹，选择这个数据就能打开这个数据。（当然也可以用命令 use 读入这个数据。）用命令 edit 可以继续输入数据。和电子表格一样，只有点击保存，录入在 Editor 中的数据才会被保存下来。建议每隔 15～30 分钟保存一次数据，这样万一电脑出故障，能把损失降低到最小。

更多有关如何用 Stata 的数据编辑器输入数据的知识，参阅 help edit。

## 2.11 保存逗号或制表符作分隔符的文件

有时可能想把数据保存成以逗号或制表符分隔的文件。因为很多其他程序都支持这种格式的文件，包括电子表格。将数据存成以逗号分隔和以制表符分隔文件的过程很类似，这也正是本节将要介绍的内容。本节中使用名为 dentlab 的牙医数据文件，该数据中包含变量 fulltime 和 recom 的取值标签。

```
. use dentlab

. list

     +-----------------------------------------------------------+
     |              name   years    fulltime               recom |
     |-----------------------------------------------------------|
  1. | Y. Don Uflossmore    7.25   part time           recommend |
  2. |    Olive Tu'Drill   10.25   full time           recommend |
  3. | Isaac O'Yerbreath   32.75   full time           recommend |
  4. |      Ruth Canaale      22   full time           recommend |
  5. |        Mike Avity     8.5   part time    do not recommend |
     +-----------------------------------------------------------+
```

下面用命令 outsheet 输出一个名为 dentists_tab.out 的制表符分隔文件（默认的扩展名为 .out）。注意对 fulltime 和 recom，输出的是取值标签，而不是取值。

```
. outsheet using dentists_tab.out

. type dentists_tab.out
name    years   fulltime        recom
"Y. Don Uflossmore"     7.25    "part time"     "recommend"
"Olive Tu'Drill"        10.25   "full time"     "recommend"
"Isaac O'Yerbreath"     32.75   "full time"     "recommend"
"Ruth Canaale"  22      "full time"     "recommend"
"Mike Avity"    8.5     "part time"     "do not recommend"
```

在 outsheet 命令中加入选项 comma，就可以把该数据存成一个逗号分隔文件，将其命名为 dentists_com. csv（. csv 代表用逗号来分隔取值）。

```
. outsheet using dentists_com.out, comma

. type dentists_com.out
name,years,fulltime,recom
"Y. Don Uflossmore",7.25,"part time","recommend"
"Olive Tu'Drill",10.25,"full time","recommend"
"Isaac O'Yerbreath",32.75,"full time","recommend"
"Ruth Canaale",22,"full time","recommend"
"Mike Avity",8.5,"part time","do not recommend"
```

如果想看看变量的取值，而不是取值标签的话，可加入选项 nolabel。另外，也可以加入选项 replace 来覆盖上面已输出的同名文件。

```
. outsheet using dentists_com.out, comma replace nolab

. type dentists_com.out
name,years,fulltime,recom
"Y. Don Uflossmore",7.25,0,1
"Olive Tu'Drill",10.25,1,1
"Isaac O'Yerbreath",32.75,1,1
"Ruth Canaale",22,1,1
"Mike Avity",8.5,0,0
```

如果不想对牙医的姓名用引号，可通过加入选项 noquote 来实现。但是如果牙医的姓名中有逗号，这就不是一个明智之举。

```
. outsheet using dentists_com.out, comma replace nolab noquote

. type dentists_com.out
name,years,fulltime,recom
Y. Don Uflossmore,7.25,0,1
Olive Tu'Drill,10.25,1,1
Isaac O'Yerbreath,32.75,1,1
Ruth Canaale,22,1,1
Mike Avity,8.5,0,0
```

默认状态下，数据文件的第一行会写入变量名。但有时可能想略掉变量名，这时只需指定选项 nonames 就可以把数据中第一行的变量名省略掉。

```
. outsheet using dentists_com.out, comma replace nolab noquote nonames

. type dentists_com.out
Y. Don Uflossmore,7.25,0,1
Olive Tu'Drill,10.25,1,1
Isaac O'Yerbreath,32.75,1,1
Ruth Canaale,22,1,1
Mike Avity,8.5,0,0
```

在上面这些示例中，都是在生成逗号分隔文件的情况中介绍如何用选项 replace、nolabel、noquote 和 nonames 的。这些选项在生成制表符分隔文件时同样适用。更多信息请参见 help outsheet。

## 2.12 保存空格作分隔符的文件

可能有时也会想把 Stata 里的数据存成以空格作分隔符的文件。这种类型的文件有时被叫做自由格式文件，它同样适用于多种程序。下面还是用名为 dentlab 的牙医数据文件来介绍如何把数据写入一个空格分隔文件，dentlab 数据文件中包含了变量 fulltime 和 recom 的取值标签。

```
. use dentlab

. list

     +---------------------------------------------------------------+
     |                name   years   fulltime                  recom |
     |---------------------------------------------------------------|
  1. |  Y. Don Uflossmore    7.25   part time              recommend |
  2. |    Olive Tu'Drill    10.25   full time              recommend |
  3. |  Isaac O'Yerbreath   32.75   full time              recommend |
  4. |       Ruth Canaale      22   full time              recommend |
  5. |        Mike Avity      8.5   part time       do not recommend |
     +---------------------------------------------------------------+
```

下面用命令 outfile 生成一个名为 dentists_space.raw 的空格分隔文件（默认扩展名为.raw）。注意对 fulltime 和 recom 来说，输出的是它们的标签，而并不是它们的取值。

```
. outfile using dentists_space

. type dentists_space.raw
"Y. Don Uflossmore"        7.25   "part time"   "recommend"
"Olive Tu'Drill"          10.25   "full time"   "recommend"
"Isaac O'Yerbreath"       32.75   "full time"   "recommend"
"Ruth Canaale"               22   "full time"   "recommend"
"Mike Avity"                8.5   "part time"   "do not recommend"
```

要显示变量 fulltime 和 recom 的取值而不是标签，可以加入选项 nolabel。另外，也可以加入选项 replace 来覆盖上面已输出的同名文件。

```
. outfile using dentists_space, nolab replace

. type dentists_space.raw
"Y. Don Uflossmore"        7.25          0                 1
"Olive Tu'Drill"          10.25          1                 1
"Isaac O'Yerbreath"       32.75          1                 1
"Ruth Canaale"               22          1                 1
"Mike Avity"                8.5          0                 0
```

假设数据中还有两个变量 year2（从医年限的平方）和 year3（从医年限的立方）。在这种情况下，写入这两个变量，原始数据文件就会超过 80 列，此时 Stata 会自动换行以确保没有超过 80 列的数据行，如下所示：

```
. outfile using dentists_space, nolabel replace
. type dentists_space.raw
"Y. Don Uflossmore"        7.25       0   1   52.5625
381.0781
"Olive Tu'Drill"          10.25       1   1   105.0625
1076.891
"Isaac O'Yerbreath"       32.75       1   1   1072.563
35126.42
"Ruth Canaale"               22       1   1   484
10648
"Mike Avity"                8.5       0   0   72.25
614.125
```

要想不换行显示，可使用选项 wide，此时，对工作文件中的每条观测值，都只会在空格分隔文件中写入一行（且只有一行）原始数据。

```
. outfile using dentists_space, nolabel replace wide
```

由于上述命令的结果难以在打印页面上呈现，这里就不对 dentist_space. raw 再做检查。但包含选项 wide 的命令确实可以让每条观测值只生成一行原始数据。更多有关生成空格分隔文件的信息，请参考 help outfile。

## 2.13 保存 SAS XPORT 文件

本节要讲的是如何在 Stata 中把数据文件保存成 SAS XPORT 的格式。给 FDA 提交 SAS XPORT 格式的数据文件时可能会用到这些方法。也可把它当成一种把数据从 Stata 格式转为 SAS 格式的方法（在本节的后面还会看到把 Stata 数据直接读入 SAS 的更多方法）。首先用 dentists. dta 介绍如何保存 SAS XPORT 格式的文件。

```
. use dentists
```

可以用命令 fdasave 把数据保存成 SAS XPORT 格式。

```
. fdasave mydent
file mydent.xpt saved
```

SAS XPORT 文件要求变量名不能超过 8 个字符，但在 Stata 里，变量名最多可以达到 32 个字符。假设变量 fulltime 被命名为 workfulltime。将其保存为一个 SAS XPORT 格式文件时会发生什么呢?

```
. fdasave mydent2
the following variable(s) have names that must be changed to fit into .xpt
format:  (suggested renamings shown):

                    workfulltime -> WORKFULL

specify option rename to save .xpt file with suggested names
r(110);
```

Stata 会自动给变量重命名，并显示出新的变量名是什么，但需要加入选项 rename 来告诉 Stata 我们接受对变量名做出这样的修改。

```
. fdasave mydent2, rename
the following variable(s) were renamed in the output file:

                    workfulltime -> WORKFULL

file mydent2.xpt saved
```

在前面的例子中，数据中不含任何取值标签。再看另一个数据 dentlab.dta，其中变量 fulltime 和 recom 带取值标签。

```
. use dentlab

. list

     +-----------------------------------------------------------+
     |               name   years    fulltime              recom |
     |-----------------------------------------------------------|
  1. |  Y. Don Uflossmore    7.25   part time          recommend |
  2. |    Olive Tu'Drill   10.25   full time          recommend |
  3. | Isaac O'Yerbreath   32.75   full time          recommend |
  4. |      Ruth Canaale      22   full time          recommend |
  5. |        Mike Avity     8.5   part time   do not recommend |
     +-----------------------------------------------------------+
```

保存这个数据和保存不带取值标签的数据一样。还是用命令 fdasave 把它保存成 SAS XPORT 格式文件，不同的是，这次同时单独生成一个包含标签格式的文件。

```
. fdasave mydent1
file mydent1.xpt saved
file formats.xpf saved
```

现在有两个文件：mydentl. xpt 是 SAS XPORT 格式的数据文件，format. xpf 是包含变量取值标签的文件（SAS 术语为“formats”），它同样也是 SAS XPORT 格式文件。

如果想在 SAS 中用 Stata 格式数据，最简单的方法就是在 SAS 中直接用 PROC IMPORT 读取 Stata 数据。下面演示了如何用 SAS 的 PROC IMPORT 把一个名为 c: \ data \ dentists. dta 的 Stata 文件直接读入 SAS。

```
PROC IMPORT OUT=dentist datafile="c:\data\dentists.dta";
RUN;
```

更详细的内容，请参见 SAS 中有关 PROC IMPORT 的文档。

如本节所讲，用命令 fdasave 很容易就能把数据保存成 SAS XPORT 格式。更详细的信息，请参见 help fdasave。

**建议！轻松实现数据格式转换**

你是否经常需要转换数据格式？例如，需要读入 SPSS 格式数据，或者是 Access 数据，或者把数据保存成 Excel 电子表格格式。Stat/Transfer(来自美国赛克公司，Circle Systems) 软件能够轻松实现不同数据格式之间的转换。可通过 Stata 的网站 http: //www. Stata. com/products/transfer. html 在线购买 Stat/Transfer。在购买之前，可试用一个免费的演示版，可从网上直接下载，网址是：http: //www. stattransfer. com/downloads/。

# 第三章　数据清理



脏数据定理认为“真实世界”的数据往往来自高度相关变量的怪异且不可知的分布、不同的样本大小、缺失数据点、非独立观测值和记录不准确的取值以及数量。

——无名氏

## 3.1 简介

把数据读入 Stata 后，很多人都想立即开始分析数据。但是，这时候还不能分析数据，只有在按照一定步骤清理完数据之后，才能开始分析数据的工作［有一古谚云：进去的是垃圾，出来的也是垃圾。(Garbage in，garbage out.)］。即使要用的数据已经被清理过，也有必要对变量再做一次核查。本章把数据清理过程分成两个部分：复核数据（寻找数据中可能存在的错误）和修正数据（根据已经确定的错误做出修正）。

我认为数据清理经常是重复性且无需动脑的工作。从某些方面来看，这是事实，比如为了找出不合理取值，就需要检查大量的频数表。但是这只是数据复核过程中的一部分，数据复核是一个需要缜密思考的过程，除了简单的频数表，你还要发挥主观能动性，想出一些用以检查数据真实性的方法。本章的重点就是这种缜密思考的过程，鼓励读者在检查数据不合理取值时发挥创造性。

我曾经做过一个包含父母和孩子的研究项目。当时我确信数据已经非常干净，可以用它做分析，而且所有人也都希望我尽快开始分析。但我还是想先拿出一定的时间来检查一遍变量。这一举动被当成项目进程中的障碍，直到我发现数据中还存在一些不合理取值和不合理变量组合，大家才认可这一步的必要性。在数据中，有一些父母只有 7 岁，有些男性曾经生过孩子，有些孩子的年龄比自己母亲的年龄还大，只有 14 岁的父母已经完成了大学学业，等等。当发现数据的这些问题后，我的数据清理工作就被看成数据分析之前的一个必需的步骤。

从数据中找出的错误类型，有些和不合理取值（例如，父母的年龄只有 7 岁）有关。但是，很多问题不是关于某一特定变量有不合理取值，而是关于数据中不合理的变量组合。数据中有男性和女性不奇怪，数据中有人生过孩子也不奇怪，但是在数据中出现生过孩子的男性就奇怪了。只有用一个变量来检查另一个变量时才会发现这类错误，只有这样做才能发现不合理（或不恰当）的取值组合。

本章要介绍的第一个数据清理策略是双录数据（详见 3.2）。这是具有前瞻性的数据清理方法，把数据录入两次，通过比对这两个数据来识别出数据录入的错误。录入的两个相同数据之间如果出现不一致，就意味着可能出现了数据录入错误，这时候你只需要对照原始资料就能找出并纠正发现的错误。如果你录入自己收集的数据，那么这是一种非常棒的把数据录入和数据清理合并成一步的方法。

3.2 节之后，接下来的 4 个小节包含了四种不同的数据清理方法。3.3 讲的是检查单个变量中不合理取值的方法（如 7 岁的父母）。剩下的 3 个小节讲的是如何通过变量之间的相互校验来发现数据中不合理的变量组合。3.4 节是关于用分类变量来检验分类变量的方法，如用性别这个变量来检验被访者是否生过孩子。3.5 节介绍的是如何用连续变量来检查分类变量（例如，用年龄来匹配一个人是否大学毕业）。3.6 节介绍的是如何用连续变量来检查连续变量（比如，比较母亲和孩子的年龄）。

假设你已经识别出要使用的数据中的一些问题，3.7 节介绍的是一些基本的纠正错误、解决问题的方法。

另一个完全不同的问题是重复出现的观测值。3.8 节中介绍了在 Stata 里一些用来识别数据中重复观测值的工具，并讲解了如何删除这些重复观测值。

本章的 3.9 节是一些关于数据清理的最后的思考。

我想提示的是：本书中的 9.4 节详细介绍了如何把本章中所涉及的数据检查过程自动化。这是一个非常好的让计算机帮你完成重复性工作的方法，通过检查冗长的电脑输出结果来发现问题非常耗费时间，自动执行重复性工作的方法有助于你节省用在这方面的时间。

## 3.2 数据的双录

有个滤油机公司曾经做过这么一则广告：一个机修工一边修理一台发动机一边说，如果能够定期给发动机换油，就可以不用修理它。那个机修工说："你可以现在花钱，也可以等将来再花钱。"这里的暗示是你要么现在花 3 美元在一个滤油器上，要么将来花 3 000 美元去修理发动机。我觉得这是一个很好的类比，双录数据的努力（成本）相当于广告中滤油器的费用。开始的数据双录代价很小（在数据录入过程中拿出一定的时间来清理数据），但如果一开始只是单录数据，后期就需要付出更大的代价来清理数据（检查所有变量中可能出现的错误和不一致的地方）。如果你自己正在录入一份问卷或拿到其他的已经搜集好的原始资料，我强烈建议进行数据双录。本节将介绍如何用 Stata 实现数据的双录。

数据双录，顾名思义，就是把同一数据录入两次，且保存成两个不同的数据文件。然后把两个数据文件做比对。如果出现不一致的地方，就意味着数据录入时出错了，然后可以通过检查原始资料（如原始问卷）找到正确的取值来纠正发现的错误。如果比对以后没有出现不一致的地方，也不一定证明录入的数据是正确的；因为也有可能两次数据录入的时候出错的方式是一样的。在大多数情况中，很难想象在两次录入出现一模一样的错误，这种事情不会经常发生。比如，假设调查用的是纸笔问卷，答案都是手填的，且两次是同一个人录入。第一次录入的时候把数字 4 误认为数字 9，如果是同一个录入员，有可能把以后遇到的所有 4 都误认为 9。这一点提示我们：独立双录数据是必要的，这样能够减少录入数据时重复犯错的可能性。

在录入数据之前，应该先复核一遍问卷，处理问卷中所有可能的不明确的地方。数据录入人员只是单纯地键入数据，不需要对问卷中的答案作解释。纸质问卷中的模糊不明之处可能是因为字迹不清，也可能是选择了多个答案、记号/记录模糊不清等等。录入之前，应该先找一个或多个人检查所有的原始资料，识别和处理任何模糊不清的地方，这样录入员在录入数据时就不会再遇到模棱两可的情况。但是，即使做完了这个工作，避免让同一个人两次录入同一个数据也是明智的，因为同一个人对问卷的判读可能是不变的，但是另外一个人可能会有一种不同的判读。

双录数据的第一步是录入数据。我建议用 Stata 的数据编辑器（Data Editor）来做这个工作，就像 2.10 节中介绍的那样。在这个过程中，可能会出现两种例外（或附加）的情况。第一，即使你的数据中本来就有序列号，我还是强烈建议再增加一个序列号变量（如，1，2，3……），给每份问卷一个编号。这个序列号是对问卷中既存编号的补充（而不是替代）。这个编号应该在录入数据之前就直接写在每份问卷上。第二，在录入完第一条观测值后，就应该像 2.10 节中的第 1、2、3 步描述的那样，给这个数据文件加上标签。做完这些之后，你需要把它保存成两个文件。如果是两个不同的录入员负责录入数据，就把其中的一个数据文件给一个人，另外的一个数据文件给另外一个人。每个录入员都把数据完整地录入一遍。

一旦完成数据录入工作，就要开始核查工作。首先需要检查每个数据文件是否包含相同的观测值个数。如果两个数据中的观测值总数不同，最有可能的两种错误情况是：第一，同一条观测值被录入了两次；第二，有一条观测值在录入时被漏掉了。通过检查问卷中的问卷编号很容易找到重复的观测值。例如，假设有一个变量名为 studentid 的编号变量，基于这个变量用下面的命令就可以把重复的观测值列出来：

```
. duplicates list studentid
```

如果你想找出多条重复观测值，可能会更倾向于用命令 duplicates tag（3.8 节中会讲，对于识别出的重复个案，这个命令会提供更多的信息。）

假设你发现编号为 13 和 25 的两条记录是重复的。首先，你可以使用数据编辑器（Data Editor）浏览一下数据，看看其中有没有你倾向于删除的个案记录（也有可能是因为其中有一条记录一直没被录完，所以才会有一条重复记录）。假设你想删除的是编号为 13 的观测个案，可以键入下面的命令：

```
. drop in 13
```

这样就从数据中删除了这条记录。你可以重复这个过程对所有重复的个案进行处理。

要找出被漏掉的观测个案就更加复杂。这也是我建议加入一个序列编号的原因之一。假设这个变量的变量名为 seqid。你可以用下面这个命令找出数据中编号不连续的地方出现在哪里：

```
. sort seqid
. list seqid if seqid !=( seqid[-n-1] + 1) in 2/L
```

如果所有的取值都是连续的，那么当前记录的在变量 seqid 上的值应该等于其前一条记录在变量 seqi 上的值再加 1。这条命令列出了那些当前记录的 seqid 值不等于前一条记录的 seqid 值加 1 的观测值（更多关于下标的知识，请参阅 7.4 节）。虽然这条命令有点令人迷惑，但是却能帮助你快速找到数据中编号不连续的地方出现在哪里。一旦识别出这个缺口，就可以用 Stata 的数据编辑器（Data Editor）把漏掉的观测值补录到数据里。

一旦删除了所有的重复观测值，并且补录了所有漏掉的观测值后，两个数据文件就应该包含相同的个案值个数。这样，你就可以比对这两个数据文件。命令 cf（compare files）能够对两个数据文件中的观测值一个一个进行比对，并能把找到的不一致的地方都显示出来。因为两个数据是逐条观测值进行对比，所以首先要对这两个数据进行排序，保证两个数据内的观测值排列顺序一样。假设有两个数据文件 survey1. dta 和 survey2. dta，通过变量 studentid 能够识别两个数据文件的观测值。首先，用变量 studentid 对两个数据进行排序，并保存。

```
. use survey1, clear
. sort studentid
. save survey1, replace
. use survey2, clear
. sort studentid
. save survey2, replace
```

现在就可以开始比对这两个数据。首先，我要确保两个数据中的 studentid 相同。用的命令是 cf（compre files），如下：

```
. use survey1, clear
. cf studentid using survey2, verbose
```

第一行命令是读入数据 survey1。第二条命令 cf 把当前数据中的变量 studentid 和数据 survey2 中的 studentid 变量取值进行对比。当前数据中的第一条观测值的 studentid 取值会跟 survey2 中第一条观测值的 studentid 的取值进行比较。以此类推，不断地重复比对，直到比对完所有的观测值。因为我们在命令中加入了 verbose 这个选项，所以命令 cf 会针对每个出现不一致的观测值给出一条信息。这条信息包含：不一致的观测值序号、主数据中的取值（例如，survey1. dta）以及使用数据中的取值（例如，survey2. dta）。你要留意任何一个不一致的信息，并利用数据编辑器浏览数据，然后处理这些不一致的地方。如果 studentid 的所有取值都一致，Stata 的结果窗口显示"match"，这表明所有的取值都匹配上了。

处理完和序号变量有关的所有不一致，接下来就可以用 cf 命令来检查所有其他变量中的不一致：

```
. use survey1, clear
. cf _all using survey2, all verbose
```

和前面那个只比较一个变量 studentid 的示例相反，这次的命令指定我们比较 survey1 和 survey2 中的所有变量（通过 _all 显示出来）。Stata 会列出每个变量的变量名。如果一个变量的所有取值都能匹配上，Stata 就会输出"match"。否则，针对每一个被找出的变量取值不一致的地方，Stata 都会给出对应的主数据（例如，survey1. dta）和使用数据（例如，survey2. dta）中的观测值序号。

这时，根据这个不一致清单，你可以回头查看一下原始问卷资料，以找到正确的取值并把错误改正过来。你可以从两个数据中选一个你认为更准确的，然后根据原始问卷中的数据把其中所有的错误都修订过来。或者，更谨慎、严格的做法是，同时对两个数据都做修改，然后再用命令 cf 把它们做一次比对，结果显示：两个修正过的数据完全一样。但是无论采用哪种方法，不一致结果的列表都是你修正数据的依据。

一旦完成了双录数据的工作，你就很有信心确定你的数据中几乎没有——如果有，也只是一点点——录入错误。当然，你的数据中还可能存在不一致或奇怪的回答。例如，一名男性被访者生过孩子。双录数据不能发现被访者给出奇怪或不一致的答案，但是这样做能够帮助你认清这样的错误不是因为录入时出了问题，而是由于其他的一些原因。

本章余下的部分都和双录数据无关（但双录数据有助于识别奇异值或奇异值模式）。既然数据已经生成，接下来的章节我们就要讨论一下数据清理（如检查数据中的错误，修正已发现的错误）。

# 3.3 单个变量检查

本节将介绍如何通过检查单个变量的取值来搜索数据中可能存在的错误。这节和本章接下来的几节所用的数据都是 wws.dta（Working Women Survey），这是一个虚构的数据，包含 2 246 条观测值。首先还是读入数据：

```
. use wws
(Working Women Survey)
```

接着用 describe 命令列出数据中包含的所有变量：

```
. describe

Contains data from wws.dta
  obs:         2,246                          Working Women Survey
 vars:            30                          3 Jan 2010 00:42
 size:       163,958                          (_dta has notes)
-------------------------------------------------------------------------------
              storage  display    value
variable name   type   format     label      variable label
-------------------------------------------------------------------------------
idcode          int    %8.0g                 Unique ID
age             byte   %8.0g                 age in current year
race            byte   %8.0g                 race
married         byte   %8.0g                 married
collgrad        byte   %16.0g                college graduate
south           byte   %8.0g                 lives in south
industry        byte   %23.0g                industry
occupation      byte   %22.0g                occupation
union           byte   %8.0g                 union worker
wage            float  %9.0g                 hourly wage
hours           byte   %8.0g                 usual hours worked
nevermarried    byte   %8.0g                 Woman never been married
yrschool        byte   %8.0g                 Years of school completed
metro           byte   %9.0g                 Does woman live in metro area?
ccity           byte   %8.0g                 Does woman live a city center?
currexp         float  %9.0g                 Years worked at current job
prevexp         float  %9.0g                 Years worked at previous job
everworked      float  %9.0g                 Has woman ever worked?
uniondues       float  %9.0g                 Union Dues paid last week
marriedyrs      float  %9.0g                 Years married (rounded to nearest
                                               year)
unempins        float  %9.0g                 Under/Unemployment insur.
                                               received last week
numkids         float  %9.0g                 Number of children
kidage1         float  %9.0g                 Age of first child
kidage2         float  %9.0g                 Age of second child
kidage3         float  %9.0g                 Age of third child
grade           byte   %8.0g                 current grade completed
grade4          byte   %9.0g                 4 level Current Grade Completed
wage2           float  %9.0g                 Wages, rounded to 2 digits
fwt             float  %9.0g                 Frequency weight
networth        float  %9.0g                 Net worth
-------------------------------------------------------------------------------
Sorted by:
```

这个数据包含的是被访女性的一些人口学变量以及她们工作生活的信息。首先，检查一下变量，重点放在分类变量上。检查分类变量最简单的方法是用命令 tabulate（加入选项 missing，这样可以把缺失值也作为频次分布表的一部分显示出来）。

接下来检查变量 collgrad，这是个二分变量（虚拟变量），用来表示被访女性是否是大学毕业。正如我们期望的，命令 tabulate 显示出变量所有的取值要么是 1，要么是 0。而且从输出结果看，这个变量没有缺失值。

```
. tabulate collgrad, missing
```

| college graduate | Freq. | Percent | Cum. |
|---|---|---|---|
| 0 | 1,713 | 76.27 | 76.27 |
| 1 | 533 | 23.73 | 100.00 |
| Total | 2,246 | 100.00 | |

变量 race 的取值范围应该是从 1 到 3，但是从下面的频次分布表中，我们看到有一名编码为 4 的女性。

```
. tabulate race, missing
```

| race | Freq. | Percent | Cum. |
|---|---|---|---|
| 1 | 1,636 | 72.84 | 72.84 |
| 2 | 583 | 25.96 | 98.80 |
| 3 | 26 | 1.16 | 99.96 |
| 4 | 1 | 0.04 | 100.00 |
| Total | 2,246 | 100.00 | |

我们看到 race 的这个错误取值来自 idcode 为 543 的女性。接下来，我们应该尝试寻找并确认这名女性在 race 上的真实取值。

```
. list idcode race if race==4
```

| | idcode | race |
|---|---|---|
| 2013. | 543 | 4 |

命令 summarize 在检查连续变量时非常好用。下面，我们检查一下变量 unempins，它指的是上周被访女性领到的未充分就业/失业保险的金额。假设我们已经知道这个变量的取值范围应该是从 0 到 300。可以看到，下面的这个运行结果和我们预望的一样。

```
. summarize unempins
```

| Variable | Obs | Mean | Std. Dev. | Min | Max |
|---|---|---|---|---|---|
| unempins | 2246 | 30.50401 | 73.16682 | 0 | 299 |

用命令 summarize 检查变量 wage（如下），它指的是上周每小时工作的工资收入。

```
. summarize wage
```

| Variable | Obs | Mean | Std. Dev. | Min | Max |
|---|---|---|---|---|---|
| wage | 2246 | 288.2885 | 9595.692 | 0 | 380000 |

这个变量的最大值达到了 380 000，这个取值似乎有点高，因此我们可以在上面的命令中再加入选项 detail 以获取更多的信息。

```
. summarize wage, detail

                         hourly wage
-------------------------------------------------------------
      Percentiles      Smallest
 1%      1.892108             0
 5%      2.801002      1.004952
10%      3.220612      1.032247       Obs                2246
25%      4.259257      1.151368       Sum of Wgt.        2246

50%      6.276297                     Mean           288.2885
                        Largest       Std. Dev.      9595.692
75%      9.661837      40.19808
90%      12.77777      40.74659       Variance       9.21e+07
95%      16.73912        250000       Skewness       35.45839
99%      38.70926        380000       Kurtosis       1297.042
```

从输出结果看，有两个极值可能是在录入时出错了；也有可能是被访者给出的是年收入而不是每小时的收入。下面我们要把工资高于 100 000 的女性调查对象找出来，再尽力确定她们每小时的工资到底是多少。

```
. list idcode wage if wage > 100000
```

| | idcode | wage |
|---|---|---|
| 893. | 3145 | 380000 |
| 1241. | 2341 | 250000 |

假设我们已经知道这次抽样的年龄范围应该是从 21 岁到 50 岁，还用命令 summarize 检查这个变量。

```
. summarize age

    Variable |       Obs        Mean    Std. Dev.       Min        Max
-------------+--------------------------------------------------------
         age |      2246    36.25111    5.437983         21         83
```

我们看到最大年龄是 83 岁，接着，我们用命令 tabulate 来获得更多关于年龄的信息，但并不列出所有的取值，创建一个只包含年龄大于等于 45 岁的被访者频次分布表。

```
. tabulate age if age >= 45

     age in |
    current |
       year |      Freq.     Percent        Cum.
------------+-----------------------------------
         45 |         45       90.00       90.00
         46 |          1        2.00       92.00
         47 |          1        2.00       94.00
         48 |          1        2.00       96.00
         54 |          1        2.00       98.00
         83 |          1        2.00      100.00
------------+-----------------------------------
      Total |         50      100.00
```

其中，年龄 54 和 83 令人怀疑。下面我们列出这些案例的 idcode。

```
. list idcode age if age > 50

       +--------------+
       | idcode   age |
       |--------------|
2205.  |     80    54 |
2219.  |     51    83 |
       +--------------+
```

这样我们就可以查看编号为 2205 和 2219 的原始问卷，并修正 age 的异常取值。

如前所示，命令 tabulate 和 summarize 在搜索数据中的异常取值时非常有用。一旦确定了异常值，就可以用 list 这个命令把包含异常值的观测个案全部找到并列出来，这样我们就可以对这些数据做进一步的核查。3.7 节会介绍如何修正这些被发现的错误。

下一节会介绍怎样核查两个有矛盾的分类变量。

## 3.4 用分类变量检查分类变量

本节要展示的是如何检查一个分类变量的取值和另一个分类变量相矛盾。这里要用到的技术可能你很熟悉并且也经常会用到：创建交叉表。本节用的数据还是 wws. dta。

```
. use wws
(Working Women Survey)
```

为了检查一个分类变量是否和另一个分类变量相矛盾，先浏览一下数据，并看看能不能在分类变量间找到一些不合理的组合（当然我们是希望一个都找不到）。例如，考察一下变量 metro 和 ccity。变量 metro 是一个二分变量，1 表示被访女性居住在大都市，变量 ccity 也是一个二分变量，其测量的是被访者是否居住在市中心。如果一名女性受访者居住在市中心，那么她一定居住在大都市里。接下来我们做一下这两个变量的交互表，从表中我们看到确实是这样的。到目前为止，一切正常。

```
. tabulate metro ccity, missing

Does woman |
   live in |   Does woman live a
     metro |     city center?
     area? |         0          1 |     Total
-----------+----------------------+----------
         0 |       665          0 |       665
         1 |       926        655 |     1,581
-----------+----------------------+----------
     Total |     1,591        655 |     2,246
```

另一种检验方法是看看居住在市中心且不住在大都市的被访者有多少个，如果是 0 个则证明没问题。下面的运行结果显示是 0。其中符号 & 表示“和”，= = 表示“等于”(要获取更多内容，请参阅 A. 6 节 Stata 的逻辑表达式)。

```
. count if metro == 0 & ccity ==1
  0
```

再考察一下变量 married 和 nevermarried。显而易见的是：如果一个人现在已婚，那么他在变量 nevermarried 上的取值就应该是 0。但当我们做出这两个变量的交互表时，看到有两条观测值并不符合这个逻辑。

```
. tabulate married nevermarried

           |   Woman never been
           |        married
   married |         0          1 |     Total
-----------+----------------------+----------
         0 |       570        234 |       804 
         1 |     1,440          2 |     1,442 
-----------+----------------------+----------
     Total |     2,010        236 |     2,246 
```

如果不用命令 tabulate，我们可以用命令 count 来计算有问题的观测值总数是多少，如下所示：

```
. count if married==1 & nevermarried==1
  2
```

下面我们通过列出那些目前处于结婚状态但同时又从来没有结过婚的问题个案，找到了那两个没有通过检测的观测值。我们看到 id 取值为 22 和 1 758 的女性数据中有这个问题。接下来我们可以检查这两条观测值的原始资料，以确定到底是哪个变量的取值错了。

```
. list idcode married nevermarried if married==1 & nevermarried==1, abb(20)

      +----------------------------------+
      | idcode   married   nevermarried |
      |----------------------------------|
1523. |   1758         1              1 |
2231. |     22         1              1 |
      +----------------------------------+
```

再举一个例子，这次检查的是变量 collgrad（您大学毕业了吗?）和 yrschool（您一共上了几年学?）是否矛盾。这里我们用命令 table，因为和 tabulate 相比，它提供的结果更加简洁。

```
. table collgrad yrschool

----------------------------------------------------------------------------
college   |                  Years of school completed
graduate  |    8     9    10    11    12    13    14    15    16    17    18
----------+-----------------------------------------------------------------
        0 |   69    55    84   123   943   174   180    81
        1 |    1                             2     7    11   252   106   154
----------------------------------------------------------------------------
```

在大学毕业生里，有两名女性回答她们的受教育年限是 13 年，7 名女性的受教育年限是 14 年。这些女性可能跳了一两级，也有可能高中毕业较早，因此需要进一步检查这些取值，但这并非完全不合理的取值。然而，那个只接受了 8 年教育的女大学毕业生看起来像是天才中的天才，换句话说，她的这两个变量中的某一个有问题。

用 tabulate 和 table 两个命令创建交互表来检查两个分类变量是否有矛盾的方法非常好用。下一节要介绍的是怎样检查一个分类变量和一个连续变量之间的矛盾。

## 3.5 用连续变量检查分类变量

上节讲到的是如何用一个分类变量来检查另一个分类变量，我们通过做两个分类变量的交互表来识别变量值的可疑组合。当利用连续变量检查分类变量时，交互表就不适用了，因为连续变量可能包含很多取值。取而代之的是，可以对每一类别生成一个连续变量的描述统计结果。我们还用 wws. dta 来深入探讨这种检查的方法。

```
. use wws
(Working Women Survey)
```

这个数据包含一个名为 union 的分类变量（二分变量），其中 1 表示女性受访者加入了工会（0 则相反）。还有一个名为 uniondues 的变量，意思是女性受访者上周缴纳的工会费。如果一名女性目前加入了工会，也许不需要交会费；但是，如果一名女性没有加入工会，那她要是交过会费就明显是不合理的。这类问题的一种检查方法是：用命令 summarize 得到没有加入工会的女性受访者在变量 uniondues 上的描述统计值。对那些没有加入工会的女性受访者而言，我期望的 uniondues 的均值应该是 0。如果均值大于 0，则意味着有一个或多个没有加入工会的女性受访者也交过工会会费。下面的运行结果显示，数据中有一个或多个非工会会员女性确实交过会费。

```
. summarize uniondues if union==0

    Variable |       Obs        Mean    Std. Dev.       Min        Max
-------------+--------------------------------------------------------
   uniondues |      1413     .094126    1.502237          0         27
```

如果在命令 summarize 前加上 bysort union:，这样就可以根据 union 的不同取值把被访者分成不同的群组，然后对每组单独计算 uniondues 的描述统计值（更多内容请参阅 7.2 节如何在命令的前面用前缀 by）。这是显示那些非工会会员但是交过工会会费的女性受访者的另外一种方法。

```
. bysort union: summarize uniondues

-> union = 0

    Variable |     Obs        Mean    Std. Dev.       Min        Max
-------------+--------------------------------------------------------
   uniondues |    1413     .094126    1.502237          0         27

-> union = 1

    Variable |     Obs        Mean    Std. Dev.       Min        Max
-------------+--------------------------------------------------------
   uniondues |     461    14.65944    8.707759          0         29

-> union = .

    Variable |     Obs        Mean    Std. Dev.       Min        Max
-------------+--------------------------------------------------------
   uniondues |     368    15.41304    8.815582          0         29
```

用命令 tabstat 可以得到一个相同的但更简洁的输出结果，如下所示：

```
. tabstat uniondues, by(union) statistics(n mean sd min max) missing

Summary for variables: uniondues
     by categories of: union (union worker)

   union |         N      mean        sd       min       max
---------+--------------------------------------------------
       0 |      1413   .094126  1.502237         0        27
       1 |       461  14.65944  8.707759         0        29
       . |       368  15.41304  8.815582         0        29
---------+--------------------------------------------------
   Total |      2242  5.603479  9.029045         0        29
```

既然我们看到了结果：至少有一名非工会会员交过会费，接下来，用命令 recode 创建一个名为 paysdues 的二分变量，0 表示没有交过工会会费，1 表示交过会费。（有关给变量重新编码的信息，请参见 5.5 节。）

```
. recode uniondues (0=0) (1/max=1), generate(paysdues)
(784 differences between uniondues and paysdues)
```

现在我们可以生成一个 union 乘以 paysdues 的表格，也就是工会会员身份与是否交过会费的交互表。

```
. tabulate union paysdues, missing

           | RECODE of uniondues (Union Dues
     union |        paid last week)
    worker |         0          1          . |     Total
-----------+---------------------------------+----------
         0 |     1,407          6          4 |     1,417 
         1 |        17        444          0 |       461 
         . |         7        361          0 |       368 
-----------+---------------------------------+----------
     Total |     1,431        811          4 |     2,246 
```

命令 tabulate 的结果显示有 6 个非工会会员交过工会会费。我们可以把这些观测值都列出来，如下所示：

```
. list idcode union uniondues if union==0 & (uniondues > 0) &
> !missing(uniondues), abb(20)

      +----------------------------+
      | idcode   union   uniondues |
      |----------------------------|
  36. |    345       0          26 |
 368. |   3905       0          10 |
 497. |   3848       0          26 |
1272. |   3464       0          17 |
1355. |   2541       0          27 |
      |----------------------------|
1393. |   1411       0          27 |
      +----------------------------+
```

上面的命令中又加入了!missing(uniondues)作为 if 限定的一部分，目的是不让缺失值在结果中显示（关于缺失变量的内容，可以参阅 A.10 节）。我们还需要做进一步的核查，以便能给这 6 条观测值的这两个变量确定合理的取值。

接着看看变量 married（取值 0 表示未婚，1 表示已婚）和 marriedyrs（您已经结婚多少年了？年份是四舍五入后的结果）。如果有人结婚不到半年，那么 marriedyrs 就应该是 0。用命令 tabstat 算出 marriedyrs 在 married 的不同取值上的描述统计值，并查看一下这些结果是否合理。

```
. tabstat marriedyrs, by(married) statistics(n mean sd min max) missing

Summary for variables: marriedyrs
     by categories of: married (married)
```

| married | N | mean | sd | min | max |
|---|---|---|---|---|---|
| 0 | 804 | 0 | 0 | 0 | 0 |
| 1 | 1442 | 5.540915 | 3.552138 | 0 | 11 |
| Total | 2246 | 3.557435 | 3.893349 | 0 | 11 |

正如我们期望的那样，804 名未婚女性在 marriedyrs 这个变量上的取值都是合理的：都是 0。而在已婚被访者中，有些女性结婚时间不到 6 个月，因此 marriedyrs 这个变量也有 0 值。这两个变量看上去是一致的。

下面再来检查一下变量 everworked（0 表示从来没工作过，1 表示曾经工作过）和 currexp（目前工作的时间）、prevexp（之前工作的时间）。如果一个人从来没有工作过，那么现在和之前的工作经历就都应该是 0。下面是我们对目前工作经历的检查结果，结果正是如此。

```
. tabstat currexp, by(everworked) statistics(n mean sd min max) missing

Summary for variables: currexp
     by categories of: everworked (Has woman ever worked?)
```

| everworked | N | mean | sd | min | max |
|---|---|---|---|---|---|
| 0 | 60 | 0 | 0 | 0 | 0 |
| 1 | 2171 | 5.328881 | 5.042181 | 0 | 26 |
| Total | 2231 | 5.185567 | 5.048073 | 0 | 26 |

同样，那些从来没有工作过的被访者也没有工作经历，也符合我们的预期。

```
. tabstat prevexp, by(everworked) statistics(n mean sd min max) missing

Summary for variables: prevexp
     by categories of: everworked (Has woman ever worked?)
```

| everworked | N | mean | sd | min | max |
|---|---|---|---|---|---|
| 0 | 60 | 0 | 0 | 0 | 0 |
| 1 | 2171 | 6.248733 | 4.424465 | 0 | 25 |
| Total | 2231 | 6.080681 | 4.480124 | 0 | 25 |

接下来，我们检测一下变量 everworked 和女性所有的工作经历是否有冲突。为此，我们先建立一个名为 totext 的变量，表示女性受访者的所有工作经历，然后检查

这个变量是否和 everworked 相冲突。如下所示，如果一名女性从来没工作过，那么她的所有工作经历就应该一直是 0，如果是工作过的女性，那么她的所有工作经历取值最小值应该是 1。这里的结果也和我们的预期相符。

```
. gen totexp = currexp + prevexp
(15 missing values generated)

. tabstat totexp, by(everworked) statistics(n mean sd min max) missing

Summary for variables: totexp
     by categories of: everworked (Has woman ever worked?)

everworked |        N      mean        sd       min       max
-----------+--------------------------------------------------
         0 |       60         0         0         0         0
         1 |     2171  11.57761  4.552392         1        29
-----------+--------------------------------------------------
     Total |     2231  11.26625  4.865816         0        29
--------------------------------------------------------------
```

本节讲解的是怎样检查一个连续变量是否和一个分类变量相冲突，方法是用加了前缀 bysort 的 summarize 命令，或者用命令 tabstat。我们可以通过把连续变量重新编码从而生成一个新的分类变量，然后再生成一个包含既存分类变量和新生成的分类变量的交互表。下面这一小节讲的是如何检查两个连续变量。

## 3.6 用连续变量检查连续变量

本节探讨如何检查一个连续变量是否和另一个连续变量冲突。和前面的几节一样，这节用的数据还是 wws. dta。

```
. use wws
(Working Women Survey)
```

考察变量 hours（上周工作时间）和 unempins（上周领到的未充分就业/失业保险金）。假设只有每周工作时间等于或少于 30 小时的人才有资格领取未充分就业/失业保险金。如果这样，那么每周工作超过 30 小时的女性在 unempins 这个变量上的取值就应该是 0。对那些工作时间超过 30 个小时且 unempins 不缺失（更多关于缺失值的内容，请参阅 A. 10）的女性，用命令 summarize 列出她们在 unempins 上的描述统计值进行检查。如果所有工作时间超过 30 个小时的女性受访者都没有领取未充分就业/失业保险金，那么她们在变量 enemins 上的平均值和最大值都应该是 0。但下面的结果显示，这些统计量都不是 0，因此，这意味着至少有 1 名工作时间超过 30 个小时的女性领取了未充分就业/失业保险金。

```
. summarize unempins if hours > 30 & !missing(hours)

    Variable |       Obs        Mean    Std. Dev.       Min        Max
-------------+--------------------------------------------------------
    unempins |      1800    1.333333    16.04617          0        287
```

尽管这个结果显示至少有一名每周工作时间超过 30 个小时的女性领取了失业保险，但是它并没有告诉我们这样的女性被访者有多少个。我们可以用命令 count 计算出工作超过 30 个小时且领取过未充分就业/失业保险金的女性有多少名。结果显示有 19 名女性符合这个标准：

```
. count if (hours>30) & !missing(hours) & (unempins>0) & !missing(unempins)
  19
```

我们可以用命令 list 把含有冲突取值的观测值一一列举出来，以便做进一步的核查。为了节省空间，这里省略了分析结果：

```
. list idcode hours unempins if hours>30 & ! missing(hours) & unempins>0
> & !missing(unempins)
```

*(省略了输出结果)*

假设我们要检查变量 age 和结婚时间 marriedyrs。要比较这两个变量的一种方法是创建一个新变量来表示女性结婚时的年龄。我们可以检查这个新变量中可能出现的异常值。下面用命令 generate 生成 agewhenmarried。

```
. generate agewhenmarried = age - marriedyrs
```

接着用命令 tabulate 查看新变量 agewhenmarried 中的异常值。为了节省空间，我们生成了一个结婚年龄小于 18 岁的频数分布表。从结果看，有一些取值可能需要进一步的核查，例如 13 岁就结婚的女性。

```
. tabulate agewhenmarried if agewhenmarried < 18

agewhenmarr |
        ied |      Freq.     Percent        Cum.
------------+-----------------------------------
         13 |          1        2.38        2.38
         14 |          4        9.52       11.90
         15 |         11       26.19       38.10
         16 |          8       19.05       57.14
         17 |         18       42.86      100.00
------------+-----------------------------------
      Total |         42      100.00
```

可以用同样的方法检查女性的年龄和她们的所有工作经历。我们可以生成一个新变量 agewhenstartwork，用女性的年龄减去她们目前的工作年限。和前面的例子一样，可以先 tabulate 一下这些变量，为了节省空间把年龄限定在 18 岁以下。分析结果显示有三名女性开始工作的年龄分别是 8、9 和 12。看起来需要对这三条观测值做进一步的核查。

```
. generate agewhenstartwork = age - (prevexp +  currexp)
(15 missing values generated)

. tab agewhenstartwork if agewhenstartwork < 18
```

| agewhenstartwork | Freq. | Percent | Cum. |
|---|---|---|---|
| 8 | 1 | 0.50 | 0.50 |
| 9 | 1 | 0.50 | 1.00 |
| 12 | 1 | 0.50 | 1.49 |
| 14 | 20 | 9.95 | 11.44 |
| 15 | 44 | 21.89 | 33.33 |
| 16 | 50 | 24.88 | 58.21 |
| 17 | 84 | 41.79 | 100.00 |
| Total | 201 | 100.00 | |

数据里还有一个变量 numkids，表示女性受访者有几个孩子，第一个、第二个和第三个孩子的年龄分别用 kidage1、kidage2 和 kidage3 来代表。对于那些有 3 个孩子的女性，我们用下面的命令 table 来比对第二个孩子和第三个孩子的年龄。和我们想的一样，第三个孩子的年龄均不小于第二个孩子的年龄。

```
. table kidage2 kidage3 if numkids==3
```

| Age of second child | Age of third child | | | | | | | |
|---|---|---|---|---|---|---|---|---|
| | 0 | 1 | 2 | 3 | 4 | 5 | 6 | 7 |
| 0 | 12 | | | | | | | |
| 1 | 10 | 9 | | | | | | |
| 2 | 11 | 8 | 10 | | | | | |
| 3 | 10 | 12 | 6 | 8 | | | | |
| 4 | 10 | 12 | 10 | 7 | 5 | | | |
| 5 | 12 | 11 | 9 | 3 | 6 | 8 | | |
| 6 | 9 | 8 | 10 | 6 | 5 | 6 | 6 | |
| 7 | 7 | 6 | 7 | 9 | 4 | 14 | 12 | 6 |
| 8 | | 5 | 11 | 7 | 6 | 14 | 6 | 11 |
| 9 | | | 8 | 13 | 10 | 7 | 12 | 9 |
| 10 | | | | 15 | 3 | 10 | 6 | 12 |
| 11 | | | | | 9 | 8 | 3 | 13 |
| 12 | | | | | | 16 | 9 | 6 |
| 13 | | | | | | | 11 | 5 |
| 14 | | | | | | | | 8 |

尽管不是很具体，但是也可以用命令 count 检查。下面我计算了第三个孩子的年龄大于第二个孩子的个案数，如果被访者有三个孩子，还要确保把变量 kidage3 取值为缺失的个案全部排除在外。结果和 table 运行的结果一致，并没有这样的孩子。

```
. count if (kidage3 > kidage2) & (numkids == 3) & ! missing(kidage3)
  0
```

同样地，我可以计算第二个孩子的年龄大于第一个孩子的观测值个数，如果被访者有且只有 2 个孩子，同样要确保把变量 kidage2 取值为缺失的个案全部排除在外。正如我所预料到的，没有这样的个案。

```
. count if (kidage2 > kidage1) & numkids == 2 & ! missing(kidage2)
  0
```

我们可能做的另一个检测是对比被访女性的年龄和她最大孩子的年龄来确定她生第一个孩子时的年龄。创建一个新变量 agewhenfirstkid 表示女性生第一个孩子时的年龄。然后，tabulate agewhenfirstkid。结果显示，对于那些 3 岁就生第一个孩子的被访者来说，要么需要对其做进一步的核查，要么就是捏造了答案。

```
. generate agewhenfirstkid = age - kidage1
(563 missing values generated)
. tabulate agewhenfirstkid if agewhenfirstkid < 18
```

| agewhenfirstkid | Freq. | Percent | Cum. |
|---|---|---|---|
| 3 | 1 | 0.51 | 0.51 |
| 5 | 2 | 1.01 | 1.52 |
| 7 | 2 | 1.01 | 2.53 |
| 8 | 5 | 2.53 | 5.05 |
| 9 | 8 | 4.04 | 9.09 |
| 10 | 7 | 3.54 | 12.63 |
| 11 | 10 | 5.05 | 17.68 |
| 12 | 10 | 5.05 | 22.73 |
| 13 | 20 | 10.10 | 32.83 |
| 14 | 30 | 15.15 | 47.98 |
| 15 | 27 | 13.64 | 61.62 |
| 16 | 39 | 19.70 | 81.31 |
| 17 | 37 | 18.69 | 100.00 |
| Total | 198 | 100.00 | |

检查两个连续变量是否相互矛盾非常具有挑战性。有时只需要多做一点努力，再发挥一点创造性就能想出检查两个连续变量是否一致的方法。这样的检查方法能够揭示出两个变量间的不一致，而通过检查单个变量无法发现这种不一致。

下一节将要介绍的是修正数据中已发现的问题的方法。

## 3.7 修正数据中的错误

前面的几节已经展示了如何检查数据中的问题。现在，我们要考虑的是修正这些问题的策略。在本节中，假定你有一个自己已经录好的数据，或者你已经拿到一个原始数据，或者你通过认识的人能够拿到数据，并且这个数据中的异常情况他们已经查出来了。无论是其中哪种情况，提供有关问题的清楚信息是关键所在。下面是几个关于问题的例子，并讲解了应该如何记录它们。

在 3.3 中，我们看到 race 这个变量取值应该是 1、2 或 3，但是有一条观测值的取值是 4。我们不仅想记录找到的那个 race 取值为 4 的观测值，而且想要记录这条观测值的 idcode 和其他一些具有识别性的人口学变量。我们可以用简单的 list 命令来实现。

```
. * woman has race code 4
. use wws, clear
(Working Women Survey)

. list idcode age yrschool race wage if race==4

      +--------------------------------------------+
      | idcode   age   yrschool   race        wage |
      |--------------------------------------------|
2013. |    543    39          8      4    4.428341 |
      +--------------------------------------------+
```

在 3.3 节中，我们也看到有两条观测值的小时工资看起来格外高。采用同样的方法，记录这些可能有问题的观测值。

```
. * hourly income seems too high
. list idcode age yrschool race wage if wage > 50

      +------------------------------------------+
      | idcode   age   yrschool   race      wage |
      |------------------------------------------|
 893. |   3145    36         12      2    380000 |
1241. |   2341    29         16      2    250000 |
      +------------------------------------------+
```

在 3.4 至 3.6 中，我们通过变量间的互相检查与校验发现了一些问题。在这些观测值中，我们没有发现有根本性问题的取值，但是我们确实发现了两个或多个变量之间的取值冲突。对这些观测值而言，记录下问题会提示我们多个变量的取值不合理。例如，在 3.4 中有一名大学毕业的女性回答的受教育年限是 8 年。这个问题可以通过交互表来记录。

```
. *some conflicts between college graduateand years of school
. table collgrad yrschool
```

| college graduate | Years of school completed 8 | 9 | 10 | 11 | 12 | 13 | 14 | 15 | 16 | 17 | 18 |
|---|---|---|---|---|---|---|---|---|---|---|---|
| 0 | 69 | 55 | 84 | 123 | 943 | 174 | 180 | 81 | | | |
| 1 | 1 | | | | | 2 | 7 | 11 | 252 | 106 | 154 |

可以加入一个包含更多有潜在问题的观测值的信息列表来补充和完善这个记录。

```
. * college grad with 8 years of school completed, seems like a problem
. list idcode collgrad yrschool if yrschool==8 & collgrad==1
```

| | idcode | collgrad | yrschool |
|---|---|---|---|
| 2198. | 107 | 1 | 8 |

```
. * college grad with 13, 14, 15 years of school completed, is this a problem?
. list idcode collgrad yrschool if inlist(yrschool,13,14,15) & collgrad
```

*(输出结果略)*

这个过程中的一个重要部分是：区分明确的不一致取值和那些仅需进一步核查的取值。尽量把问题区分出优先次序，创建专有名词，用它把明显的差异（例如，上学年限为 8 年的大学毕业生）和那些只需要进一步核查的个案区分开。例如，一个受教育年数为 13 年的女大学毕业生可能是一个天才，上学时跳了几级。

有时数据检查的方法不是很明确。也许要优先重点考虑数据中那些可能会改变分析结果的取值，例如每小时工资超过 300 美元的女性。如果仅有有限的时间来检查数据中的问题，那么就要设想一下你要做的分析以及数据中不同类型的错误会给分析结果带来的影响。试着优先考虑那些虽然看上去并不大，但可能会对你的分析产生最大影响的错误，例如非常极端的取值，或很多有相互冲突的观测值。

一旦找到了数据中需要纠正的错误，简单的处理方法就是：直接打开 Stata 的数据编辑器（Data Edior）然后马上就开始做修正。但我强烈不建议这样做，原因有两个：一是这样做就不会以一种系统化的方式把你对数据所做的修正工作记录下来；二是无法把这种处理整合到数据检查的方法之中。一旦修正了数据中的一处错误，你就要想怎样用同样的检查步骤来发现问题，以此证明你确实已经成功地修复了这个问题。

我强烈建议把 replace 命令和 if 限定符放在一起使用，这里用 if 来唯一地确定需要修正的个案，而不是用数据编辑器（Data Edior）来修正错误。例如，本节中发现的一个问题是 race 有一个编码为 4 的取值。经核查后，我们发现这条观测值的 idcode 是 543，race 的这个取值应该是 1。这样，就可以把 idcode 为 543 的观测值在变量 race 上的取值改为 1：

```
. * correcting idcode 543 where race of 4 should have been 1
. replace race = 1 if idcode == 543
(1 real change made)

. tab race
```

| race | Freq. | Percent | Cum. |
|---|---|---|---|
| 1 | 1,637 | 72.89 | 72.89 |
| 2 | 583 | 25.96 | 98.84 |
| 3 | 26 | 1.16 | 100.00 |
| Total | 2,246 | 100.00 | |

注意，这里的替换依据的是 idcode 为 543（if idcode==543）而不是根据 race 为 4（if race==4）进行的。我们根据观测值来识别修正的地方，那么接下来的替换也应该根据能够唯一确定这条观测值的变量（如 idcode）。

有必要在数据中加入一个注释来注明这个取值曾经被修正过。可以用 note 这个命令来实现，如下所示。4.7 节中提供了更多有关添加注释的内容。

```
. note race: race changed to 1(from 4) for idcode 543
```

同样地，数据显示 107 号女性是一名受教育年限为 8 年的大学毕业生，数据显示这名被访者不是一名大学生，这是一个输入错误。我们可以根据下面的方法来修正它，并能把修正过程记录下来：

```
. replace collgrad = 0 if idcode == 107
(1 real change made)

. note collgrad: collgrad changed from 1 to 0 for idcode 107
```

修正工作完成后，我们再做一次 collgrad 和 yrschool 的交互表，这次看起来没问题了。

```
. table collgrad yrschool
```

| college | Years of school completed | | | | | | | | | | |
|---|---|---|---|---|---|---|---|---|---|---|---|
| graduate | 8 | 9 | 10 | 11 | 12 | 13 | 14 | 15 | 16 | 17 | 18 |
| 0 | 70 | 55 | 84 | 123 | 943 | 174 | 180 | 81 | | | |
| 1 | | | | | | 2 | 7 | 11 | 252 | 106 | 154 |

在 3.3 节中，我们看到有两名女性年龄超出了预期的范围（超过了 50 岁）。

```
. list idcode age if age > 50
```

| | idcode | age |
|---|---|---|
| 2205. | 80 | 54 |
| 2219. | 51 | 83 |

通过进一步的核查，我们发现是这四个数字的位置放颠倒了。把这个错误纠正过来，并加入修正注释，如下所示：

```
. replace age = 38 if idcode ==51
(1 real change made)

. replace age = 45 if idcode == 80
(1 real change made)

. note age: the values of 83 was corrected to be 38 for idcode 51

. note age: the value of 54 was corrected to be 45 for idcode 80
```

修正完后，我们再一次列出年龄超过 50 岁的被访女性。

```
. list idcode age if age > 50
```

正如我们所希望的，这次的输出结果为空，因为数据中没有这样的女性。用命令 notes 查看已经做过的所有修正的注释。

```
. notes

_dta:
  1.  This is a hypothetical dataset and should not be used for analysis purposes

age:
  1.  the values of 83 was corrected to be 38 for idcode 51
  2.  the value of 54 was corrected to be 45 for idcode 80

race:
  1.  race changed to 1(from 4) for idcode 543

collgrad:
  1.  collgrad changed from 1 to 0 for idcode 107
```

每当对数据做过一次修正后，都需要再做一次相应的检查以确保修正对了。换句话说，从理论上讲，数据清理和数据修正是一个完整的过程。最后，最好把这个过程保存到 Stata 的 do-file 中，其中包括对每个变量的检查、修正和再检查的命令。9.3 节会介绍更多关于如何创建和使用 Stata do-file 的内容。而且，9.4 节会介绍如何实现数据清理过程的自动化。

## 3.8 识别重复录入

这节要讨论的是如何识别出数据中重复出现的观测值。出现重复观测值的原因很多，包括在录入数据时把同一条观测值录入了两次。由于找出并删掉重复的观测值是一个很常见的问题，所以 Stata 有一套完整的命令用来识别、描述和删除重复的观测值。本节会介绍如何使用这些命令，我先用一个小数据来演示，然后会用一个更真实的数据。首先用的这个 dentists_dups.dta，是数据 dentist.dta 的一个变体，查看一下数据中观测值的列表，从中可以看到有重复的观测值。

```
. use dentists_dups

. list

     +---------------------------------------------+
     |               name   years   fulltime   recom |
     |---------------------------------------------|
  1. |      Olive Tu'Drill   10.25          1       1 |
  2. |        Ruth Canaale      22          1       1 |
  3. |        Ruth Canaale      22          1       1 |
  4. |          Mike Avity     8.5          0       0 |
  5. |          Mary Smith       3          1       1 |
     |---------------------------------------------|
  6. |          Mike Avity     8.5          0       0 |
  7. |   Y. Don Uflossmore    7.25          0       1 |
  8. |          Mike Avity     8.5          0       0 |
  9. |          Mary Smith      27          0       0 |
 10. |  Isaac O'Yerbreath   32.75          1       1 |
     |---------------------------------------------|
 11. |      Olive Tu'Drill   10.25          1       1 |
     +---------------------------------------------+
```

可以用命令 duplicates list 列出数据中包含的重复观测值。

```
. duplicates list

Duplicates in terms of all variables
```

| group: | obs: | name | years | fulltime | recom |
|---|---|---|---|---|---|
| 1 | 4 | Mike Avity | 8.5 | 0 | 0 |
| 1 | 6 | Mike Avity | 8.5 | 0 | 0 |
| 1 | 8 | Mike Avity | 8.5 | 0 | 0 |
| 2 | 1 | Olive Tu'Drill | 10.25 | 1 | 1 |
| 2 | 11 | Olive Tu'Drill | 10.25 | 1 | 1 |
| 3 | 2 | Ruth Canaale | 22 | 1 | 1 |
| 3 | 3 | Ruth Canaale | 22 | 1 | 1 |

上面的这个命令列出了每条重复的观测值。例如，牙医 Mike Avity 有三条观测值。

命令 duplicates examples 没有把所有的重复观测值都列出来，而只是列出了一个示例。标♯的列表示副本的个数（例如，Mike Avity 有三个重复的观测值）。

```
. duplicates examples

Duplicates in terms of all variables
```

| group: | # | e.g. obs | name | years | fulltime | recom |
|---|---|---|---|---|---|---|
| 1 | 3 | 4 | Mike Avity | 8.5 | 0 | 0 |
| 2 | 2 | 1 | Olive Tu'Drill | 10.25 | 1 | 1 |
| 3 | 2 | 2 | Ruth Canaale | 22 | 1 | 1 |

命令 duplicates report 会生成一个关于每条观测值副本数的频数分布表（与命令 tabulate 的输出结果很像）。

```
. duplicates report

Duplicates in terms of all variables
```

| copies | observations | surplus |
|---|---|---|
| 1 | 4 | 0 |
| 2 | 4 | 2 |
| 3 | 3 | 2 |

上面的结果显示：在数据中，有 4 条独一无二的观测值（即只有一个副本）。有 4 条观测值各自含有 2 个副本。这和观测个案 Olive 和 Ruth 相呼应，他俩每人都有 2 个副本。表中也显示了有 3 条观测值有 3 个副本，也就是 Mike 的三条观测值。

这个表给出了数据中重复的一般情况，但还没有识别出重复的观测值。命令 duplicates tag 在识别重复观测值上非常有用。这个命令会新建一个变量，用其表示每条观测值有几个副本。用下面这个命令生成变量 dup。

```
. duplicates tag, generate(dup)

Duplicates in terms of all variables
```

下面的列表列出了每条观测值含有的副本数（dup）。

```
. list, sep(0)
```

| | name | years | fulltime | recom | dup |
|---|---|---|---|---|---|
| 1. | Olive Tu'Drill | 10.25 | 1 | 1 | 1 |
| 2. | Ruth Canaale | 22 | 1 | 1 | 1 |
| 3. | Ruth Canaale | 22 | 1 | 1 | 1 |
| 4. | Mike Avity | 8.5 | 0 | 0 | 2 |
| 5. | Mary Smith | 3 | 1 | 1 | 0 |
| 6. | Mike Avity | 8.5 | 0 | 0 | 2 |
| 7. | Y. Don Uflossmore | 7.25 | 0 | 1 | 0 |
| 8. | Mike Avity | 8.5 | 0 | 0 | 2 |
| 9. | Mary Smith | 27 | 0 | 0 | 0 |
| 10. | Isaac O'Yerbreath | 32.75 | 1 | 1 | 0 |
| 11. | Olive Tu'Drill | 10.25 | 1 | 1 | 1 |

为了让这个输出结果更易读，先用 name 和 years 对数据排序，然后再列出观测值，并依据 name 和 years 把这些观测值分组。

```
. sort name years

. list, sepby(name years)
```

| | name | years | fulltime | recom | dup |
|---|---|---|---|---|---|
| 1. | Isaac O'Yerbreath | 32.75 | 1 | 1 | 0 |
| 2. | Mary Smith | 3 | 1 | 1 | 0 |
| 3. | Mary Smith | 27 | 0 | 0 | 0 |
| 4. | Mike Avity | 8.5 | 0 | 0 | 2 |
| 5. | Mike Avity | 8.5 | 0 | 0 | 2 |
| 6. | Mike Avity | 8.5 | 0 | 0 | 2 |
| 7. | Olive Tu'Drill | 10.25 | 1 | 1 | 1 |
| 8. | Olive Tu'Drill | 10.25 | 1 | 1 | 1 |
| 9. | Ruth Canaale | 22 | 1 | 1 | 1 |
| 10. | Ruth Canaale | 22 | 1 | 1 | 1 |
| 11. | Y. Don Uflossmore | 7.25 | 0 | 1 | 0 |

现在应该很容易理解 dup 这个变量了。对于只有一条记录的个案来说（例如 Isaac 或 Y. Don），dup 的取值是 0。Mary Smith 的 dup 取值为 0，因为这两名牙医虽然名字一样，但不是同一个人，所以它们不是重复观测值（例如，它们在 years——工作年限这个变量上的取值就不一样）。Olive 和 Ruth 的 dup 取值都是 1，因此它们各有一个副本。而 Mike 的 dup 取值为 2，因为他有两条重复的观测值。

如上所述，重复观测值的特点是 dup 的取值大于或等于 1。可以只列出那些重复的观测值，如下所示：

```
. list if dup > 0
```

| | name | years | fulltime | recom | dup |
|---|---|---|---|---|---|
| 4. | Mike Avity | 8.5 | 0 | 0 | 2 |
| 5. | Mike Avity | 8.5 | 0 | 0 | 2 |
| 6. | Mike Avity | 8.5 | 0 | 0 | 2 |
| 7. | Olive Tu'Drill | 10.25 | 1 | 1 | 1 |
| 8. | Olive Tu'Drill | 10.25 | 1 | 1 | 1 |
| 9. | Ruth Canaale | 22 | 1 | 1 | 1 |
| 10. | Ruth Canaale | 22 | 1 | 1 | 1 |

如果数据中有很多重复的观测值，你可能更喜欢用命令 browse 在数据编辑器 (Data Editor) 里查看这些重复个案。[①]

```
. browse if dup > 0
```

检查完那些被标记为重复的观测值后，现在我能够确信这些观测值是真的重复了，可以把它们从数据中安全地删除掉。这时，可以用命令 duplicates drop 来删掉数据中重复的观测值。

```
. duplicates drop

Duplicates in terms of all variables

(4 observations deleted)
```

我们希望有 4 条观测值会被作为重复观测值删掉（Olive 一个，Ruth 一个，Mike 两个）。实际也的确如此，通过命令 duplicates drop 删掉的个案数是 4。我们通过下面的列表确认重复的个案已被删除了。

```
. list

     +-----------------------------------------------------------+
     |               name   years   fulltime   recom   dup       |
     |-----------------------------------------------------------|
  1. |  Isaac O'Yerbreath   32.75          1       1     0       |
  2. |         Mary Smith       3          1       1     0       |
  3. |         Mary Smith      27          0       0     0       |
  4. |         Mike Avity     8.5          0       0     2       |
  5. |      Olive Tu'Drill  10.25          1       1     1       |
     |-----------------------------------------------------------|
  6. |       Ruth Canaale      22          1       1     1       |
  7. | Y. Don Uflossmore    7.25          0       1     0       |
     +-----------------------------------------------------------+
```

前面的示例中用的数据 dentists._dups.dta 是一个模拟的小数据，但是有助于我们清楚地看到这些命令的作用原理。现在我们打开数据 wws.dta，讨论一下如何在一个更实际的数据中识别重复观测值。首先，把这个数据读入内存。

```
. use wws
(Working Women Survey)
```

这个数据里有一个能够唯一识别每一条观测值的变量 idcode。我想做的第一件事

---

① 命令 edit 允许在数据编辑器里浏览和编辑数据。命令 browse 只允许浏览（但不能编辑）数据，当你只想浏览数据的时候，browse 提供了一个更加安全的选择。

情就是确定这个变量是否真的能够唯一确定每一条观测值。可以用命令 isid（is this an ID?）来完成这项工作。

```
. isid idcode
```

如果变量 idcode 有重复取值，isid 命令就会返回一条错误信息。实际上输出结果为空，这意味着 idcode 确实能够唯一地识别每一条观测值。也可以用命令 duplicates list idcode，该命令只根据变量 idcode 的情况输出显示查重的结果。不出所料，这条命令同样证实了在 idcode 上没有重复的观测值。

```
. isid idcode

. duplicates list idcode

Duplicates in terms of idcode

(0 observations are duplicates)
```

现在我们来看看数据中有没有任何的重复观测值或取值，检查时加入所有的变量。用命令 duplicates list，输出结果告诉我们这个数据里没有重复的观测值或取值。

```
. duplicates list

Duplicates in terms of all variables

(0 observations are duplicates)
```

接下来再用另一个数据 wws_dups. dta，它是 wws. dta 的变体。你可能已经猜到了，这个数据中能找到重复的观测值。具体来说，还是先根据变量 idcode 查找重复取值，然后再根据数据中的所有变量来查找重复的个案。还是先读入数据。

```
. use wws_dups
```

先用命令 isid 来看看变量 idcode 是否能唯一确定数据中的观测个案。从下面的分析结果来看，idcode 并不能唯一确定数据中的观测个案。

```
. isid idcode
variable idcode does not uniquely identify the observations
r(459);
```

接下来，用命令 duplicates report 来查看一下变量 idcode 有多少个重复取值。

```
. duplicates report idcode

Duplicates in terms of idcode
```

| copies | observations | surplus |
|---|---|---|
| 1 | 2242 | 0 |
| 2 | 6 | 3 |

从 idcode 变量的查重结果中可以看到，报告总共有 3 条观测值出现了两次。用命令 duplicates list 查看一下所有在 idcode 上有重复的观测值。

```
. duplicates list idcode, sepby(idcode)

Duplicates in terms of idcode
```

| group: | obs: | idcode |
|---|---|---|
| 1 | 1088 | 2831 |
| 1 | 2248 | 2831 |
| 2 | 1244 | 3905 |
| 2 | 1245 | 3905 |
| 3 | 277 | 4214 |
| 3 | 2247 | 4214 |

我不知道这些观测值是在所有变量的取值上都重复，还是只在变量 idcode 上是重复的。因此，要获得一个把所有变量都考虑在内的对数据查重的结果。

```
. duplicates report

Duplicates in terms of all variables
```

| copies | observations | surplus |
|---|---|---|
| 1 | 2244 | 0 |
| 2 | 4 | 2 |

上面的结果显示，当考虑到所有变量时，有 4 条观测值重复。而之前，我们看到对于变量 idcode，重复的观测值有 6 个。

要用命令 duplicates tag 找出不同重复的个案。下面创建新变量 iddup 和 alldup，分别用来识别只在变量 idcode 的取值上重复和所有变量都重复的观测值。

```
. duplicates tag idcode, generate(iddup)

Duplicates in terms of idcode

. duplicates tag, generate(alldup)

Duplicates in terms of all variables
```

下面是我做的一个 iddup 和 alldup 的交互表。这个表中提供了更详细的信息。从结果看，有 4 条观测值在所有变量上都重复，有 2 条观测值只在变量 idcode 上有重复，但在其他的变量上不重复。

```
. tabulate iddup alldup
```

| iddup | alldup 0 | 1 | Total |
|---|---|---|---|
| 0 | 2,242 | 0 | 2,242 |
| 1 | 2 | 4 | 6 |
| Total | 2,244 | 4 | 2,248 |

看看这两个只在变量 idcode 上重复的个案。可以用命令 browse，这些观测值会显示在数据编辑器（Data Editor）里。

```
. browse if iddup==1 & alldup==0
```

或者，像下面这样，用命令 list 选择显示数据中的部分变量。

```
. list idcode age race yrschool occupation wage if iddup==1 & alldup==0, abb(20)
```

| | idcode | age | race | yrschool | occupation | wage |
|---|---|---|---|---|---|---|
| 1244. | 3905 | 36 | 1 | 14 | 11 | 4.339774 |
| 1245. | 3905 | 41 | 1 | 10 | 5 | 7.004828 |

我们能清楚地看到两名不同女性被意外地分配了同一个 idcode。需要给其中的一名女性分配一个全新的、独一无二的 idcode 值。先用 summarize 命令确认一下 idcode 的取值范围，以便确定一个新的唯一值。

```
. summarize idcode
```

| Variable | Obs | Mean | Std. Dev. | Min | Max |
|---|---|---|---|---|---|
| idcode | 2248 | 2614.776 | 1480.434 | 1 | 5159 |

idcode 的最大取值是 5 159，因此我们给原来的 idcode 为 3 905 且年龄为 41 岁的女性重新分配一个新的 idcode 值 5 160。

```
. replace idcode = 5160 if idcode==3905 & age==41
(1 real change made)
```

现在再用命令 duplicates report，输出结果显示在 idcode 上重复的观测值数和在所有变量上都重复的观测值个数都为 4 了。

```
. duplicates report idcode

Duplicates in terms of idcode

  copies | observations       surplus
---------+---------------------------
       1 |         2244             0
       2 |            4             2

. duplicates report

Duplicates in terms of all variables

  copies | observations       surplus
---------+---------------------------
       1 |         2244             0
       2 |            4             2
```

可以进一步检查这些重复个案。假设通过检查能够确定重复的情况确实存在。在这种情况下，就可以用 duplicates drop 命令删掉它们，如下所示：

```
. duplicates drop

Duplicates in terms of all variables

(2 observations deleted)
```

现在 duplicates report 的分析结果确定在这个数据中没有重复的观测值了。

```
. duplicates report

Duplicates in terms of all variables

  copies | observations       surplus
---------+---------------------------
       1 |         2246             0
```

本节介绍了如何用一系列的 duplicates 命令报告重复观测值的信息，以及怎样识别和删除重复的观测值。在 Stata 的命令窗口输入 help duplicates，可以学习到更多有关这些命令的知识。

## 3.9 关于数据清理的总结性思考

本章的前面几个小节已经展示了怎样检查数据中的可疑取值以及如何修正已经发现的错误。在做完这些步骤之后，你可能会有这样的感觉：不需要再做任何数据清理工作了。但是你要知道，数据清理并不是一个目的，而是一个过程。你每动一次数据，都有可能会带入错误。

创建变量和给变量重新编码的过程可能为你把错误带入数据提供了机会。在创建变量和重新编码时非常容易出错。也正因为如此，我建议用 3.4、3.5 和 3.6 节中讲到的技巧来检查这些新生成的变量。例如，假设把一个连续变量（如年龄 age）重新编码为一个分类变量（如 agecat）。可以用 3.5 节中介绍的方法来检查这次重新编码的结果：检查分类变量（agecat）和连续变量（age）是否冲突。

理想的状况是把数据清理过程做成一个 do-file，它可以帮你自动重复进行数据检查和数据修正的过程。9.3 节会介绍 do-file 并讲解如何使用 do-file。另外，本章中介绍的数据检查方法需要你仔细检查大量的输出结果，这个工作虽不繁重但也会增加出错的机会：在大量的输出结果中可能漏掉了某个错误。9.4 节将介绍如何实现检查过程自动化以进一步减少出错的可能性。

# 第四章　给数据加标签



一定不要把数据和用来分析数据的抽象概念混淆在一起。

——威廉·詹姆斯

## 4.1　简介

通过前面两章，我们已经知道怎样把数据读入 Stata（第二章介绍的）以及如何检查数据来检验数据的完整性和真实性（第三章的内容）。本章要讲的是怎样给数据添加标签。带标签的数据更容易被别人读懂，也为自己提供了很好的文件记录，同时生成的分析结果更具有可读性，更容易理解。给数据加标签，不仅能让他人更容易读懂你的数据，而且自己也会有额外的收获——在未来的某个时间，当你对数据的记忆已经模糊不清时，它能让你自己很容易地理解数据。

本章将从介绍 Stata 中描述标签数据的工具开始（参见 4.2 节）。接下来的两节介绍怎样给变量加标签（参阅 4.3）以及如何给变量取值加标签（参见 4.4）。4.5 节将介绍一些很实用的程序，可以用它们来检查数据中的取值标签。用不同的语言给数据加标签是 4.6 节中要介绍的内容。接下来的一节是关于如何使用 Stata 给数据加注释（用 notes 命令，参见 4.7 节）。4.8 节展示了怎样使用 format 命令来调整变量的显示格式。最后一节讲的是怎样给数据中的变量排序（4.9 节）。

本章的示例用的是一个虚构的、关于 8 名大学生的调查数据。4.2 节展示了带完整标签的数据版本；接下来的小节从一个完全没有标签的版本开始，这样你就可以根据每一小节所讲的内容给这个数据加上标签，到最后的 4.9 节就会建立并保存一个带标签的完整数据，这个数据和 4.2 节中显示的数据一样。

需要说明的一点是：本章要讲的是怎样用 Stata 中的命令给数据加标签。如果你对工具栏中的变量管理器（Variable Manager）感兴趣，可以参阅 2.10 节，这节介绍了在录入数据的情况下，怎样用数据编辑器（Data Editor）给变量加标签。无论是给新创建的数据还是给已经存在的数据加标签，变量管理器（Variable Manager）的工作原理一样，它给数据加标签的工作提供一个点击界面。

## 4.2　描述数据

我们来看一个已经加好标签的数据示例。该数据包含一整套数据标签、变量标签、某些变量的值标签、某些变量的注释（notes），并且规定了变量的显示格式。本节会解释这些标签如何提高数据的可用性，并探讨 Stata 里的一些工具，用这些工具能把一个完备的数据展示出来。survey7. dta 是一个假想的、关于大学生调查的数据，它有 8 条观测值，包含了 8 名学生的性别、民族、生日和收入等方面的信息。这个调查也问了女学生是否生过孩子，如果有，孩子的姓名、性别和生日是什么。下面打开这个数据，可以看到它有一个数据标签“关于大学生的调查”(Survey of graduate students)。

```
. use survey7, clear
(Survey of graduate students)
```

用命令 describe 可以获得更多该数据的相关信息，如下所示：

```
describe

Contains data from survey7.dta
  obs:            8                      Survey of graduate students
 vars:           11                      2 Feb 2010 18:48
 size:          400                      (_dta has notes)
--------------------------------------------------------------------------
              storage  display    value
variable name   type   format     label      variable label
--------------------------------------------------------------------------
id              float  %9.0g                 Unique identification variable
STUDENTVARS     float  %9.0g
gender          float  %9.0g      mf         Gender of student
race            float  %19.0g     racelab  * Race of student
bday            float  %tdNN/DD/YY           Date of birth of student
income          float  %11.1fc               Income of student
havechild       float  %18.0g     havelab  * Given birth to a child?
KIDVARS         float  %9.0g
kidname         str10  %-10s                 Name of child
ksex            float  %15.0g     mfkid    * Sex of child
kbday           float  %td..                 Date of birth of child
                                           * indicated variables have notes
--------------------------------------------------------------------------
Sorted by:
```

输出结果的开头部分给的是这个数据的总体情况，且被分成了两列（组）。第一列（左边列）告诉我们数据的名称、数据中观测值的个数和变量数，以及数据的大小。第二列（右边列）显示了数据标签、数据最后一次被保存的时间，并提到这个数据里包含注释。

输出结果的主体部分显示了数据中每个变量的变量名、变量的存储形式（更多信息参见 A5)、数据的显示格式（更多信息参见 4.8)、用来显示取值的值标签（更多信息参见 4.4.)，以及对变量进行描述的变量标签（更多信息参见 4.3)。带星号的变量表示它们本身包含注释（更多信息参见 4.7)。

在 describe 后面加上选项 short，就只能看到开头部分的内容。如果只想知道数据的总体信息，如数据的大小、数据中包含的观测值的个数和变量的数量，用这个选项即可。

```
. describe, short

Contains data from survey7.dta
  obs:             8                          Survey of graduate students
 vars:            11                          2 Feb 2010 18:48
 size:           400
Sorted by:
```

也可以限定只显示数据中的部分变量（这时就没有开头的部分了）。下面看到的是变量 id、gender 和 race 的信息。

```
. describe id gender race

              storage  display     value
variable name   type   format      label      variable label
-----------------------------------------------------------------
id              float  %9.0g                  Unique identification variable
gender          float  %9.0g       mf         Gender of student
race            float  %19.0g      racelab  * Race of student
```

用命令 codebook 能够对数据做更深入的检查，它为数据提供了一种电子版的编码手册。在 Stata 里，只需键入 codebook，就会显示出数据中所有变量的相关信息。

```
. codebook
```

*（省略了输出结果）*

如果要指定某一个或几个变量，编码手册中的信息就仅限于指定的这几个变量。例如，下面的 codebook 命令只在编码手册中显示了变量 race 的信息，其他变量的信息都被省略掉。输出结果里还有一个关于 race 取值的频数分布表以及和这些取值相对应的标签（即值标签）。

```
. codebook race

-----------------------------------------------------------------
race                                              Race of student
-----------------------------------------------------------------

                  type:  numeric (float)
                 label:  racelab

                 range:  [1,5]                    units:  1
         unique values:  5                    missing .:  0/8

            tabulation:  Freq.   Numeric  Label
                             2         1  1) White
                             2         2  2) Asian
                             2         3  3) Hispanic
                             1         4  4) African American
                             1         5  5) Other
```

在命令 codebook 中加入选项 notes，就会显示出这个变量的注释，如下所示。变量 havechild 有三条注释。

```
. codebook havechild, notes

-------------------------------------------------------------------------------
havechild                                                Given birth to a child?
-------------------------------------------------------------------------------

                  type:  numeric (float)
                 label:  havelab

                 range:  [0,1]                        units:  1
         unique values:  2                        missing .:  0/8
       unique mv codes:  1                       missing .*:  3/8

            tabulation:  Freq.   Numeric  Label
                             1         0  0) Dont Have Child
                             4         1  1) Have Child
                             3        .n  .n) NA

havechild:
  1.  This variable measures whether a woman has given birth to a child, not just
      whether she is a parent.
  2.  The .n (NA) missing code is used for males, since they cannot bear children.
  3.  The .u (Unknown) missing code for a female indicating it is unknown if she has
      a child.
```

选项 mv（missing values）能告诉我们这方面的信息：某一变量的缺失值是否总是和其他变量的缺失情况相关。位于输出结果底部的注释表明，当 havechild 缺失时，ksex 也总是缺失。同样地，当 kbday 缺失时，ksex 也总是缺失。这有助于理解数据中的缺失值模式。

```
. codebook ksex, mv

-------------------------------------------------------------------------------
ksex                                                               Sex of child
-------------------------------------------------------------------------------

                  type:  numeric (float)
                 label:  mfkid

                 range:  [1,2]                        units:  1
         unique values:  2                        missing .:  0/8
       unique mv codes:  2                       missing .*:  5/8

            tabulation:  Freq.   Numeric  Label
                             1         1  1) Male
                             2         2  2) Female
                             4        .n  .n) NA
                             1        .u  .u) Unknown

        missing values:     havechild==mv --> ksex==mv
                                kbday==mv --> ksex==mv
```

到目前为止，变量标签和值标签中的所有内容都以英文显示。Stata 支持多语言标签。下面是命令 label language 的运行结果，结果显示该数据里包含两种语言标签，en（英文）和 de（德文）。

```
. label language

Language for variable and value labels

    Available languages:
            de
            en

    Currently set is:               . label language en

    To select different language:   . label language <name>

    To create new language:         . label language <name>, new
    To rename current language:     . label language <name>, rename
```

输入命令 label language de，变量标签和值标签就以德文显示，命令 codebook 的运行结果也以德文显示。

```
. label language de

. codebook ksex

--------------------------------------------------------------------------------
ksex                                                        Geschlecht des Kindes
--------------------------------------------------------------------------------

                  type:  numeric (float)
                 label:  demfkid

                 range:  [1,2]                        units:  1
         unique values:  2                        missing .:  0/8
       unique mv codes:  2                       missing .*:  5/8

            tabulation:  Freq.   Numeric  Label
                             1         1  Junge
                             2         2  Maedchen
                             4        .n  nicht anwendbar
                             1        .u  unbekannt
```

再次输入命令 label language en，就又回到英文标签状态。

```
. label language en
```

可以用命令 lookfor 加关键词在数据中做搜索。设想有一个很大的数据，我们想从中找到一个表示学生生日的变量。命令 lookfor birth 让 Stata 在变量名或变量标签中搜索出包含 birth 的所有变量。

```
. lookfor birth

                 storage  display     value
variable name    type     format      label      variable label
-------------------------------------------------------------------------------
bday             float    %tdNN/DD/YY            Date of birth of student
havechild        float    %18.0g      havelab  * Given birth to a child?
kbday            float    %td..                  Date of birth of child
```

上述例子中，Stata 找到了三个变量，每个变量标签中都包含 birth。此外，如果数据中有变量名为 birthday 或 dateofbirth 的变量，它们也会被列在上面的列表中。[①]

还可以用命令 notes search 对数据中的注释做搜索。

```
. notes search birth

havechild:
  1.  This variable measures whether a woman has given birth to a child, not just
      whether she is a parent.
```

搜索命令找到了一条对变量 havechild 的注释，因为这条注释中含有单词 birth。

下面用命令 list 列出数据中的部分变量。列出每个学生的收入和生日。

```
. list income bday

     +------------------------+
     |      income       bday |
     |------------------------|
  1. |    10,500.9   01/24/61 |
  2. |    45,234.1   04/15/68 |
  3. | 1,284,354.5   05/23/71 |
  4. |   124,313.5   06/25/73 |
  5. |   120,102.3   09/22/81 |
     |------------------------|
  6. |       545.2   10/15/73 |
  7. |   109,452.1   07/01/77 |
  8. |     4,500.9   08/03/76 |
     +------------------------+
```

列表中，变量 income 以一种易读的格式显示，它用逗号“,”作为分隔符并且把取值四舍五入到角。变量 bday 是一个日期变量，显示格式是月日年，并且中间用斜线分开。我们 describe 一下这两个变量，标有“display format”的那一列是每个变量的显示格式信息，我们发现这些变量也确实是按着这些格式的要求显示的。4.8 节对此会有更详细的解释。

① 也可通过变量管理器（Variable Manager）在 Filter Box 中输入要搜索的字符来查找。参见 2.10 中使用变量管理器（Variable Manager）的例子。

```
. describe income bday

              storage  display     value
variable name   type   format      label      variable label
-------------------------------------------------------------------------
income          float  %11.1fc                Income of student
bday            float  %tdNN/DD/YY            Date of birth of student
```

本节展示了一个有标签的数据是什么样子，并且描述了创建这样一个有标签数据的优点。本章剩下的部分要讲的是在实际中如何创建一个有标签的数据。以数据 datasurvey7. dta 为例，展示如何从一个完全没有标签的数据 survey1. dta 开始完成这样一个过程。剩下几节分别介绍了怎样给变量加标签，给取值加标签，用不同的语言给取值加标签，给数据加注释以及规定变量的显示格式。4.5 节将讨论标签的其他作用。

## 4.3 给变量加标签

这节讲的是怎样给变量加标签以及如何给整个数据加标签。先从一个完全没有任何标签的学生调查数据开始，数据名为 survey1. dta。

```
. use survey1
```

命令 describe 的输出结果显示：该数据没有标签，其变量也没有标签。

```
. describe

Contains data from survey1.dta
  obs:             8
 vars:             9                          1 Jan 2010 12:13
 size:           432
-------------------------------------------------------------------
              storage  display     value
variable name   type   format      label      variable label
-------------------------------------------------------------------
id              float  %9.0g
gender          float  %9.0g
race            float  %9.0g
havechild       float  %9.0g
ksex            float  %9.0g
bdays           str10  %10s
income          float  %9.0g
kbdays          str10  %10s
kidname         str10  %10s
-------------------------------------------------------------------
Sorted by:
```

给变量加标签的命令是 label variable。用这个命令可以给每个变量提供更多的描述性信息。接下来给变量 id 和 gender 加上变量标签。

```
. label variable id "Identification variable"

. label variable gender "Gender of student"
```

从命令 describe 的结果中可以看到，这两个变量确实已被加上了标签。

```
. describe id gender

              storage  display     value
variable name   type   format      label      variable label
-------------------------------------------------------------------
id              float  %9.0g                  Identification variable
gender          float  %9.0g                  Gender of student
```

接着，给剩下的变量都加上变量标签，如下所示：

```
. label variable race "Race of student"

. label variable havechild "Given birth to a child?"

. label variable ksex "Sex of child"

. label variable bdays "Birthday of student"

. label variable income "Income of student"

. label variable kbdays "Birthday of child"

. label variable kidname "Name of child"
```

现在数据中的所有变量都被加上了标签。

```
. describe

Contains data from survey1.dta
  obs:             8
 vars:             9                          1 Jan 2010 12:13
 size:           464(99.9% of memory free)
-------------------------------------------------------------------
              storage  display     value
variable name   type   format      label      variable label
-------------------------------------------------------------------
id              float  %9.0g                  Identification variable
gender          float  %9.0g                  Gender of student
race            float  %9.0g                  Race of student
havechild       float  %9.0g                  Given birth to a child?
ksex            float  %9.0g                  Sex of child
bdays           str10  %10s                   Birthday of student
income          float  %9.0g                  Income of student
kbdays          str10  %10s                   Birthday of child
kidname         str10  %10s                   Name of child
-------------------------------------------------------------------
Sorted by:
```

还可以用命令 label variable 修改变量标签。下面要修改变量 id 的标签，结果如下所示：

```
. label variable id "Unique identification variable"

. describe id

              storage  display     value
variable name   type   format      label      variable label
-------------------------------------------------------------------
id              float  %9.0g                  Unique identification variable
```

最后，用命令 label data 给整个数据加一个标签。打开（use）这个数据时，该标签就会出现。

```
. label data "Survey of graduate students"
```

现在把这个数据保存为 survey2. dta，以便在下节使用。

```
. save survey2
file survey2.dta saved
```

更多有关变量标签的内容，请参见 help label。下一节要介绍的是怎样创建取值标签，然后把值标签分配给变量的取值。

## 4.4 给取值加标签

上面一节已经讲了怎样给变量加标签。这节要讲的是如何给变量的取值加标签。有时变量的编码没有任何实际意义，例如让 1 代表男性，2 代表女性。如果没有任何标签，就不知道 1 和 2 代表什么意思。实际上，数据中的变量 gender 就是这样编码的。下面创建一个名为 mf（male/female）的标签，把取值 1 和“男性”关联，2 同“女性”关联。一旦生成这个标签，就可以把变量 gender 和取值标签 mf 关联。

```
. use survey2, clear
(Survey of graduate students)

. label define mf 1"Male" 2"Female"

. label values gender mf
```

也可以用变量管理器（Variable Manager）给取值加标签，参见 2.10 节。

命令 codebook 的结果显示，我们已成功把取值标签 mf 加到了变量 gender 的取值上。我们可以看到 1 和“男性”关联，2 和“女性”关联。

```
. codebook gender

------------------------------------------------------------------------
gender                                                 Gender of student
------------------------------------------------------------------------

                  type:  numeric (float)
                 label:  mf

                 range:  [1,2]                        units:  1
         unique values:  2                        missing .:  0/8

            tabulation:  Freq.   Numeric  Label
                             3         1  Male
                             5         2  Female
```

可以用同样的方法给变量 race 加取值标签。注意，加取值标签的过程包含 2 步。先要用命令 label define 建立一个名为 racelab 的取值标签，然后再用命令 label values 告诉变量 race 用取值标签 racelab 来标记取值。

```
. label define racelab 1"White" 2"Asian" 3"Hispanic" 4"Black"

. label values race racelab
```

用命令 codebook 查看一下结果如何。

```
. codebook race

------------------------------------------------------------------------
race                                                     Race of student
------------------------------------------------------------------------

                  type:  numeric (float)
                 label:  racelab, but 1 nonmissing value is not labeled

                 range:  [1,5]                        units:  1
         unique values:  5                        missing .:  0/8

            tabulation:  Freq.   Numeric  Label
                             2         1  White
                             2         2  Asian
                             2         3  Hispanic
                             1         4  Black
                             1         5
```

结果我们发现变量 race 的取值 5 还没有标签。应该将它标为“Other”。用选项 add 就能给这个取值也加上标签，如下所示：

```
. label define racelab 5"Other", add

. codebook race

--------------------------------------------------------------------------------
race                                                             Race of student
--------------------------------------------------------------------------------

                  type:  numeric (float)
                 label:  racelab

                 range:  [1,5]                        units:  1
         unique values:  5                        missing .:  0/8

            tabulation:  Freq.   Numeric  Label
                             2         1  White
                             2         2  Asian
                             2         3  Hispanic
                             1         4  Black
                             1         5  Other
```

假设我们想把类别 4 的标签改成"African American"，可以用选项 modify 来修改这个已有标签。

```
. label define racelab 4"African American", modify

. codebook race

----------------------------------------------------------------
race                                            Race of student
----------------------------------------------------------------

                  type:  numeric (float)
                 label:  racelab

                 range:  [1,5]                        units:  1
         unique values:  5                        missing .:  0/8

            tabulation:  Freq.   Numeric  Label
                             2         1  White
                             2         2  Asian
                             2         3  Hispanic
                             1         4  African American
                             1         5  Other
```

变量 ksex 表示女性被访者的孩子的性别。如果女性被访者有孩子，这个变量的取值可以 是 1（male）、2（female）和 . u（unknown）。如果观测值是男性，那么这个变量的取值就是 . n（not applicable）。先创建一个名为 mfkid 的标签来代表这套编码，然后用它给 ksex 的取值加上标签。

```
. label define mfkid 1"Male" 2"Female" .u"Unknown" .n"NA"
```

```
. label values ksex mfkid
```

再用 codebook 查看一下已加好标签的 ksex。

```
. codebook ksex

-------------------------------------------------------------------------------
ksex                                                              Sex of child
-------------------------------------------------------------------------------

                  type:  numeric (float)
                 label:  mfkid

                 range:  [1,2]                        units:  1
         unique values:  2                        missing .:  0/8
       unique mv codes:  2                       missing .*:  5/8

            tabulation:  Freq.   Numeric  Label
                             1         1  Male
                             2         2  Female
                             4        .n  NA
                             1        .u  Unknown
```

我们给变量 havechild 也加上标签。和 mfkid 一样，它也有缺失值，我们用 .u 表示不知道被访女性是否有孩子，用 .n 表示被访者是男性。

```
. label define havelab 0"Don't Have Child" 1"Have Child" .u"Unknown" .n"NA"

. label values havechild havelab
```

用命令 codebook 同样能看到加好了标签的取值。我们注意到取值 .u（unknown）并没有出现在下面的输出结果中。这是因为我们的数据中有 8 个观测个案，而这个取值从来就没有出现在这 8 个个案中。如果这个取值出现了，它就会被贴上相应的标签。这样，即使一个有效的取值没有出现在数据中，为其准备好标签也是明智之举。

```
. codebook havechild

-------------------------------------------------------------------------------
havechild                                                  Given birth to a child?
-------------------------------------------------------------------------------

                  type:  numeric (float)
                 label:  havelab

                 range:  [0,1]                        units:  1
         unique values:  2                        missing .:  0/8
       unique mv codes:  1                       missing .*:  3/8

            tabulation:  Freq.   Numeric  Label
                             1         0  Don't Have Child
                             4         1  Have Child
                             3        .n  NA
```

看看命令 tabulate race 的输出结果。

```
. tabulate race
```

| Race of student | Freq. | Percent | Cum. |
|---|---|---|---|
| White | 2 | 25.00 | 25.00 |
| Asian | 2 | 25.00 | 50.00 |
| Hispanic | 2 | 25.00 | 75.00 |
| African American | 1 | 12.50 | 87.50 |
| Other | 1 | 12.50 | 100.00 |
| Total | 8 | 100.00 | |

命令 tabulate 只显示了 race 的标签（没有显示取值）。在本节前面，我们给变量 race 加上了取值标签 racelab。下面可以用命令 label list 同时显示取值和取值标签 racelab。

```
. label list racelab
racelab:
           1 White
           2 Asian
           3 Hispanic
           4 African American
           5 Other
```

我们可以手动修改这些标签，在每个标签的前面插入数值作为标签的前缀（例如，1. White，2. Asian）。Stata 提供了一个非常方便的命令 numlabel 来插入这些数值前缀。下面的命令 numlabel 会在取值标签 racelab 的每个标签前加上一个数值前缀。

```
. numlabel racelab, add
```

命令 label list 显示：当前 racelab 的每个标签前都有一个数值前缀。

```
. label list racelab
racelab:
           1 1. White
           2 2. Asian
           3 3. Hispanic
           4 4. African American
           5 5. Other
```

现在再执行一次命令 tabulate race，race 的每个取值及其标签都会被显示出来。

```
. tabulate race
```

| Race of student | Freq. | Percent | Cum. |
|---|---|---|---|
| 1. White | 2 | 25.00 | 25.00 |
| 2. Asian | 2 | 25.00 | 50.00 |
| 3. Hispanic | 2 | 25.00 | 75.00 |
| 4. African American | 1 | 12.50 | 87.50 |
| 5. Other | 1 | 12.50 | 100.00 |
| Total | 8 | 100.00 | |

对命令 list 来说，这样的改动同样适用。下面同时列出了 race 的取值和取值标签。

```
. list race

     +--------------------+
     |               race |
     |--------------------|
  1. |           1. White |
  2. |           2. Asian |
  3. |           1. White |
  4. |        3. Hispanic |
  5. | 4. African American|
     |--------------------|
  6. |           5. Other |
  7. |           2. Asian |
  8. |        3. Hispanic |
     +--------------------+
```

用命令 numlabel 加选项 remove 还可以把 racelab 标签前的数字前缀去掉，如下所示。命令 label list 的结果显示：数字前缀已经从 racelab 定义的标签中去掉了。

```
. numlabel racelab, remove

. label list racelab
racelab:
           1 White
           2 Asian
           3 Hispanic
           4 African American
           5 Other
```

这样 race 的频数分布表中就只有标签了。

```
. tabulate race

 Race of student |      Freq.     Percent        Cum.
-----------------+-----------------------------------
           White |          2       25.00       25.00
           Asian |          2       25.00       50.00
        Hispanic |          2       25.00       75.00
African American |          1       12.50       87.50
           Other |          1       12.50      100.00
-----------------+-----------------------------------
           Total |          8      100.00
```

还可以用下面的选项 mask("# = ")给 mf 指定一个把变量取值和取值标签联系在一起的“遮罩层”（mask）。我们来看一看这个选项是如何对 gender 的频数分布表起作用的。

```
. numlabel mf, add mask("#=")

. tabulate gender

  Gender of |
    student |      Freq.     Percent        Cum.
------------+-----------------------------------
     1=Male |          3       37.50       37.50
   2=Female |          5       62.50      100.00
------------+-----------------------------------
      Total |          8      100.00
```

去掉 mask 的方法也很容易，只要加入 remove 选项即可，如下所示：

```
. numlabel mf, remove mask("#=")

. tabulate gender

  Gender of |
    student |      Freq.     Percent        Cum.
------------+-----------------------------------
       Male |          3       37.50       37.50
     Female |          5       62.50      100.00
------------+-----------------------------------
      Total |          8      100.00
```

这次加一个不同的 mask，但是要把这个 mask 加给数据中所有的取值标签。由于下面的 numlabel 命令中没有指定具体的取值标签，因此这个 mask 会加给当前数据中的所有取值标签。

```
. numlabel, add mask("#)")
```

现在，所有变量的取值标签，每个数值后面都会跟着一个括号，然后才是取值标签［(如，1)Male］。通过做所有带取值标签的变量的频数分布表我们便能看到这一点，如 gende、race、havechild 和 ksex。

```
. tab1 gender race

-> tabulation of gender

  Gender of |
    student |      Freq.     Percent        Cum.
------------+-----------------------------------
    1)Male  |          3       37.50       37.50
  2)Female  |          5       62.50      100.00
------------+-----------------------------------
      Total |          8      100.00
```

```
-> tabulation of race

      Race of student |      Freq.     Percent        Cum.
----------------------+-----------------------------------
              1)White |          2       25.00       25.00
              2)Asian |          2       25.00       50.00
           3)Hispanic |          2       25.00       75.00
  4)African American |          1       12.50       87.50
              5)Other |          1       12.50      100.00
----------------------+-----------------------------------
                Total |          8      100.00

. tab1 havechild ksex

-> tabulation of havechild

    Given birth to a |
              child? |      Freq.     Percent        Cum.
---------------------+-----------------------------------
   0)Don't Have Child |          1       20.00       20.00
         1)Have Child |          4       80.00      100.00
---------------------+-----------------------------------
                Total |          5      100.00

-> tabulation of ksex

      Sex of |
       child |      Freq.     Percent        Cum.
-------------+-----------------------------------
      1)Male |          1       33.33       33.33
    2)Female |          2       66.67      100.00
-------------+-----------------------------------
       Total |          3      100.00

. numlabel, remove mask("#)")
```

我们把这个数据保存为 survey3. dta，下一节会用到。

```
. save survey3
file survey3.dta saved
```

关于给取值加标签的更多内容，可以通过在 Stata 的命令窗口输入 help label 和 help numlabel 来获取。下一节将要探讨的是你能用上的与取值标签相关的功能。

## 4.5 标签的作用

前面已经生成了一些取值标签，下面要讨论的是 Stata 提供的一些很有用的、管理标签的程序。读入数据 survey3. dta，用命令 label dir 会列出数据中已经定义的取值标签。这个列表显示出我们在上一节中创建的 4 个取值标签。

```
. use survey3, clear
(Survey of graduate students)

. label dir
havelab
mf
mfkid
racelab
```

可以用命令 label list 来查看一个取值标签。下面我们看到的是取值标签 mf 的标签和取值。

```
. label list mf
mf:
           1 Male
           2 Female
```

也可以一次列出多个取值标签，如下所示：

```
. label list havelab racelab
havelab:
           0 Don't Have Child
           1 Have Child
          .n NA
          .u Unknown
racelab:
           1 White
           2 Asian
           3 Hispanic
           4 African American
           5 Other
```

如果没有指定具体的变量，所有的取值标签都会被列出来：

```
. label list
```

（这里省略了输出结果）

命令 label save 记录下当前工作数据中已经定义好的取值标签，并把它们写成一个用 label define 命令创建这些取值标签过程的 Stata do-file 文件。你可以在出现下面这种情况时使用这个命令：已经有一个带取值标签的数据，想把这个数据中的取值标签加在另外一个不同的数据上，但又找不到创建这些取值标签的原始 label define 命令。

```
. label save havelab racelab using surveylabs
file surveylabs.do saved

. type surveylabs.do
label define havelab 0 `"Don't Have Child"', modify
```

```
label define havelab 1 `"Have Child"', modify
label define havelab .n `"NA"', modify
label define havelab .u `"Unknown"', modify
label define racelab 1 `"White"', modify
label define racelab 2 `"Asian"', modify
label define racelab 3 `"Hispanic"', modify
label define racelab 4 `"African American"', modify
label define racelab 5 `"Other"', modify
```

命令 labelbook 提供了关于当前工作数据的取值标签的信息。下面的 labelbook 命令显示出取值标签 racelab 的信息。(如果只是单独执行命令 labelbook，它会提供当前工作数据中的所有标签的内容。)

```
. labelbook racelab

value label racelab

     values                                    labels
      range:  [1,5]                     string length:  [5,16]
          N:  5                 unique at full length:  yes
       gaps:  no                  unique at length 12:  yes
 missing .*:  0                           null string:  no
                            leading/trailing blanks:  no
                                 numeric -> numeric:  no
 definition
          1   White
          2   Asian
          3   Hispanic
          4   African American
          5   Other

  variables:  race
```

注意在输出结果中有 3 组信息，分别对应着标题“values”、“labels”和“definition”。

values 部分告诉我们取值范围从 1 到 5，一共有 5 个标签，其中没有空值（gap）也没有缺失值。

labels 部分告诉我们标签的长度为 5 到 16 个字符，且都是唯一的，而且即使被截短到 12 个字符也仍是唯一的。另外，标签中没有一个是空字符（也就是,""），而且在开头和结尾处都没有间断，也没有一个标签仅由一个数字组成。

definition 部分显示出对标签的定义（如 1 对应 White），以及用了这个取值标签的变量，如 race。在第 4 个定义中（也就是 African American），你会注意到标签的前 12 个字符被加上了下划线。大部分显示取值标签的 Stata 命令都只显示取值标签的前 12 个字符。命令 labelbook 给标签的 12 个字符加下划线，让你看到大部分 Stata 命令会显示的是哪些内容。

默认状态下，definition 部分会列出所有的取值和标签，但是也可用选项 list()来指定要列出多少个取值，可以指定 list(0)来压缩这部分的显示。下面我只列出变量 havelab 和 mf 的取值（values）和标签（labels）部分。

```
. labelbook havelab mf, list(0)

─────────────────────────────────────────────────────────────────
value label havelab
─────────────────────────────────────────────────────────────────

      values                                    labels
       range:  [0,1]                     string length:  [2,16]
           N:  4                 unique at full length:  yes
        gaps:  no                  unique at length 12:  yes
  missing .*:  2                           null string:  no
                               leading/trailing blanks:  no
                                    numeric -> numeric:  no

  variables:  havechild

─────────────────────────────────────────────────────────────────
value label mf
─────────────────────────────────────────────────────────────────

      values                                    labels
       range:  [1,2]                     string length:  [4,6]
           N:  2                 unique at full length:  yes
        gaps:  no                  unique at length 12:  yes
  missing .*:  0                           null string:  no
                               leading/trailing blanks:  no
                                    numeric -> numeric:  no

  variables:  gender
```

values 和 labels 部分都在试图提醒你标签中可能存在的问题。如果标签有很多，你可能会厌烦读这些繁琐的输出结果。可以把选项 problems 和 labelbook 联合起来使用，以总结标签中已经发现的问题。在这个示例里，标签的状况很好，并没有报告问题。

```
. labelbook, problems

no potential problems in dataset survey3.dta
```

打开另外一个标签有问题的数据：

```
. use survey3prob, clear
(Survey of graduate students)
```

```
. labelbook, problems

   Potential problems in dataset   survey3prob.dta

                potential problem   value labels
   ------------------------------------------------
           gaps in mapped values   racelab2
      duplicate lab. at length 12   mf2
   ------------------------------------------------
```

labelbook 的输出结果描述了 racelab2 和 mf2 两个取值标签的问题。让我们先来看一下 mf2 中问题的详细信息。

```
. labelbook mf2, detail problems

-----------------------------------------------------------------
value label mf2
-----------------------------------------------------------------

      values                                    labels
       range:  [1,2]                     string length:  [4,23]
           N:  4                 unique at full length:  yes
        gaps:  no                  unique at length 12:  no
   missing .*:  2                          null string:  no
                              leading/trailing blanks:  no
                                   numeric -> numeric:  no
  definition
           1   Male
           2   Female
          .n   Missing Value - Unknown
          .u   Missing Value - Refused

   variables:  gender ksex

    Potential problems in dataset   survey3prob.dta

                 potential problem   value labels
    ------------------------------------------------
      duplicate lab. at length 12   mf2
    ------------------------------------------------
```

mf2 的问题在于：两个缺失值标签的前 12 个字符一样。举例说明，在下面 tabulate 命令的输出结果中，就无法区分开两类缺失值，因为它们显示出来的标签都一样。为修正这个错误，我们要考虑能够区分这两个标签的不同之处，这样即使标签被缩短，我们也能分辨出来。

```
. tabulate gender ksex, missing

                  |              Sex of child
Gender of student |      Male     Female  Missing V  Missing V |     Total
------------------+--------------------------------------------+----------
             Male |         0          0          3          0 |         3
           Female |         1          2          1          1 |         5
------------------+--------------------------------------------+----------
            Total |         1          2          4          1 |         8
```

racelab2 的问题在于它的标签中有一个空值。取值 1、2、3 和 5 都被贴上标签，但取值 4 没有标签。这个空值意味着我们忘记给其中的一个取值加上标签。

```
. labelbook racelab2, detail problems

-----------------------------------------------------------------------
value label racelab2
-----------------------------------------------------------------------

      values                                    labels
       range:  [1,5]                     string length:  [5,8]
           N:  4                 unique at full length:  yes
        gaps:  yes                 unique at length 12:  yes
  missing .*:  0                           null string:  no
                               leading/trailing blanks:  no
                                    numeric -> numeric:  no

  definition
           1   White
           2   Asian
           3   Hispanic
           5   Other

   variables:  race

   Potential problems in dataset   survey3prob.dta

                potential problem   value labels
   ----------------------------------------------
            gaps in mapped values   racelab2
   ----------------------------------------------
```

命令 codebook 的结果显示：变量 race（它的取值标签是 racelab）的第 4 个取值没有加上标签。因此，需要对 racelab 的标签做修改，把第 4 个取值的标签加上。

```
. codebook race

-------------------------------------------------------------------------------
race                                                            Race of student
-------------------------------------------------------------------------------

                  type:  numeric (float)
                 label:  racelab2, but 1 nonmissing value is not labeled

                 range:  [1,5]                        units:  1
         unique values:  5                        missing .:  0/8

            tabulation:  Freq.   Numeric  Label
                             2         1  White
                             2         2  Asian
                             2         3  Hispanic
                             1         4
                             1         5  Other
```

我们对标签功能的讨论就告一段落。通过在 Stata 里输入 help label list 和 help codebook 可以获取更多的内容。

下一节要介绍的是如何创建多种语言的变量标签和取值标签。

## 4.6 用不同的语言给变量和取值加标签

Stata 支持多语言的变量标签和取值标签。可以用命令 label language 来查看当前的数据中都包含了哪种/哪些语言。

```
. use survey3, clear
(Survey of graduate students)

. label language

Language for variable and value labels

    In this dataset, value and variable labels have been defined in only one
    language:  default

    To create new language:         . label language <name>, new
    To rename current language:     . label language <name>, rename
```

现在，只有定义为 default 的语言。我们把当前语言改名为 en，表示 English。

```
. label language en, rename
(language default renamed en)
```

现在，我们加入德语（de）作为一种新语言。这样做不仅创建了这个新语言，而且还选中了它。

```
. label language de, new
(language de now current language)
```

如下 describe 命令所示，在这种语言下，变量标签和取值标签还都是空白（但是，en 语言下的变量和取值标签仍然还在）。

```
. describe

Contains data from survey3.dta
  obs:            8
 vars:            9                          19 Nov 2015 17:35
 size:          432
--------------------------------------------------------------------------------
              storage  display     value
variable name   type   format      label      variable label
--------------------------------------------------------------------------------
id              float  %9.0g
gender          float  %9.0g
race            float  %19.0g
havechild       float  %18.0g
ksex            float  %10.0g
bdays           str11  %10s
income          float  %9.0g
kbdays          str10  %10s
kidname         str10  %10s
--------------------------------------------------------------------------------
Sorted by:
```

现在我们来加入德语的变量标签。

```
. label variable id "Identifikationsvariable"

. label variable gender "Geschlecht"

. label variable race "Ethnische Abstammung"

. label variable havechild "Jemals ein Kind geboren?"

. label variable ksex "Geschlecht des Kindes"

. label variable bdays "Geburtstag des/der Student/-in"

. label variable income "Einkommen"

. label variable kbdays "Geburtstag des Kindes"

. label variable kidname "Name des Kindes"
```

describe 命令显示这些变量标签都被成功地加上。

```
. describe

Contains data from survey3.dta
  obs:            8
 vars:            9                           19 Nov 2015 17:35
 size:          432
--------------------------------------------------------------------------------
              storage  display     value
variable name   type   format      label      variable label
--------------------------------------------------------------------------------
id              float  %9.0g                  Identifikationsvariable
gender          float  %9.0g                  Geschlecht
race            float  %19.0g                 Ethnische Abstammung
havechild       float  %18.0g                 Jemals ein Kind geboren?
ksex            float  %10.0g                 Geschlecht des Kindes
bdays           str10  %10s                   Geburtstag des/der Student/-in
income          float  %9.0g                  Einkommen
kbdays          str10  %10s                   Geburtstag des Kindes
kidname         str10  %10s                   Name des Kindes
--------------------------------------------------------------------------------
Sorted by:
```

现在我们给变量 gender、race、havekid 和 ksex 都加上德语的取值标签。

```
. label define demf 1"Mann" 2"Frau"

. label values gender demf

. label define deracelab 1"kaukasisch" 2"asiatisch" 3"lateinamerikanisch" 4"afroamerika
> nisch" 5"andere"

. label values race deracelab

. label define dehavelab 0"habe kein kind" 1"habe ein kind" .u"unbekannt" .n"nicht anw
> endbar"

. label values havechild dehavelab

. label define demfkid 1"Junge" 2"Maedche" .u"unbekannt" .n"nicht anwendbar"

. label values ksex demfkid
```

命令 codebook 的结果显示取值标签也都被成功加上。

```
. codebook gender race havechild ksex

--------------------------------------------------------------------------------
gender                                                                Geschlecht
--------------------------------------------------------------------------------

                  type:  numeric (float)
```

```
           label:  demf

           range:  [1,2]                        units:  1
   unique values:  2                        missing .:  0/8

      tabulation:  Freq.   Numeric  Label
                       3         1  Mann
                       5         2  Frau

--------------------------------------------------------------------
race                                            Ethnische Abstammung
--------------------------------------------------------------------

            type:  numeric (float)
           label:  deracelab

           range:  [1,5]                        units:  1
   unique values:  5                        missing .:  0/8

      tabulation:  Freq.   Numeric  Label
                       2         1  kaukasisch
                       2         2  asiatisch
                       2         3  lateinamerikanisch
                       1         4  afroamerikanisch
                       1         5  andere

--------------------------------------------------------------------
havechild                                  Jemals ein Kind geboren?
--------------------------------------------------------------------

            type:  numeric (float)
           label:  dehavelab

           range:  [0,1]                        units:  1
   unique values:  2                        missing .:  0/8
 unique mv codes:  1                       missing .*:  3/8

      tabulation:  Freq.   Numeric  Label
                       1         0  habe kein kind
                       4         1  habe ein kind
                       3        .n  nicht an wendbar

--------------------------------------------------------------------
ksex                                         Geschlecht des Kindes
--------------------------------------------------------------------

            type:  numeric (float)
           label:  demfkid

           range:  [1,2]                        units:  1
   unique values:  2                        missing .:  0/8
 unique mv codes:  2                       missing .*:  5/8
```

```
      tabulation:  Freq.   Numeric  Label
                       1         1  Junge
                       2         2  Maedche
                       4        .n  nicht anwendbar
                       1        .u  unbekannt
```

接下来选择 en 语言。我们能看到英语标签仍然完好存在。

```
. label language en

. describe

Contains data from survey3.dta
  obs:             8                          Survey of graduate students
 vars:             9                          19 Nov 2015 17:35
 size:           432
--------------------------------------------------------------------------------
              storage  display    value
variable name   type   format     label      variable label
--------------------------------------------------------------------------------
id              float  %9.0g                 Unique identification variable
gender          float  %9.0g      mf         Gender of student
race            float  %19.0g     racelab    Race of student
havechild       float  %18.0g     havelab    Given birth to a child?
ksex            float  %15.0g     mfkid      Sex of child
bdays           str10  %10s                  Birthday of student
income          float  %9.0g                 Income of student
kbdays          str10  %10s                  Birthday of child
kidname         str10  %10s                  Name of child
--------------------------------------------------------------------------------
Sorted by:
```

现在我们再加入第三种语言标签 es，表示西班牙语（Spanish）。

```
. label language es, new
(language es now current language)
```

现在，我们正在用的就是 es 语言。如下命令 describe 所示，在这种新语言下，没有变量标签或取值标签。

```
. describe

Contains data from survey3.dta
  obs:             8
 vars:             9                          19 Nov 2015 17:35
 size:           432
--------------------------------------------------------------------------------
              storage  display    value
variable name   type   format     label      variable label
--------------------------------------------------------------------------------
id              float  %9.0g
gender          float  %9.0g
```

```
race            float  %19.0g
havechild       float  %18.0g
ksex            float  %15.0g
bdays           str10  %10s
income          float  %9.0g
kbdays          str10  %10s
kidname         str10  %10s
------------------------------------------------------------------
Sorted by:
```

为了简短起见，我们只给变量 gender 加上变量标签和取值标签。

```
. label variable gender "el genero de studenta"

. label define esmf 1"maculino" 2"hembra"

. label values gender esmf
```

命令 codebook 的结果显示已经成功加上新的西班牙语标签。

```
. codebook gender

------------------------------------------------------------------------------
gender                                                   el genero de studenta
------------------------------------------------------------------------------

                  type:  numeric (float)
                 label:  esmf

                 range:  [1,2]                        units:  1
         unique values:  2                        missing .:  0/8

            tabulation:  Freq.   Numeric  Label
                             3         1  maculino
                             5         2  hembra
```

我们再返回英语标签，然后从数据中删除西班牙语标签。

```
. label language en

. label language es, delete
```

现在把数据保存为 survey4. dta，供下节使用。将语言选定为英语，但数据中仍然包含德语。

```
. save survey4
file survey4.dta saved
```

更多内容，请参见 help label language。

下节要介绍的是如何给 Stata 里的数据本身加注释以提供更多的文字说明。

## 4.7 给数据添加注释

本节要介绍的是如何给数据加注释。这节中用的是上节最后保存的数据 survey4. dta。

可以用命令 note 给数据加上一个总的注释。

```
. use survey4, clear
(Survey of graduate students)

. note: This was based on the dataset called survey1.txt
```

命令 notes 会显示出数据中包含的注释。

```
. notes

_dta:
  1.  This was based on the dataset called survey1.txt
```

也可用命令 note 加入另一条注释。这个注释中还包含时间标记 TS，它能给数据加上一个时间标记。

```
. note: The missing values for havechild and childage were coded using -1 and -2 but
> were converted to .n and .u TS
```

notes 命令会把数据中的两条注释都显示出来。

```
. notes

_dta:
  1.  This was based on the dataset called survey1.txt
  2.  The missing values for havechild and childage were coded using -1 and -2 but were
      converted to .n and .u 2 Feb 2010 18:54
```

也可以用命令 note 给选定的变量添加注释。如给变量 race 加注释。

```
. note race: The other category includes people who sepecified multiple races
```

现在用命令 notes 把给数据的注释和给特定变量的注释都显示出来。

```
. notes

_dta:
  1.  This was based on the dataset called survey1.txt
  2.  The missing valuco for havechild and childage were coded using -1 and -2 but were
      converted to .n and .u 2 Feb 2010 18:54

race:
  1.  The other category includes people who sepecified multiple races
```

也可以只查看 race 的注释，用命令 notes race。

```
. note race

race:
  1.  The other category includes people who sepecified multiple races
```

还可以给一个变量加多条注释。下面就给变量 havechild 加上了 4 条注释，给 ksex 加上了 2 条注释。

```
. note havechild: This variable measures whether a woman has given birth to a child, no
> t just whether she is a parent.

. note havechild: Men cannot bear children.

. note havechild: The .n(NA) missing code is used for males, because they cannot bearch
> ildren.

. note havechild: The .u(Unknown) missing code for a female indicating it is unknown if
>  she has a child.

. note ksex: This is the sex of the woman's child.

. note ksex: .n and .u missing value codes are like for the havechild variable.
```

可以按照如下操作查看 havechild 和 ksex 的注释：

```
. notes havechild ksex

havechild:
  1.  This variable measures whether a woman has given birth to a child, not just
      whether she is a parent.
  2.  Men cannot bear children.
  3.  The .n(NA) missing code is used for males, because they cannot bearchildren.
  4.  The .u(Unknown) missing code for a female indicating it is unknown if she has a
      child.

ksex:
  1.  This is the sex of the woman's child.
  2.  .n and .u missing value codes are like for the havechild variable.
```

也可以用命令 notes 查看数据中的所有注释。它能显示出给整个数据的注释和给特定变量的注释。

```
. notes

_dta:
  1.  This was based on the dataset called survey1.txt
  2.  The missing values for havechild and childage were coded using -1 and -2 but were
      converted to .n and .u 20 Nov 2015 15:14
```

```
race:
  1.  The other category includes people who sepecified multiple races

havechild:
  1.  This variable measures whether a woman has given birth to a child, not just
      whether she is a parent.
  2.  Men cannot bear children.
  3.  The .n(NA) missing code is used for males, because they cannot bearchildren.
  4.  The .u(Unknown) missing code for a female indicating it is unknown if she has a
      child.

ksex:
  1.  This is the sex of the woman's child.
  2.  .n and .u missing value codes are like for the havechild variable.
```

如果只想看对整个数据的注释，可以用命令 notes _dta，如下所示：

```
. notes _dta

_dta:
  1.  This was based on the dataset called survey1.txt
  2.  The missing values for havechild and childage were coded using -1 and -2 but were
      converted to .n and .u 20 Nov 2015 15:14
```

如果变量 havechild 的第二条注释没有用处，可以用命令 notes drop 删除它。如下，notes 的结果显示这条注释确实已经被删掉：

```
. notes drop havechild in 2
  (1 note dropped)

. notes havechild

havechild:
  1.  This variable measures whether a woman has given birth to a child, not just
      whether she is a parent.
  3.  The .n(NA) missing code is used for males, because they cannot bearchildren.
  4.  The .u(Unknown) missing code for a female indicating it is unknown if she has a
      child.
```

命令 notes search 能在注释的内容中进行搜索。下面我们想要显示出所有包含文本 .u 的注释。

```
. notes search .u

_dta:
  2.  The missing values for havechild and childage were coded using -1 and -2 but were
      converted to .n and .u 20 Nov 2015 15:14

havechild:
  4.  The .u(Unknown) missing code for a female indicating it is unknown if she has a
      child.
```

```
ksex:
  2.   .n and .u missing value codes are like for the havechild variable.
```

现在把数据保存为 survey5. dta，供下节使用。

```
. save survey5
file survey5.dta saved
```

更多关于 notes 的内容，请参见 help notes。

下节要介绍的是如何调整变量的显示格式。

## 4.8 格式化变量的显示

可以用格式来控制变量的显示。打开上一节最后保存的数据 survey5. dta。当用命令 list 时，格式的影响最明显。下面我们列出数据中变量 income 的前 5 个观测值。

```
. use survey5, clear
(Survey of graduate students)

. list id income in 1/5

     +---------------+
     | id     income |
     |---------------|
  1. |  1   10500.93 |
  2. |  2   45234.13 |
  3. |  3    1284355 |
  4. |  4   124313.5 |
  5. |  5   120102.3 |
     +---------------+
```

通过命令 describe，我们看到变量 income 当前的显示格式是%9. 0g。没有包含更多的细节，只提供了一个通用格式，即用 9 个字符宽来显示 income，并且在这个宽度限制下以最优的方式来显示 income 的取值。

```
. describe income

              storage  display     value
variable name   type   format      label      variable label
-------------------------------------------------------------------
income          float  %9.0g                  Income of student
```

其他格式能提供更多的控制，如固定格式。例如，下面我们用格式%12. 2f，意思是把 income 以一种最大宽度为 12 个字符的固定格式显示，其中包括了小数点和小数点后两位数。注意现在显示的是：第 3、4 和 5 条观测值在 income 后面都有两位小数。

```
. format income %12.2f

. list id income in 1/5
```

| | id | income |
|---|---|---|
| 1. | 1 | 10500.93 |
| 2. | 2 | 45234.13 |
| 3. | 3 | 1284354.50 |
| 4. | 4 | 124313.45 |
| 5. | 5 | 120102.32 |

在这个数据里，income 的测量单位是美分，但是我们想看看当测量单位是美元时的情况。如果用格式%7.0f，就能看到收入的上限是百万美元（7 位数收入），收入也会四舍五入到美元。注意第一个个案的收入是怎样被四舍五入到个位数的。

```
. format income %7.0f

. list id income in 1/5
```

| | id | income |
|---|---|---|
| 1. | 1 | 10501 |
| 2. | 2 | 45234 |
| 3. | 3 | 1284355 |
| 4. | 4 | 124313 |
| 5. | 5 | 120102 |

我们指定格式%9.1f，让收入显示到角。和前面的示例相比，把宽度从 7 增加到 9（不是从 7 到 8）来包括小数点。

```
. format income %9.1f

. list id income in 1/5
```

| | id | income |
|---|---|---|
| 1. | 1 | 10500.9 |
| 2. | 2 | 45234.1 |
| 3. | 3 | 1284354.5 |
| 4. | 4 | 124313.5 |
| 5. | 5 | 120102.3 |

对于更大的数字，可以用逗号把数字每三个一组分隔开，以便于查看。通过在格式中加入一个 c，就能让逗号也显示出来。和之前的示例相比，我们要把宽度从 9 增加到 11，好让 2 个逗号加入个案 3 中。

```
. format income %11.1fc

. list id income in 1/5

     +------------------+
     | id        income |
     |------------------|
  1. |  1      10,500.9 |
  2. |  2      45,234.1 |
  3. |  3   1,284,354.5 |
  4. |  4     124,313.5 |
  5. |  5     120,102.3 |
     +------------------+
```

现在我们把焦点放在字符型变量上，如变量 kidname。如下所示，kidname 的显示格式是%10s，意思是这是一个显示宽度为 10 的字符型变量。

```
. describe kidname

              storage  display     value
variable name   type   format      label      variable label
-------------------------------------------------------------
kidname         str10  %10s                   Name of child
```

下面的列表显示这种格式会让名字靠右显示。

```
. list id kidname in 1/5

     +----------------+
     | id     kidname |
     |----------------|
  1. |  1             |
  2. |  2       Sally |
  3. |  3   Catherine |
  4. |  4             |
  5. |  5     Samuell |
     +----------------+
```

要让变量靠左显示，可以在宽度的前面加上一个破折号。下面改一下 kidname 的显示格式，让其宽度为 10，靠左显示。

```
. format kidname %-10s

. list id kidname in 1/5
```

| | id | kidname |
|---|---|---|
| 1. | 1 | |
| 2. | 2 | Sally |
| 3. | 3 | Catherine |
| 4. | 4 | |
| 5. | 5 | Samuell |

日期型变量的显示有很多选择。在这个数据中，变量 bdays 和 kbdays 包含的是母亲和孩子的生日，但是目前它们被保存成字符型变量。首先，需要把这些变量转换成日期型变量，如下所示（更多关于创建日期型变量的内容，参阅 5.8 节）：

```
. generate bday=date(bdays, "MDY")

. generate kbday=date(kbdays, "MDY")
(4 missing values generated)

. list id bdays bday kbdays kbday in 1/5
```

| | id | bdays | bday | kbdays | kbday |
|---|---|---|---|---|---|
| 1. | 1 | 1/24/1961 | 389 | | . |
| 2. | 2 | 4/15/1968 | 3027 | 4/15/1995 | 12888 |
| 3. | 3 | 5/23/1971 | 4160 | 8/15/2003 | 15932 |
| 4. | 4 | 6/25/1973 | 4924 | | . |
| 5. | 5 | 9/22/1981 | 7935 | 1/12/1999 | 14256 |

这个转换看起来有问题，因为 bday 和 kbday 的取值显示不正确，但实际上没问题。日期型变量被保存成——缺省显示——January 1，1960 后的天数。下面我们要让日期按照一般的日期格式%td 显示。现在日期的显示如我们所愿。

```
. format bday kbday %td

. list id bdays bday kbdays kbday in 1/5
```

| | id | bdays | bday | kbdays | kbday |
|---|---|---|---|---|---|
| 1. | 1 | 1/24/1961 | 24jan1961 | | . |
| 2. | 2 | 4/15/1968 | 15apr1968 | 4/15/1995 | 15apr1995 |
| 3. | 3 | 5/23/1971 | 23may1971 | 8/15/2003 | 15aug2003 |
| 4. | 4 | 6/25/1973 | 25jun1973 | | . |
| 5. | 5 | 9/22/1981 | 22sep1981 | 1/12/1999 | 12jan1999 |

Stata 支持很多自定义的日期显示格式。例如，我们规定，bday 的显示格式是%tdNN/DD/YY。这种格式先是两位的月份，后面是一条斜线，再是数字天，跟一条斜线，最后是两位的年份。例如，显示出来的日期是 01/24/61。

```
. format bday %tdNN/DD/YY
. list id bdays bday in 1/5

     +-----------------------------+
     | id       bdays        bday  |
     |-----------------------------|
  1. |  1   1/24/1961    01/24/61  |
  2. |  2   4/15/1968    04/15/68  |
  3. |  3   5/23/1971    05/23/71  |
  4. |  4   6/25/1973    06/25/73  |
  5. |  5   9/22/1981    09/22/81  |
     +-----------------------------+
```

下面我们把 kbday 的显示格式改成%tdMonth_DD, CCYY。这个格式首先显示完整的月份，接着是一个空格（用下划线表明这里有一个空格），然后是数字天，跟一个逗号，再接下来是两位数的世纪（如 19 或 20）及跟在其后的两位数年份。例如，这个格式显示的日期是 August 22，1983。

```
. format kbday %tdMonth_DD,CCYY
. list id kbdays kbday in 1/5

     +--------------------------------------+
     | id      kbdays                kbday  |
     |--------------------------------------|
  1. |  1                                .  |
  2. |  2   4/15/1995       April 15,1995  |
  3. |  3   8/15/2003      August 15,2003  |
  4. |  4                                .  |
  5. |  5   1/12/1999     January 12,1999  |
     +--------------------------------------+
```

现在变量 bday 让 bdays 变得没必要了，同样地，kbday 也让 kbdays 失去了必要性。我们先给新变量加上变量标签，然后删除旧变量。

```
. label variable bday "Date of birth of student"

. label variable kbday "Date of birth of child"

. drop bdays kbdays
```

最后，把数据保存为 survey6. dta。

```
. save survey6
file survey6.dta saved
```

这节总结了格式化变量的相关知识。在 Stata 中输入 help format 可以获取更多资源。

接下来，也是最后一节会展示如何给数据中的变量排序，以便对数据有更清楚的了解。

## 4.9 改变数据中的变量顺序

survey6. dta 已经被正确地加上标签，但是数据里的变量没有顺序可言。由命令 describe 的输出结果可见，关于被调查大学生的信息和关于他们孩子的信息交织在一起。

```
. save survey6
file survey6.dta saved

. use survey6, clear
(Survey of graduate students)

. describe

Contains data from survey6.dta
  obs:           8                          Survey of graduate students
 vars:           9                          2 Feb 2010 18:48
 size:         336                          (_dta has notes)

              storage  display     value
variable name   type   format      label      variable label

id              float  %9.0g                  Unique identification variable
gender          float  %9.0g       mf         Gender of student
race            float  %19.0g      racelab  * Race of student
havechild       float  %18.0g      havelab  * Given birth to a child?
ksex            float  %15.0g      mfkid    * Sex of child
income          float  %11.1fc                Income of student
kidname         str10  %-10s                  Name of child
bday            float  %tdNN/DD/YY            Date of birth of student
kbday           float  %td..                  Date of birth of child
                                            * indicated variables have notes

Sorted by:
```

通常数据里的变量被内在地分成不同的组。当数据中相关的变量在位置上彼此挨着时，数据的清晰性会更高。下面的命令 order 指定要变量在数据中的位置。这个命令表明变量 id 应该位于第一位，之后是 gender、race、bday、income，然后是 havechild。所有剩下的变量（它们刚好都是关于孩子的变量）都放在 havechild 的后面，且顺序仍然按数据中当下的顺序排列。

```
. order id gender race bday income havechild

. describe

Contains data from survey6.dta
```

```
  obs:             8                          Survey of graduate students
 vars:             9                          2 Feb 2010 18:48
 size:           336                          (_dta has notes)
-------------------------------------------------------------------------------
              storage  display     value
variable name   type   format      label      variable label
-------------------------------------------------------------------------------
id              float  %9.0g                  Unique identification variable
gender          float  %9.0g       mf         Gender of student
race            float  %19.0g      racelab  * Race of student
bday            float  %tdNN/DD/YY            Date of birth of student
income          float  %11.1fc                Income of student
havechild       float  %18.0g      havelab  * Given birth to a child?
ksex            float  %15.0g      mfkid    * Sex of child
kidname         str10  %-10s                  Name of child
kbday           float  %td..                  Date of birth of child
                                            * indicated variables have notes
-------------------------------------------------------------------------------
Sorted by:
```

除了关于孩子的变量从 kidsex 开始，而不是从 kidname 开始之外，这个排序非常好。但是如果能调换一下这两个变量的顺序就更好。下面的命令 order 能把 kidname 移到 kidsex 的前面。[除了 before(kidsex)，通过指定 after(havechild) 也能得到同样的结果。]

```
. order kidname, before(ksex)

. describe

Contains data from survey6.dta
  obs:             8                          Survey of graduate students
 vars:             9                          2 Feb 2010 18:48
 size:           336                          (_dta has notes)
-------------------------------------------------------------------------------
              storage  display     value
variable name   type   format      label      variable label
-------------------------------------------------------------------------------
id              float  %9.0g                  Unique identification variable
gender          float  %9.0g       mf         Gender of student
race            float  %19.0g      racelab  * Race of student
bday            float  %tdNN/DD/YY            Date of birth of student
income          float  %11.1fc                Income of student
havechild       float  %18.0g      havelab  * Given birth to a child?
kidname         str10  %-10s                  Name of child
ksex            float  %15.0g      mfkid    * Sex of child
kbday           float  %td..                  Date of birth of child
                                            * indicated variables have notes
-------------------------------------------------------------------------------
Sorted by:
```

现在变量的组织方式更自然，而且很容易就能看出这种自然的顺序。但是，如果数据包含更多的变量，就很难看出变量的分组。在这种情况下，我想生成一个变量，用来作为每组变量的标题。

下面创建变量 STUDENTVARS 和 KIDVARS，然后用命令 order 把它们放在每组变量之前。

```
. generate STUDENTVARS=.
(8 missing values generated)

. generate KIDVARS=.
(8 missing values generated)

. order STUDENTVARS, before(gender)

. order KIDVARS, before(kidname)
```

现在我们再来看这个数据，就能清楚地看到变量被分成了两部分：一部分是关于学生的变量，另一部分是关于孩子的变量。尽管变量 STUDENTVARS 和 KIDVARS 有助于记录文件，但是它们也额外占据了数据的一定空间。如果数据包含大量观测值，这可能会成为一个问题。

```
. describe

Contains data from survey6.dta
  obs:             8                          Survey of graduate students
 vars:            11                          2 Feb 2010 18:48
 size:           400                          (_dta has notes)
-------------------------------------------------------------------------------
              storage  display     value
variable name   type   format      label      variable label
-------------------------------------------------------------------------------
id              float  %9.0g                  Unique identification variable
STUDENTVARS     float  %9.0g
gender          float  %9.0g       mf         Gender of student
race            float  %19.0g      racelab  * Race of student
bday            float  %tdNN/DD/YY            Date of birth of student
income          float  %11.1fc                Income of student
havechild       float  %18.0g      havelab  * Given birth to a child?
KIDVARS         float  %9.0g
kidname         str10  %-10s                  Name of child
ksex            float  %15.0g      mfkid    * Sex of child
kbday           float  %td..                  Date of birth of child
                                            * indicated variables have notes
-------------------------------------------------------------------------------
Sorted by:
     Note:  dataset has changed since last saved
```

现在，我们就有了一个已贴好标签且排好序的数据，这个数据和 4.2 节中的那个数据看起来一样。现在我们把这个数据保存为 survey7. dta。

```
. save survey7
file survey7.dta saved
```

这节的重点是如何用命令 order 给数据 survey6. dta 创建一个让用户更加方便的顺序。命令 order 还有很多我们并未讲到的特性，例如：如何按字母顺序给变量排序，移动变量组，移动变量到数据的末端等。5.15 节将讨论与重命名、给变量排序等有关的一些问题。在 Stata 中键入 help order 可以获取更多的内容。

# 第五章　创建变量



能被量化的事物并非都有价值，有价值的事物也并非都能量化。

——阿尔伯特·爱因斯坦

## 5.1 简介

本章涵盖了多种在 Stata 中创建变量的方法。先从介绍命令 generate 和 replace 开始，它们能创建新变量和修改现存变量的内容（参阅 5.2）。接下来两节介绍了创建变量时如何用数值表达式和数值函数（参阅 5.3 节）以及如何用字符表达式和字符函数（参阅 5.4）创建变量。5.5 节介绍了给变量重新编码的工具。

5.6 节展示的是给缺失值编码的工具，接下来讨论的是虚拟变量，并从更广的角度讨论了因子变量（参阅 5.7 节）。5.8 节的内容是创建和使用日期变量，5.9 节是关于创建和使用日期—时间型变量的内容。

接下来三节讲的是命令 egen 在各观测值内做变量间计算的方法（5.10 节），在各观测值间计算的方法（5.11 节）以及其他一些函数的使用方法（5.12 节）。

5.13 节会介绍如何把字符型变量转换成数值型变量。5.14 节会介绍如何把数值型变量转换成字符型变量。

本章最后一节是 5.15 节，这一节讲的是如何给变量重命名以及怎样给变量排序。

## 5.2 创建和修改变量

generate 和 replace 是用来创建和修改变量的两个最常用命令。这两个命令除了 generate 是用来生成新变量，而 replace 是用来修改既存变量的取值外，其他的功能都非常类似。我们用数据 wws2. dts 讲解这两个命令，这个数据里包含了 2 246 名女性的人口和劳动力信息。让我们看看变量 wage，它表示女性每小时的薪水。下面是对这个变量的描述，它有两个缺失值（N=2244）。

```
. use wws2
(Working Women Survey w/fixes)

. summarize wage

    Variable |       Obs        Mean    Std. Dev.       Min        Max
-------------+--------------------------------------------------------
        wage |      2244    7.796781     5.82459          0   40.74659
```

如果我们想计算这些女性每周的薪水，其中每个工作周按 40 个小时算，可以用命令 generate 创建一个名为 wageweek 的新变量，这个新变量应该包含的是 wage 乘以 40 后的数值。

```
. generate wageweek = wage * 40
(2 missing values generated)

. summarize wageweek

    Variable |       Obs        Mean    Std. Dev.       Min        Max
-------------+--------------------------------------------------------
    wageweek |      2244    311.8712    232.9836          0   1629.864
```

这个数据里还有一个变量 hours，是女性每周工作的具体小时数。我们重新生成一次变量 wageweek，但是这次用 hours 替换 40。因为 wageweek 已经存在，必须用命令 replace 来指明我们想替换的已有变量的内容。注意因为 hours 有四个缺失值，因此现在变量 wageweek 又多出了 4 个额外的缺失值，只有 2 240 条观测值，而不是2 244了。[①]

```
. replace wageweek = wage * hours
(1152 real changes made, 4 to missing)

. summarize wageweek

    Variable |       Obs        Mean    Std. Dev.       Min        Max
-------------+--------------------------------------------------------
    wageweek |      2240    300.2539    259.2544          0       1920
```

当创建一个变量需要多个步骤时，可以把命令 generate 和 replace 联合起来使用。让我们看看变量 married（1 表示现在已婚，0 表示现在未婚）和 nevermarried（1 表示从来没有结过婚，0 表示结过婚）。根据这两个变量的交互表，我们可以把女性分成三组。

```
. tabulate married nevermarried

           |   Woman never been
           |        married
   married |         0          1 |     Total
-----------+----------------------+----------
         0 |       570        234 |       804 
         1 |     1,440          2 |     1,442 
-----------+----------------------+----------
     Total |     2,010        236 |     2,246 
```

如果我们想生成一个变量，以反映一个女性（1）目前单身且从来没有结过婚(n=234)；(2）现在已婚（n=1 440)；(3）现在单身，但是以前结过婚（n=570)。把那些现在已婚但是从来没结过婚（不合理的取值）的个案（n=2）当成缺失值来处理。如下所示，首先用命令 generatc 生成一个变量 smd（single/married/divorced or widowed)，给它分配取值 1，表示被访女性是单身（且从来没结过婚)。如果女性受访者

① 在算术表达式中，如果一个变量的取值有缺失，那么表达式的计算结果也是缺失。

当前处在已婚状态，就用命令 replace 给她们分配取值 2。如果女性受访者离婚或丧偶，再用命令 replace 给它分配取值 3。接下来，对那些目前已婚，但却又从未结过婚的女性受访者，用 replace 把它们的 smd 取值替换为缺失值，因为这种状态不合理，但这么做会让结果更清晰，更易读懂。（更多关于 if 用法的知识，参阅 A. 8。）

```
. generate smd = 1 if (married==0) & (nevermarried==1)
(2012 missing values generated)

. replace smd = 2 if (married==1) & (nevermarried==0)
(1440 real changes made)

. replace smd = 3 if (married==0) & (nevermarried==0)
(570 real changes made)

. replace smd = . if (married==1) & (nevermarried==1)
(0 real changes made)
```

我们可以用两种方法对其进行双重检验，看看这个新变量是否正确。首先，做一个 smd 的频数分布表，然后用它和之前生成的二维表进行对比。

```
. tabulate smd, missing
```

| smd | Freq. | Percent | Cum. |
|---|---|---|---|
| 1 | 234 | 10.42 | 10.42 |
| 2 | 1,440 | 64.11 | 74.53 |
| 3 | 570 | 25.38 | 99.91 |
| . | 2 | 0.09 | 100.00 |
| Total | 2,246 | 100.00 | |

检验这个变量的创建正确与否，另一个直接方法是用命令 table 做一个关于 smd×married×nevermarried 的三维表。如下所示，结果同样证明 smd 的取值刚好和 married 及 nevermarried 的取值相对应。

```
. table smd married nevermarried
```

| | Woman never been married and married | | | |
|---|---|---|---|---|
| | 0 | | 1 | |
| smd | 0 | 1 | 0 | 1 |
| 1 | | | 234 | |
| 2 | | 1,440 | | |
| 3 | 570 | | | |

可以把命令 generate 和 replace 联合起来使用，利用一个连续变量的取值创建一个新的虚拟变量（0/1）。例如，生成一个名为 over40hours 的虚拟变量，其中 1 表示女性工作时间超过 40 个小时，0 表示女性工作时间等于或少于 40 个小时。命令 generate 生成变量 over40hours，并且给这个变量分配了一个取值 0，表示女性工作时间等于或少于 40 个小时。然后，如果女性工作时间超过 40 个小时，则用命令 replace 把她们的取值替换为 1。

```
. generate over40hours=0 if hours<=40
(394 missing values generated)

. replace over40hours=1 if hours>40 & !missing(hours)
(390 real changes made)
```

注意命令 replace 指定 over40hours 是 1 的条件是：当且仅当 hours 的取值大于 40 且不能是缺失值。在这里，如果没有第二个限定条件，那些变量 hours 是缺失值的个案也会被当成工作时间超过 40 个小时来处理（因为在 Stata 里，缺失值被当成是正的无穷大）。更多关于缺失值的内容，请参阅 A. 10。

如下所示，可以用命令 tabstat 检验生成的这个虚拟变量是否正确。当 over40hours 的取值为 0 时，hours 的取值范围从 1 到 40（理该如此）；当 over40hours 的取值为 1 时，hours 的取值范围从 41 到 80。

```
. tabstat hours, by(over40hours) statistics(min max)

Summary for variables: hours
     by categories of: over40hours

over40hours |       min       max
------------+--------------------
          0 |         1        40
          1 |        41        80
------------+--------------------
      Total |         1        80
---------------------------------
```

我们还可以把命令 generate 和 replace 合并成一个 generate 命令。这样做既可以节省电脑的计算时间（因为 Stata 只需要执行一次命令），还可以节省你的时间（因为你只需要输入一个命令）。这个方法建立在一个逻辑表达式取值的基础上，这个逻辑表达式只有真或假两个取值。如果一个逻辑表达式为假，其取值为 0；如果是真，其取值为 1。依据上述示例，当女性工作时间等于或少于 40 个小时，表达式（hours＞40）取值为 0（为假）；当女性工作时间超过 40 个小时（或 hours 有缺失值）时，表达式取值为 1（为真）。

下面我们用这种一步到位的方法来创建 over40hours。给工作时间等于或少于 40

个小时的女性受访者赋值为 0（因为表达式为假），给工作时间超过 40 个小时的女性受访者赋值为 1（因为表达式为真）。给 hours 取值为缺失的女性分配一个缺失值，因为在表达式中通过 if 限定符把她们都已经排除在外（更多关于逻辑表达式及其示例的内容，请参阅 A. 6）。

```
. generate over40hours = (hours > 40) if !missing(hours)
(4 missing values generated)
```

下面是 tabstat 的运行结果，该结果证明已正确创建了这个变量。

```
. tabstat hours, by(over40hours) statistics(min max)

Summary for variables: hours
     by categories of: over40hours

over40hours |       min       max
------------+--------------------
          0 |         1        40
          1 |        41        80
------------+--------------------
      Total |         1        80
---------------------------------
```

更多的信息，请参阅 help generate 和下一节的内容。下一节会讲怎样用数学表达式和函数创建新变量。

## 5.3 数值表达式和函数

上一节我们用的是命令 generate 和 replace 以及一些简单的表达式，例如创建一个新变量等于 wage * 40。本节要讲的是更复杂的表达式以及一些能够与 generate 和 replace 一起使用的、非常有用的函数。

Stata 支持标准的数学运算符：＋，－，＊，/ 和 ^，并遵循标准的运算规则。为清楚起见，可以用圆括号实现多层次运算。我们通过创建一个没有任何意义的名为 nonsense 的变量来讲解这些运算符。打开数据 wws2. dta。

```
. use wws2, clear
(Working Women Survey w/fixes)

. generate nonsense = (age*2 + 10)^2 - (grade/10)
(4 missing values generated)
```

Stata 里还有很多可以放在命令 generate 和 replace 中的数学函数。下面的示例介绍了如何用 int()函数（这个函数可以去掉小数点后的所有数字），round()函数（这个函数会把数字四舍五入到想要的小数位)，ln()函数（这个函数计算自然对数)，log10()（这个函数计算底数为 10 的对数)，sqrt()函数（这个函数计算平方根)。下面列出前 5 条观测值来展示用这些函数计算的结果。

```
. generate intwage = int(wage)
(2 missing values generated)

. generate rndwage = round(wage,1.00)
(2 missing values generated)

. generate lnwage = ln(wage)
(3 missing values generated)

. generate logwage = log10(wage)
(3 missing values generated)

. generate sqrtwage = sqrt(wage)
(2 missing values generated)

. list wage intwage rndwage lnwage logwage sqrtwage in 1/5
```

| | wage | intwage | rndwage | lnwage | logwage | sqrtwage |
|---|---|---|---|---|---|---|
| 1. | 7.15781 | 7 | 7 | 1.968204 | .8547801 | 2.675408 |
| 2. | 2.447664 | 2 | 2 | .8951342 | .3887518 | 1.564501 |
| 3. | 3.824476 | 3 | 4 | 1.341422 | .582572 | 1.955627 |
| 4. | 14.32367 | 14 | 14 | 2.661913 | 1.156054 | 3.784662 |
| 5. | 5.517124 | 5 | 6 | 1.707857 | .7417127 | 2.348856 |

Stata 还提供了很多用来生成随机变量的函数。例如，可以用函数 runiform()（random uniform，均匀分布）生成一个变量，它的取值范围从 0 到 1。下面我们先随机选定一个数字，将其设定为生成均匀分布的种子。[①] 然后用命令 generate 生成一个变量 r，它是一个介于 0 到 1 的随机数。

```
. set seed 83271

. generate r = runiform()

. summarize r
```

| Variable | Obs | Mean | Std. Dev. | Min | Max |
|---|---|---|---|---|---|
| r | 2246 | .4989732 | .2848917 | .000238 | .999742 |

函数 rnormal()（random normal）能从一个均值为 0，标准差为 1 的正态分布中提取随机数值，如下面的变量 randz 所示。另一个新生成的变量 randiq，它的取值来自一个均值为 100，标准差为 15 的正态分布（这个分布类似于一些 IQ 测试的分布）。

---

① 设定种子能确保每次执行这个命令时都能得到相同的随机数，重复用相同的随机数能得到相同的结果。

```
. generate randz = rnormal()
. generate randiq = rnormal(100,15)
. summarize randz randiq

    Variable |       Obs        Mean    Std. Dev.       Min        Max
-------------+--------------------------------------------------------
       randz |      2246   -.002875    1.013841   -4.121484   3.421237
      randiq |      2246   100.0628    15.03306    48.35595   160.1314
```

还可以用 rchi2()（random chi-squared，卡方分布）生成一个随机从卡方分布中取值的变量。例如，下面我们创建变量 randchi2，其取值来自一个自由度为 5 的卡方分布。

```
. generate randchi2 = rchi2(5)

. summarize randchi2

    Variable |       Obs        Mean    Std. Dev.       Min        Max
-------------+--------------------------------------------------------
    randchi2 |      2246    5.05211     3.22275   .0928418   22.49582
```

这节讲解了一系列 Stata 里可用的数值函数。更多关于函数的内容，请参阅 A.7。

## 5.4 字符表达式和函数

上一节的重点是数值表达式和函数，本节的重点是字符表达式和函数。下面我们用数据 dentlab2.dta 来介绍字符表达式，因为这个数据里包含了牙医的姓名（如下所示）。首先，我们设定 name 的格式，让其左对齐显示（参见 4.8 节）。

```
. use dentlab2

. format name %-17s

. list

     +------------------------------------------------+
     | name                 years    fulltime   recom |
     |------------------------------------------------|
  1. | Y. Don Uflossmore     7.25   part time       1 |
  2. | Olive Tu'Drill       10.25   full time       1 |
  3. | isaac O'yerbreath    32.75   full time       1 |
  4. |  Ruth Canaale        22.00   full time       1 |
  5. | Mike avity            8.50   part time       0 |
     |------------------------------------------------|
  6. | i William Crown       3.20   full time       0 |
  7. | Don b Iteme           4.10   full time       0 |
  8. | Ott W. Onthurt        1.10   full time       0 |
     +------------------------------------------------+
```

注意名字中有一些错误和不一致的地方。例如，Ruth 名字的前面多了一个空格，有些首字母小写，有些首字母后面的句点被忽略了。通过清理这些名字，我们看看怎样用 Stata 里的字符表达式和函数。

我们可以用很多方法来处理该大写但是没有大写的问题。通常，函数 proper()能妥善处理名字的大写问题。如果我们的目标是比较或匹配名字，可以用 lower()函数把名字都转换成小写字母，或者用 upper()函数把名字都转换成大写字母。下面是用这些函数生成的变量。

```
. generate name2 = proper(name)

. generate lowname = lower(name)

. generate upname = upper(name)

. list name2 lowname upname
```

| | name2 | lowname | upname |
|---|---|---|---|
| 1. | Y. Don Uflossmore | y. don uflossmore | Y. DON UFLOSSMORE |
| 2. | Olive Tu'Drill | olive tu'drill | OLIVE TU'DRILL |
| 3. | Isaac O'Yerbreath | isaac o'yerbreath | ISAAC O'YERBREATH |
| 4. | Ruth Canaale | ruth canaale | RUTH CANAALE |
| 5. | Mike Avity | mike avity | MIKE AVITY |
| 6. | I William Crown | i william crown | I WILLIAM CROWN |
| 7. | Don B Iteme | don b iteme | DON B ITEME |
| 8. | Ott W. Onthurt | ott w. onthurt | OTT W. ONTHURT |

我们可以用命令 ltrim()去掉每个名字前面的空格，如 Ruth 前面的，如下所示：

```
. generate name3 = ltrim(name)
```

查看一下 ltrim()的结果，在查看结果之前，需要把 name2 和 name3 的输出格式也设定为左对齐显示。

```
. generate name3 = ltrim(name)

. format name2 name3 %-17s

. list name name2 name3
```

| | name | name2 | name3 |
|---|---|---|---|
| 1. | Y. Don Uflossmore | Y. Don Uflossmore | Y. Don Uflossmore |
| 2. | Olive Tu'Drill | Olive Tu'Drill | Olive Tu'Drill |
| 3. | isaac O'yerbreath | Isaac O'Yerbreath | isaac O'yerbreath |
| 4. |  Ruth Canaale |  Ruth Canaale | Ruth Canaale |
| 5. | Mike avity | Mike Avity | Mike avity |
| 6. | i William Crown | I William Crown | i William Crown |
| 7. | Don b Iteme | Don B Iteme | Don b Iteme |
| 8. | Ott W. Onthurt | Ott W. Onthurt | Ott W. Onthurt |

假设现在想识别出那些以一个大写字母而不是一个完整的名字（a full first name）开头的名字。你会发现这些名字中的第二个字符要么是一个句点，要么是一个空格。我们需要一种能把名字中的一部分提取出来的方法——把名字中的第二个字符提取出来。下面的命令 generate 中的函数 substr()就能准确做到这一点，并生成变量 secondchar。变量 firstinit 等于逻辑表达式的取值，如果 if 为真，即 secondchar 是空格或句点，取值就是 1，如果 if 为假，则取值为 0（参见 5.2）。

```
. generate secondchar = substr(name3, 2, 1)

. generate firstinit = (secondchar==" " | secondchar==".") if !missing(secondchar)

. list name3 secondchar firstinit, abb(20)
```

| | name3 | secondchar | firstinit |
|---|---|---|---|
| 1. | Y. Don Uflossmore | . | 1 |
| 2. | Olive Tu'Drill | l | 0 |
| 3. | isaac O'yerbreath | s | 0 |
| 4. | Ruth Canaale | u | 0 |
| 5. | Mike avity | i | 0 |
| 6. | i William Crown | | 1 |
| 7. | Don b Iteme | o | 0 |
| 8. | Ott W. Onthurt | t | 0 |

假设我们想把名字分成“名”、“中间名”和“姓氏”。因为有些医生的名字只有两个，所以要先用 wordcount()函数计算出名字中单词的个数。

```
. generate namecnt = wordcount(name3)

. list name3 namecnt
```

| | name3 | namecnt |
|---|---|---|
| 1. | Y. Don Uflossmore | 3 |
| 2. | Olive Tu'Drill | 2 |
| 3. | isaac O'yerbreath | 2 |
| 4. | Ruth Canaale | 2 |
| 5. | Mike avity | 2 |
| 6. | i William Crown | 3 |
| 7. | Don b Iteme | 3 |
| 8. | Ott W. Onthurt | 3 |

现在用 word()函数把 name3 中的“名”、“中间名”和“姓氏”分开。“名”就是牙医名字的第一个单词［也就是，word(name3，1)］。如果牙医的名字中有三个单词，那么“中间名”就是第二个单词［也就是，word(name3，2) if namecnt == 3］。“姓氏”就要基于牙医名字中包含的单词数量［也就是，word(name3，namecnt)］。

```
. generate fname = word(name3, 1)

. generate mname = word(name3, 2) if namecnt == 3
(4 missing values generated)

.
. generate lname = word(name3, namecnt)

. list name3 fname mname lname
```

| | name3 | fname | mname | lname |
|---|---|---|---|---|
| 1. | Y. Don Uflossmore | Y. | Don | Uflossmore |
| 2. | Olive Tu'Drill | Olive | | Tu'Drill |
| 3. | Isaac O'yerbreath | isaac | | O'yerbreath |
| 4. | Ruth Canaale | Ruth | | Canaale |
| 5. | Mike avity | Mike | | avity |
| 6. | i William Crown | I | William | Crown |
| 7. | Don B Iteme | Don | B | Iteme |
| 8. | Ott W. Onthurt | Ott | W. | Onthurt |

如果你注意一下上面 fname 和 mname 的取值，会发现有些名字是由一个大写字母组成的。有时这个大写字母的后面会有一个句点，有时这个句点被省略了。

假设我们想让所有的首字母后面都有一个句点。在下面的第一条 replace 命令中，length()函数用来识别“名”中只有一个字符的观测个案。如果是这种情况，变量 fname 就用 fname 加上一个句点来替换（这条命令表明加号“+”可以用来连接字符串）。在下一条 replace 命令中，对“中间名”也进行了同样的处理。

```
. replace fname = fname +"." if length(fname) == 1
(1 real change made)

. replace mname = mname +"." if length(mname) == 1
(1 real change made)
```

现在我们看到，只要“名”和“中间名”中只有一个大写字母的，后面就都有一个句点。

```
. list fname mname

     +----------------+
     | fname    mname |
     |----------------|
  1. |    Y.      Don |
  2. | Olive          |
  3. | isaac          |
  4. |  Ruth          |
  5. |  Mike          |
     |----------------|
  6. |    I.  William |
  7. |   Don       B. |
  8. |   Ott       W. |
     +----------------+
```

现在我们已经修改好“名”和“中间名”，可以把“名”、“中间名”和“姓氏”整合到一起，形成一个完整的名字。

```
. generate fullname = fname + " " + lname if namecnt == 2
(4 missing values generated)

. replace fullname = fname + " " + mname + " " + lname if namecnt == 3
(4 real changes made)

. list fname mname lname fullname

     +---------------------------------------------------+
     | fname     mname        lname              fullname |
     |---------------------------------------------------|
  1. |    Y.       Don   Uflossmore   Y. Don Uflossmore |
  2. | Olive               Tu´Drill       Olive Tu´Drill |
  3. | Isaac             O´Yerbreath   Isaac O´Yerbreath |
  4. |  Ruth                Canaale         Ruth Canaale |
  5. |  Mike                  Avity           Mike Avity |
     |---------------------------------------------------|
  6. |    I.   William        Crown     I. William Crown |
  7. |   Don        B.        Iteme         Don B. Iteme |
  8. |   Ott        W.     Onthurt        Ott W. Onthurt |
     +---------------------------------------------------+
```

更多有关字符函数的内容，请参见 help string functions。

## 5.5 重新编码

有时你对已有变量及其取值会有新的规划，想把它们转变为新变量的新取值，这时就需要对已有变量进行重新编码并生成一个新的变量。举例说明，我们来看一下 wws21ab. dta 中的变量 occupation。

```
. use wws2lab
(Working Women Survey w/fixes)

. codebook occupation, tabulate(20)

-------------------------------------------------------------------------------
occupation                                                          occupation
-------------------------------------------------------------------------------

                  type:  numeric (byte)
                 label:  occlbl

                 range:  [1,13]                       units:  1
         unique values:  13                       missing .:  9/2246

            tabulation:  Freq.   Numeric  Label
                           319         1  Professional/technical
                           264         2  Managers/admin
                           725         3  Sales
                           101         4  Clerical/unskilled
                            53         5  Craftsmen
                           246         6  Operatives
                            28         7  Transport
                           286         8  Laborers
                             1         9  Farmers
                             9        10  Farm laborers
                            16        11  Service
                             2        12  Houschold workers
                           187        13  Other
                             9         .
```

我们把 occupation 重新编码成 3 类："白领"（white collar)、"蓝领"（blue collar）和"其他"（other)。假设我们决定把 1～3 类职业归入"白领"，5～8 类归入"蓝领"，4 和 9～13 归入"其他"。下面是我们对变量进行的重新编码，并创建了一个新变量 occ3。

```
. recode occupation (1/3=1) (5/8=2) (4 9/13=3), generate(occ3)
(1918 differences between occupation and occ3)
```

我们用命令 table 来看看变量 occ 是否被正确地重新编码成 occ3。

这个方法非常方便，但如果能给 occ3 的所有取值都加上标签就更好。虽然我们可以用 label define 和 label values 给 occ3 加标签（就像 4.4 节中讲的那样)，但是，下面的示例中展示了一种更加简便的方法，它把给取值加标签作为重新编码的一部分。在命令 recode 里，直接把取值标签加在新取值后面。(可用连续注释让这个长命令更易读，更多内容请参见 A.4 节。)

```
. table occupation occ3
```

| occupation | RECODE of occupation (occupation) 1 | 2 | 3 |
|---|---|---|---|
| Professional/technical | 319 | | |
| Managers/admin | 264 | | |
| Sales | 725 | | |
| Clerical/unskilled | | | 101 |
| Craftsmen | | 53 | |
| Operatives | | 246 | |
| Transport | | 28 | |
| Laborers | | 286 | |
| Farmers | | | 1 |
| Farm laborers | | | 9 |
| Service | | | 16 |
| Household workers | | | 2 |
| Other | | | 187 |

```
. drop occ3

. recode occupation (1/3=1 "White collar") ///
>                   (5/8=2 "Blue collar") ///
>                   (4 9/13=3 "Other"), generate(occ3)
(1918 differences between occupation and occ3)

. label variable occ3 "Occupation in 3 groups"

. table occupation occ3
```

| occupation | Occupation in 3 groups White collar | Blue collar | Other |
|---|---|---|---|
| Professional/technical | 319 | | |
| Managers/admin | 264 | | |
| Sales | 725 | | |
| Clerical/unskilled | | | 101 |
| Craftsmen | | 53 | |
| Operatives | | 246 | |
| Transport | | 28 | |
| Laborers | | 286 | |
| Farmers | | | 1 |
| Farm laborers | | | 9 |
| Service | | | 16 |
| Household workers | | | 2 |
| Other | | | 187 |

命令 recode 同样适用于连续变量。假设我们想把女性每小时的工资（wage）分成 4 类，重新编码，依照下面的规则进行：0 到 10 重新编为 1，10 到 20 重新编为 2，20 到 30 重新编为 3，超过 30 的都重新编成 4。我们可以按照下面的方法去做。当指定 recode ＃1/＃2 时，＃1 和＃2 之间的取值以及上下限＃1 和＃2 都会包括在内。所以当我们指定 recode wage(0/10=1)(10/20=2)时，两个里面都包括了 10。在这种情况下，位于前面的指定优先，因此 10 会被重新编码为 1。

```
. recode wage (0/10 = 1 "0 to 10") ///
>             (10/20 = 2 ">10 to 20") ///
>             (20/30 = 3 ">20 to 30") ///
>             (30/max = 4 ">30 and up"), generate(wage4)
(2244 differences between wage and wage4)
```

可以用下面的命令 tabstat（参见 3.5 节）检查一下重新编码的结果。结果证明 wage4 没问题。例如，对于类别 2（10 到 20），最小值只比 10 大一点，最大值等于 20。

```
. tabstat wage, by(wage4) stat(min max)

Summary for variables: wage
     by categories of: wage4 (RECODE of wage (hourly wage))

    wage4 |       min       max
----------+--------------------
  0 to 10 |         0        10
>10 to 20 |  10.00805        20
>20 to 30 |  20.12883        30
>30 and up|  30.19324  40.74659
----------+--------------------
    Total |         0  40.74659
```

如果想把 0 到 10（不包括 10）编为 1，10 到 20（不包括 20）编为 2，20 到 30（不包括 30）编为 3，30 及以上都编为 4，现在可以调整一下顺序，例如，把之前在后面的放到前面，就能让 10 归入第 2 类。

```
. recode wage (30/max=4 "30 and up") ///
>             (20/30 = 3 "20 to <30") ///
>             (10/20 = 2 "10 t0 <20") ///
>             (0/10= 1 "0 to <10"), generate(wage4a)
(2244 differences between wage and wage4a)
```

下面命令 tabstat 的结果证实对 wage4a 的重新编码是正确的。

```
. tabstat wage, by(wage4a)stat(min max)

Summary for variables: wage
     by categories of: wage4a (RECODE of wage (hourly wage))
```

```
     wage4a |       min       max
------------+--------------------
   0 to <10 |         0  9.999998
  10 t0 <20 |        10  19.91143
  20 to <30 |        20  29.72623
  30 and up |        30  40.74659
------------+--------------------
      Total |         0  40.74659
---------------------------------
```

命令 recode 并不是唯一一个可以用来给变量重新编码的方法。Stata 提供了多种重新编码的函数。irecode()函数就可以根据你提供的一系列分割点把一个连续变量重新编码，将其分成几个不同的组。如下所示，根据分割点 10、20 和 30 将工资分成 4 组。那些工资小于 10 的观测案例编码为 0，10 到 20 的编码为 1，20 到 30 的编码为 2，30 以上的编码为 3。

```
. generate mywage1 = irecode(wage, 10, 20 ,30)
(2 missing values generated)
```

命令 tabstat 的结果证明这个重新编码同样是正确的：

```
. tabstat wage, by(mywage1) stat(min max)

Summary for variables: wage
     by categories of: mywage1

 mywage1 |       min       max
---------+--------------------
       0 |         0        10
       1 |  10.00805        20
       2 |  20.12883        30
       3 |  30.19324  40.74659
---------+--------------------
   Total |         0  40.74659
------------------------------
```

函数 autocode()能够把连续变量重新编码成等距的组。下面的变量 wage 被重编成 3 个等距组，取值范围从 0 到 42。各组依据该组的最大取值编码，因此 14 代表 0 到 14，28 表示 14 到 28，42 意味着 28 到 42。命令 tabstat 的结果证实这次重新编码同样没问题。

```
. generate mywage2 = autocode(wage, 3, 0, 42)
(2 missing values generated)

. tabstat wage, by(mywage2) stat(min max n)

Summary for variables: wage
     by categories of: mywage2
```

```
mywage2 |       min        max         N
--------+-------------------------------
     14 |         0    13.9694      2068
     28 |  14.00966   27.89049       127
     42 |  28.15219   40.74659        49
--------+-------------------------------
  Total |         0   40.74659      2244
```

函数 autocode()是把连续变量分成等距的组，而命令 egen 中的选项 group()则把连续变量分成观测值数相等的组。下面我们用选项 group()生成变量 mywage3，它包含了 3 个规模相等的组。

```
. egen mywage3 = cut(wage), group(3)
(2 missing values generated)
```

变量 mywage3 的取值分别是 0、1 和 2。由于要规定这几个组的 wage 的下限和上限，以使得各组的规模尽可能地保持一致，因此对选择的上下限的取值并没有四舍五入。下面的 tabstat 命令显示了 3 个组中各组 wage 的下限和上限。第一组的范围从 0 到 4.904，第二组从 4.911 到 8.068，第三组从 8.075 到 40.747。

```
. tabstat wage, by(mywage3) stat(min max n)

Summary for variables: wage
     by categories of: mywage3

mywage3 |       min        max         N
--------+-------------------------------
      0 |         0   4.903378       748
      1 |  4.911432   8.067631       748
      2 |  8.075683   40.74659       748
--------+-------------------------------
  Total |         0   40.74659      2244
```

关于重新编码的更多内容，请参见 help recode、help irecode 和 help autocode。

## 5.6 给缺失值编码

正如 A.10 节中介绍的，Stata 支持 27 种不同的缺失值编码，包括 .、.a、.b……
.z。本节要介绍的是如何把这些缺失值编码分配给数据。先看一下这个含有缺失值的示例数据：

```
. use cardio2miss

. list
```

| | id | age | pl1 | pl2 | pl3 | pl4 | pl5 | bp1 | bp2 | bp3 | bp4 | bp5 |
|---|---|---|---|---|---|---|---|---|---|---|---|---|
| 1. | 1 | 40 | 54 | 115 | 87 | 86 | 93 | 129 | 81 | 105 | .b | .b |
| 2. | 2 | 30 | 92 | 123 | 88 | 136 | 125 | 107 | 87 | 111 | 58 | 120 |
| 3. | 3 | 16 | 105 | .a | 97 | 122 | 128 | 101 | 57 | 109 | 68 | 112 |
| 4. | 4 | 23 | 52 | 105 | 79 | 115 | 71 | 121 | 106 | 129 | 39 | 137 |
| 5. | 5 | 18 | 70 | 116 | .a | 128 | 52 | 112 | 68 | 125 | 59 | 111 |

注意这个数据中包含一些缺失值，而且用不同类型的缺失值编码表示造成缺失的不同原因。这里的缺失值.a 表示由于编码错误导致的缺失，.b 表示由于被访者退出研究而造成的缺失。但这些缺失值是怎样被分配的呢？我们还是从最原始的数据开始。

```
. infile id age pl1-pl5 bp1-bp5 using cardio2miss.txt
(5 observations read)

. list
```

| | id | age | pl1 | pl2 | pl3 | pl4 | pl5 | bp1 | bp2 | bp3 | bp4 | bp5 |
|---|---|---|---|---|---|---|---|---|---|---|---|---|
| 1. | 1 | 40 | 54 | 115 | 87 | 86 | 93 | 129 | 81 | 105 | -2 | -2 |
| 2. | 2 | 30 | 92 | 123 | 88 | 136 | 125 | 107 | 87 | 111 | 58 | 120 |
| 3. | 3 | 16 | 105 | -1 | 97 | 122 | 128 | 101 | 57 | 109 | 68 | 112 |
| 4. | 4 | 23 | 52 | 105 | 79 | 115 | 71 | 121 | 106 | 129 | 39 | 137 |
| 5. | 5 | 18 | 70 | 116 | -1 | 128 | 52 | 112 | 68 | 125 | 59 | 111 |

其中，－1 表示由于编码错误导致的缺失，－2 代表因为被访者退出研究导致的缺失。可以用命令 recode 把这些取值转换成合适的缺失值编码，如下所示。（注意 bp＊表示所有以 bp 开始的变量，可参见 A.11 节。）

```
. recode bp* pl* (-1=.a) (-2=.b)
(bp1: 0 changes made)
(bp2: 0 changes made)
(bp3: 0 changes made)
(bp4: 1 changes made)
(bp5: 1 changes made)
(pl1: 0 changes made)
(pl2: 1 changes made)
(pl3: 1 changes made)
(pl4: 0 changes made)
(pl5: 0 changes made)
```

另一条转换缺失值编码的途径是用命令 mvdecode。该命令能够把一般的数字转换成缺失值编码。如下面的例子所示，用选项 mv()规定把－1 转换成 .a，－2 转换成 .b。

```
. mvdecode bp* pl*, mv(-1=.a \ -2=.b)
        bp4: 1 missing value generated
        bp5: 1 missing value generated
        pl2: 1 missing value generated
        pl3: 1 missing value generated

. list
```

| | id | age | pl1 | pl2 | pl3 | pl4 | pl5 | bp1 | bp2 | bp3 | bp4 | bp5 |
|---|---|---|---|---|---|---|---|---|---|---|---|---|
| 1. | 1 | 40 | 54 | 115 | 87 | 86 | 93 | 129 | 81 | 105 | .b | .b |
| 2. | 2 | 30 | 92 | 123 | 88 | 136 | 125 | 107 | 87 | 111 | 58 | 120 |
| 3. | 3 | 16 | 105 | .a | 97 | 122 | 128 | 101 | 57 | 109 | 68 | 112 |
| 4. | 4 | 23 | 52 | 105 | 79 | 115 | 71 | 121 | 106 | 129 | 39 | 137 |
| 5. | 5 | 18 | 70 | 116 | .a | 128 | 52 | 112 | 68 | 125 | 59 | 111 |

如果只想给－1 和－2 分配普通的缺失值编码（.），可以按照下面的方式操作：

```
. mvdecode bp* pl*, mv(-1 -2)
        bp4: 1 missing value generated
        bp5: 1 missing value generated
        pl2: 1 missing value generated
        pl3: 1 missing value generated

. list
```

| | id | age | pl1 | pl2 | pl3 | pl4 | pl5 | bp1 | bp2 | bp3 | bp4 | bp5 |
|---|---|---|---|---|---|---|---|---|---|---|---|---|
| 1. | 1 | 40 | 54 | 115 | 87 | 86 | 93 | 129 | 81 | 105 | . | . |
| 2. | 2 | 30 | 92 | 123 | 88 | 136 | 125 | 107 | 87 | 111 | 58 | 120 |
| 3. | 3 | 16 | 105 | . | 97 | 122 | 128 | 101 | 57 | 109 | 68 | 112 |
| 4. | 4 | 23 | 52 | 105 | 79 | 115 | 71 | 121 | 106 | 129 | 39 | 137 |
| 5. | 5 | 18 | 70 | 116 | . | 128 | 52 | 112 | 68 | 125 | 59 | 111 |

与 mvdecode 相对的另一个命令是 mvencode，用它可以把缺失值转换成一般数字。在下面的例子中，我们把所有血压和脉搏得分是缺失值的都转换成－1。

```
. use cardio2miss

. mvencode bp* pl*, mv(-1)
        bp4: 1 missing value recoded
        bp5: 1 missing value recoded
        pl2: 1 missing value recoded
        pl3: 1 missing value recoded
```

```
. list
```

| | id | age | pl1 | pl2 | pl3 | pl4 | pl5 | bp1 | bp2 | bp3 | bp4 | bp5 |
|---|---|---|---|---|---|---|---|---|---|---|---|---|
| 1. | 1 | 40 | 54 | 115 | 87 | 86 | 93 | 129 | 81 | 105 | -1 | -1 |
| 2. | 2 | 30 | 92 | 123 | 88 | 136 | 125 | 107 | 87 | 111 | 58 | 120 |
| 3. | 3 | 16 | 105 | -1 | 97 | 122 | 128 | 101 | 57 | 109 | 68 | 112 |
| 4. | 4 | 23 | 52 | 105 | 79 | 115 | 71 | 121 | 106 | 129 | 39 | 137 |
| 5. | 5 | 18 | 70 | 116 | -1 | 128 | 52 | 112 | 68 | 125 | 59 | 111 |

或者如下所示，把.a转换成−1，.b转换成−2。

```
. use cardio2miss, clear

. mvencode bp* pl*, mv(.a=-1 \ .b=-2)
        bp4: 1 missing value recoded
        bp5: 1 missing value recoded
        pl2: 1 missing value recoded
        pl3: 1 missing value recoded

. list
```

| | id | age | pl1 | pl2 | pl3 | pl4 | pl5 | bp1 | bp2 | bp3 | bp4 | bp5 |
|---|---|---|---|---|---|---|---|---|---|---|---|---|
| 1. | 1 | 40 | 54 | 115 | 87 | 86 | 93 | 129 | 81 | 105 | -2 | -2 |
| 2. | 2 | 30 | 92 | 123 | 88 | 136 | 125 | 107 | 87 | 111 | 58 | 120 |
| 3. | 3 | 16 | 105 | -1 | 97 | 122 | 128 | 101 | 57 | 109 | 68 | 112 |
| 4. | 4 | 23 | 52 | 105 | 79 | 115 | 71 | 121 | 106 | 129 | 39 | 137 |
| 5. | 5 | 18 | 70 | 116 | -1 | 128 | 52 | 112 | 68 | 125 | 59 | 111 |

本节讲了在Stata中如何对缺失值进行编码。更多内容，请参见A.10，help mvdecode和help mvencode。

## 5.7 虚拟变量

Stata11引入了因子变量（factor variable），它提供了支持分类变量的内置工具。在之前的几个版本中，可以把xi：和前缀i.连在一起用来创建指示（虚拟）变量，有时也需要手动创建虚拟变量。但是从Stata11开始，把分类变量转化为虚拟变量已经不用这么麻烦了。本节用数据wws2lab.dta来讲解如何生成虚拟变量。先考察一下变量grade4，它代表4个层次的受教育程度。

```
. use wws2lab,
(Working Women Survey w/fixes)

. codebook grade4

-------------------------------------------------------------------------------
grade4                                        4 level Current Grade Completed
-------------------------------------------------------------------------------

                  type:  numeric (byte)
                 label:  grade4

                 range:  [1,4]                        units:  1
         unique values:  4                        missing .:  4/2246

            tabulation:  Freq.   Numeric  Label
                           332         1  Not HS
                           941         2  HS Grad
                           456         3  Some Coll
                           513         4  Coll Grad
                             4         .
```

grade4 是一个分类变量（Stata 把这样的变量称为因子变量）。可以通过一个回归分析来预测 grade4 上处于不同层次的人的时薪，也就是变量 wage。如下所示：

```
. regress wage i.grade4

      Source |       SS       df       MS              Number of obs =    2240
-------------+------------------------------           F(  3,  2236) =   85.35
       Model |  7811.98756     3  2603.99585           Prob > F      =  0.0000
    Residual |  68221.1897  2236  30.5103711           R-squared     =  0.1027
-------------+------------------------------           Adj R-squared =  0.1015
       Total |  76033.1772  2239  33.9585428           Root MSE      =  5.5236

------------------------------------------------------------------------------
        wage |      Coef.   Std. Err.      t    P>|t|     [95% Conf. Interval]
-------------+----------------------------------------------------------------
      grade4 |
          2  |   1.490229   .3526422     4.23   0.000      .798689     2.18177
          3  |   3.769248   .3985065     9.46   0.000     2.987767    4.550729
          4  |   5.319548   .3892162    13.67   0.000     4.556285     6.08281
             |
       _cons |   5.194571    .303148    17.14   0.000      4.60009    5.789052
------------------------------------------------------------------------------
```

在 Stata 里，在变量 grade4 的前面加上前缀 i. 的意思是：把这个变量转换成 k－1 个虚拟变量（这里的 k 指的是变量 grade4 不同层次的数量，也就是分类变量的取值总数）。默认状态下把第一组作为参照组，并在模型中省略掉。

命令 regress 并不是 Stata 中唯一一个用因子变量的命令。实际上，多数 Stata 命令都能用因子变量，包括像 list 和 generate 这样的数据管理命令。例如，下面我们列出前 5 条观测值的 wage、grade4 以及 i. grade4。（选项 nolabel 规定只显示 grade4 的数值取值，而不是加了标签的取值。）

```
. list wage grade4 i.grade4 in 1/5, nolabel
```

| | wage | grade4 | 1b. grade4 | 2. grade4 | 3. grade4 | 4. grade4 |
|---|---|---|---|---|---|---|
| 1. | 7.15781 | 1 | 0 | 0 | 0 | 0 |
| 2. | 2.447664 | 2 | 0 | 1 | 0 | 0 |
| 3. | 3.824476 | 3 | 0 | 0 | 1 | 0 |
| 4. | 14.32367 | 4 | 0 | 0 | 0 | 1 |
| 5. | 5.517124 | 2 | 0 | 1 | 0 | 0 |

当我们输入 i. grade4，就会扩展成 4 个虚拟变量的名字，在回归分析中后三个会出现。（grade4 的第一个类被当成参照类，在模型中会被省略掉；这也解释了为什么列表中 1b. grade4 组的取值都是 0。）

相反地，如果我们指定 ibn. grade4，即指定我们不需要参照组（bn 的意思是没有参照，baseline none）。

```
. list wage grade4 ibn.grade4 in 1/5
```

| | wage | grade4 | 1. grade4 | 2. grade4 | 3. grade4 | 4. grade4 |
|---|---|---|---|---|---|---|
| 1. | 7.15781 | Not HS | 1 | 0 | 0 | 0 |
| 2. | 2.447664 | HS Grad | 0 | 1 | 0 | 0 |
| 3. | 3.824476 | Some Coll | 0 | 0 | 1 | 0 |
| 4. | 14.32367 | Coll Grad | 0 | 0 | 0 | 1 |
| 5. | 5.517124 | HS Grad | 0 | 1 | 0 | 0 |

ibn. grade4 的输出结果是 4 个名为 1. grade4-4. grade4 的虚拟变量。对于虚拟变量 1. grade4，如果 grade4 的取值为 1，则其取值为 1，否则为 0。同样地，grade4 的取值为 2，则 2. grade4 的取值为 1，否则为 0，以此类推到 4. grade4。

虽然 #. grade4 没有被加到当前数据中（通过命令 describe 能够证实这一点），但你仍可以把它当成数据中的其他任何一个变量来看待。

接下来，根据 grade4 的四个层次，用命令 generate 生成四个虚拟变量。

```
. generate noths = 1.grade4
(4 missing values generated)
```

```
. generate hs = 2.grade4
(4 missing values generated)

. generate smcl = 3.grade4
(4 missing values generated)

. generate clgr = 4.grade4
(4 missing values generated)

. list grade4 noths hs smcl clgr in 1/5, nolabel
```

| | grade4 | noths | hs | smcl | clgr |
|---|---|---|---|---|---|
| 1. | 1 | 1 | 0 | 0 | 0 |
| 2. | 2 | 0 | 1 | 0 | 0 |
| 3. | 3 | 0 | 0 | 1 | 0 |
| 4. | 4 | 0 | 0 | 0 | 1 |
| 5. | 2 | 0 | 1 | 0 | 0 |

上面的例子表明虚拟变量 1. grade4 代表和 grade4 的取值 1 有关的虚拟变量，2. grade4 指的是和 grade4 的取值 2 相关的虚拟变量，以此类推。当单个用这些取值时，就没有参照组或者省略掉的取值，就像用命令 generate 时看到的那样，如果 grade4 为 1，新生成的变量 noths 的取值则为 1，否则为 0（特殊情况是，如果 grade4 是缺失的，那么 1. grade4 也将会是缺失的）。

在使用前缀 i. 时，也可以改变参照（省略了的）组。在前面的示例中，我们在 regress 和 list 中规定的是 i. grade4，这意味着第一组会被省略，这是默认状态。但是，如果我们规定 ib2. grade4，grade4 等于 2 的组就会被省略，如下所示：

```
. regress wage ib2.grade4
```

| Source | SS | df | MS |
|---|---|---|---|
| Model | 7811.98756 | 3 | 2603.99585 |
| Residual | 68221.1897 | 2236 | 30.5103711 |
| Total | 76033.1772 | 2239 | 33.9585428 |

```
Number of obs =     2240
F(  3,  2236) =    85.35
Prob > F      =   0.0000
R-squared     =   0.1027
Adj R-squared =   0.1015
Root MSE      =   5.5236
```

| wage | Coef. | Std. Err. | t | P>\|t\| | [95% Conf. Interval] | |
|---|---|---|---|---|---|---|
| grade4 | | | | | | |
| 1 | -1.490229 | .3526422 | -4.23 | 0.000 | -2.18177 | -.798689 |
| 3 | 2.279019 | .3152246 | 7.23 | 0.000 | 1.660855 | 2.897182 |
| 4 | 3.829318 | .3033948 | 12.62 | 0.000 | 3.234353 | 4.424283 |
| _cons | 6.6848 | .1801606 | 37.10 | 0.000 | 6.331501 | 7.0381 |

你也可以用 ib(first).grade4 来指定把第一组省略，或者用 ib(last).grade4 指定把最后一组省略。

另一个指定参照组的方法是用命令 fvset (factor-variable set)。例如，下面的 fvset 要求把 grade4 的取值 3 的组设定为参照（省略的）组。我们看到，当再次在 regress 命令中用 i.grade4 时，就已经把参照组改为第 3 组。实际上，如果你保存了这个数据，在下次再打开这个数据时，Stata 会记住这个设定。

```
. fvset base 3 grade4

. regress wage i.grade4

      Source |       SS       df       MS              Number of obs =    2240
-------------+------------------------------           F(  3,  2236) =   85.35
       Model |  7811.98756     3  2603.99585           Prob > F      =  0.0000
    Residual |  68221.1897  2236  30.5103711           R-squared     =  0.1027
-------------+------------------------------           Adj R-squared =  0.1015
       Total |  76033.1772  2239  33.9585428           Root MSE      =  5.5236

------------------------------------------------------------------------------
        wage |      Coef.   Std. Err.      t    P>|t|     [95% Conf. Interval]
-------------+----------------------------------------------------------------
      grade4 |
           1 |  -3.769248   .3985065    -9.46   0.000    -4.550729   -2.987767
           2 |  -2.279019   .3152246    -7.23   0.000    -2.897182   -1.660855
           4 |     1.5503   .3556674     4.36   0.000     .8528268    2.247772
             |
       _cons |   8.963819   .2586672    34.65   0.000     8.456566    9.471072
------------------------------------------------------------------------------
```

更多关于 factor variables 的信息，参见 help factor variables 和 help fvset。

**小窍门！交互项**

Stata 允许在模型中加入交互项。例如，可以加入两个分类变量的主效应和交互项（如 grade4 和 married），如下所示：

```
. regress wage i.grade4##i.married
```

如下所示也可以加入一个分类变量（如 grade4）和一个连续变量（如 age）的交互项。注意连续变量的前缀是 c.。

```
. regress wage i.grade4##c.age
```

还可以在模型中加入 c.age##c.age，指定年龄线性和二次效应。

```
. regress wage c:age##c.age
```

知道了分析中的这些小技巧能帮你节省时间，这样在管理数据时就不需要创建这些变量了。

## 5.8 日期变量

Stata 支持日期变量（如生日）和日期—时期变量（如日期和出生的时间）。本节介绍的是日期变量，下节的内容是介绍日期—时间变量。本节将介绍如何读取含有日期信息的数据，如何生成日期，调整其格式，如何进行带日期变量的计算，以及如何比较日期变量。我们以 momkid. csv 为例，它包含 4 个母亲的信息，其中包括她们的生日以及每个母亲的第一个孩子的生日。

```
. type momkid1.csv
momid,momm,momd,momy,kidbday
1,11,28,1972,1/5/1998
2,4,3,1973,4/11/2002
3,6,13,1968,5/15/1996
4,1,5,1960,1/4/2004
```

结果显示，原始数据中用了两种常用格式来保存日期。数据中的第二、三和四个变量分别是母亲生日的月份、日期和年份，它们分别是三个独立的变量。第五个变量把孩子出生的月份、日期和年份包含在了同一个变量中。我们用 insheet 命令（如下所示）把这些变量读入 Stata，母亲生日的月份、日期和年份被保存成 3 个独立的数值变量，孩子的生日被保存成一个字符变量。

```
. insheet using momkid1.csv
(5 vars, 4 obs)
. list
```

| | momid | momm | momd | momy | kidbday |
|---|---|---|---|---|---|
| 1. | 1 | 11 | 28 | 1972 | 1/5/1998 |
| 2. | 2 | 4 | 3 | 1973 | 4/11/2002 |
| 3. | 3 | 6 | 13 | 1968 | 5/15/1996 |
| 4. | 4 | 1 | 5 | 1960 | 1/4/2004 |

我们把变量读入 Stata 后，就可以把它们转换成日期变量。我们可以用函数 mdy()生成一个表示母亲生日的日期变量。月份、日期和年份就会包含在日期变量 mombdate 中。

```
. generate mombdate = mdy(momm,momd,momy)
```

变量 kidbday 表示孩子的生日，以字符型的格式被读入。下面要把这个字符型变量转换成一个名为 kidbdate 的日期变量，用的是函数 date()。我们告诉函数 date()日期是

“MDY”格式，也就是先是月份，然后是日期，最后是年份。

```
. generate kidbdate = date(kidbday,"MDY")
```

下面我们列出这些变量，看看结果如何。

```
. list momm momd momy mombdate kidbday kidbdate
```

| | momm | momd | momy | mombdate | kidbday | kidbdate |
|---|---|---|---|---|---|---|
| 1. | 11 | 28 | 1972 | 4715 | 1/5/1998 | 13884 |
| 2. | 4 | 3 | 1973 | 4841 | 4/11/2002 | 15441 |
| 3. | 6 | 13 | 1968 | 3086 | 5/15/1996 | 13284 |
| 4. | 1 | 5 | 1960 | 4 | 1/4/2004 | 16074 |

变量 mombdate 和 kidbdate 的存储格式看起来很奇怪，看上去似乎没有任何意义。我们来看一下第四位母亲的观测值，注意她在变量 mombdate 上的取值是 4，而她的生日是 1960 年 1 月 5 日。这就很好解释了，原来 Stata 是计算了以 1960 年 1 月 1 日（这是一个完全任意的取值）为起点到各个日期之间的天数间隔。设想一下，所有的日期都以 1960 年 1 月 1 日为原点，1 表示 1960 年 1 月 2 日，4 表示 1960 年 1 月 5 日，以此类推。还可以假设这个数可以有负值；例如，1959 年 12 月 31 日就应该是－1，1959 年 12 月 30 日就应该是－2。

为了让取值更易读，我们用命令 format 让 mombdate 和 kidbdate 以%td 的格式显示。但这些变量的本质内容没有被改变，仅仅是它们的显示格式变了，其中日期变成了 2 个数位，月份变成了 3 个数位，年份变成了 4 个数位。

```
. format mombdate kidbdate %td
. list momm momd momy mombdate kidbday kidbdate
```

| | momm | momd | momy | mombdate | kidbday | kidbdate |
|---|---|---|---|---|---|---|
| 1. | 11 | 28 | 1972 | 28nov1972 | 1/5/1998 | 05jan1998 |
| 2. | 4 | 3 | 1973 | 03apr1973 | 4/11/2002 | 11apr2002 |
| 3. | 6 | 13 | 1968 | 13jun1968 | 5/15/1996 | 15may1996 |
| 4. | 1 | 5 | 1960 | 05jan1960 | 1/4/2004 | 04jan2004 |

Stata 支持一种详细的混合格式编码，可以把编码格式加在%td 后面，根据自己的需要设定日期变量的显示格式。下面的示例中，母亲生日的显示格式是：数值型月份（nn）、日期（dd）和两位数字的年份（YY）。

```
. format mombdate %tdnn/dd/YY
. list momm momd momy mombdate
```

| | momm | momd | momy | mombdate |
|---|---|---|---|---|
| 1. | 11 | 28 | 1972 | 11/28/72 |
| 2. | 4 | 3 | 1973 | 4/3/73 |
| 3. | 6 | 13 | 1968 | 6/13/68 |
| 4. | 1 | 5 | 1960 | 1/5/60 |

下面的示例中，孩子生日的格式是：星期几（Dayname）、具体的月份（Month）、该月中的第几天（dd），接着用两位数来表示世纪，它和以两位数表示的年份连在一起（ccYY）。还有，在%td之后，如果插入一个逗号“,”，变量中也会显示出逗号，如果插入一个向前的斜线“/”，变量中也会显示出斜线，如果插入一个下划线“_”，变量中就会显示出一个空格。

```
. format kidbdate %tdDayname_Month_dd,_ccYY
. list kidbday kidbdate
```

| | kidbday | kidbdate |
|---|---|---|
| 1. | 1/5/1998 | Monday January 5, 1998 |
| 2. | 4/11/2002 | Thursday April 11, 2002 |
| 3. | 5/15/1996 | Wednesday May 15, 1996 |
| 4. | 1/4/2004 | Sunday January 4, 2004 |

但无论你怎样修改一个日期的显示格式，都不会改变日期在 Stata 里的存储方式。以这种方式来表示日期有助于计算两个日期之间的时间间隔。例如，我们可以计算母亲生第一个孩子时的年龄，创建一个名为 momagefb 的变量，它等于 kidbdate 减去 mombdate，如下所示：

```
. generate momagefb = kidbdate - mombdate
. list mombdate kidbdate momagefb
```

| | mombdate | kidbdate | momagefb |
|---|---|---|---|
| 1. | 11/28/72 | Monday January 5, 1998 | 9169 |
| 2. | 4/3/73 | Thursday April 11, 2002 | 10600 |
| 3. | 6/13/68 | Wednesday May 15, 1996 | 10198 |
| 4. | 1/5/60 | Sunday January 4, 2004 | 16070 |

我们考虑一个人的年龄时，通常用的是年，而不是用天。我们可以把以天表示的年龄除以 365.25，生成一个新变量 momagefbyr，用来表示母亲生第一个孩子时的

年龄。[1]

```
. generate momagefbyr = momagefb/365.25
. list momid momagefb momagefbyr, abb(20)
```

| | momid | momagefb | momagefbyr |
|---|---|---|---|
| 1. | 1 | 9169 | 25.10335 |
| 2. | 2 | 10600 | 29.02122 |
| 3. | 3 | 10198 | 27.9206 |
| 4. | 4 | 16070 | 43.99726 |

也许我们想知道母亲在某一个特定日期时的年龄，如 2010 年 1 月 20 日。可以用 td(20jan2010) 减去 mombdate，然后除以 365.25，就可以获得母亲在 2010 年 1 月 20 日的年龄。注意 td(20jan2010) 只是一个示例，我们用它来解释如何在 Stata 中设定一个特定的日期。下面是计算的结果：

```
generate momage = (td(20jan2010) - mombdate)/365.25
list mombdate momage
```

| | mombdate | momage |
|---|---|---|
| 1. | 11/28/72 | 37.14442 |
| 2. | 4/3/73 | 36.79945 |
| 3. | 6/13/68 | 41.60438 |
| 4. | 1/5/60 | 50.04244 |

假设我们想列出生于 1970 年 1 月 1 日及之后的母亲们。可以通过列出那些出生日期等于或晚于 td(01jan1970) 的案例来实现，如下所示。（注意对缺失值的处理，更多内容请参见 A.10。）

```
. list momid mombdate if (mombdate >= td(01jan1970)) & !missing(mombdate)
. list momid mombdate
< if(mombdate >=td(01jan1970) )& !missing(mombdate)
```

| | momid | mombdate |
|---|---|---|
| 1. | 1 | 11/28/72 |
| 2. | 2 | 4/3/73 |

如果你想把一个日期中的月、日和年分别提取出来。函数 day()、month()和 year()可以帮你很容易地实现这一点，如下所示：

① 这是一个近似值，因为有闰年的存在可能会有细微差异；但是，这个简单的近似值足以满足数据分析的要求。

```
. generate momday = day(mombdate)
. generate mommonth = month(mombdate)
. generate momyear = year(mombdate)
. list momid mombdate momday mommonth momyear
```

| | momid | mombdate | momday | mommonth | momyear |
|---|---|---|---|---|---|
| 1. | 1 | 11/28/72 | 28 | 11 | 1972 |
| 2. | 2 | 4/3/73 | 3 | 4 | 1973 |
| 3. | 3 | 6/13/68 | 13 | 6 | 1968 |
| 4. | 4 | 1/5/60 | 5 | 1 | 1960 |

在处理日期变量时，还有很多其他的日期函数可以用。例如，函数 dow()将返回该日期是星期几（编码规则如下：0 = Sunday，1 = Monday，2 = Tuesday，…，6 = Saturday)。函数 doy()返回的结果是一年中的第几天。函数 week()和 quarter()分别返回的是一年中的第几个星期和第几个季度。使用这些函数，我们可以看到第一个母亲出生在星期二，一年中的第 333 天，第 48 周，第 4 个季度。

```
. generate momdow = dow(mombdate)
. generate momdoy = doy(mombdate)
. generate momweek = week(mombdate)
. generate momqtr = quarter(mombdate)
. list momid mombdate momdow momdoy momweek momqtr
```

| | momid | mombdate | momdow | momdoy | momweek | momqtr |
|---|---|---|---|---|---|---|
| 1. | 1 | 11/28/72 | 2 | 333 | 48 | 4 |
| 2. | 2 | 4/3/73 | 2 | 93 | 14 | 2 |
| 3. | 3 | 6/13/68 | 4 | 165 | 24 | 2 |
| 4. | 4 | 1/5/60 | 2 | 5 | 1 | 1 |

本节最后要解决的问题是：在用 2 位数字而不是 4 位数字存储日期时候会出现的问题。以下面的数据文件 momkid2. csv 为例。注意一下孩子和母亲生日中的年份是如何用两位数字存储的。

```
. type momkid2.csv
momid,momm,momd,momy,kidbday
1,11,28,72,1/5/98
2,4,3,73,4/11/02
3,6,13,68,5/15/96
4,1,5,60,1/4/04
```

我们读入这个数据文件，然后试着把母亲和孩子的生日转换成日期变量。

```
. insheet using momkid2.csv,clear
(5 vars, 4 obs)

. generate mombdate = mdy(momm,momd,momy)
(4 missing values generated)

. generate kidbdate = date(kidbday,"MDY")
(4 missing values generated)
```

结果很令人失望。每个 generate 命令执行后给出的信息都是（missing values generated），这表明新变量所有取值都有缺失。但无论怎样，我们也要试着调整一下这些日期变量的格式，看看究竟是怎么一回事。

```
. format mombdate kidbdate %td
. list
```

| | momid | momm | momd | momy | kidbday | mombdate | kidbdate |
|---|---|---|---|---|---|---|---|
| 1. | 1 | 11 | 28 | 72 | 1/5/98 | . | . |
| 2. | 2 | 4 | 3 | 73 | 4/11/02 | . | . |
| 3. | 3 | 6 | 13 | 68 | 5/15/96 | . | . |
| 4. | 4 | 1 | 5 | 60 | 1/4/04 | . | . |

和我们的预期一样，所有的日期都是缺失。我们来检查一下母亲的生日日期，思考一下为什么会这样。我们发现，在让 Stata 执行完 mdy(momm，momd，momy)后，momy 的取值是 72、68 或 60。Stata 根据字面上的意思，把这些取值理解成是 72 年；但是，Stata 只能处理从 100 年 1 月 1 日到 9999 年 12 月 31 日之间的日期，因此 72 年已经超出了 Stata 能够处理的范围，结果导致缺失值的出现。函数 mdy 要求年份用一个完整的 4 位数来表示。因为所有的母亲都出生在 20 世纪，所以我们只要给所有出生年份加上 1900 即可，如下所示：

```
. drop mombdate
. generate mombdate = mdy(momm,momd,momy+1900)
. format mombdate %td
. list
```

| | momid | momm | momd | momy | kidbday | kidbdate | mombdate |
|---|---|---|---|---|---|---|---|
| 1. | 1 | 11 | 28 | 72 | 1/5/98 | . | 28nov1972 |
| 2. | 2 | 4 | 3 | 73 | 4/11/02 | . | 03apr1973 |
| 3. | 3 | 6 | 13 | 68 | 5/15/96 | . | 13jun1968 |
| 4. | 4 | 1 | 5 | 60 | 1/4/04 | . | 05jan1960 |

有关孩子的出生日期变量，我们会面临同样的问题。这一次我们可以告诉 Stata 所有的出生年份都属于 20 世纪，如下所示：

```
. drop kidbdate
. generate kidbdate = date(kidbday,"MD19Y")
. format kidbdate %td
. list
```

| | momid | momm | momd | momy | kidbday | mombdate | kidbdate |
|---|---|---|---|---|---|---|---|
| 1. | 1 | 11 | 28 | 72 | 1/5/98 | 28nov1972 | 05jan1998 |
| 2. | 2 | 4 | 3 | 73 | 4/11/02 | 03apr1973 | 11apr1902 |
| 3. | 3 | 6 | 13 | 68 | 5/15/96 | 13jun1968 | 15may1996 |
| 4. | 4 | 1 | 5 | 60 | 1/4/04 | 05jan1960 | 04jan1904 |

如果所有的孩子出生于 20 世纪，这么做就没有问题（如果他们都出生于 21 世纪，我们就要规定为“MD20Y”了）。我们还需要另一种方法来告诉 Stata 有些年份要当成 20 世纪，有一些要当成 21 世纪。

函数 date()能够实现这一点，通过给出一个分割年份来区分 20 世纪的日期和 21 世纪的日期。在下面的示例中，出生年份从 00 到 20 的孩子会被当成 21 世纪出生；出生年份从 21 到 99 的会被当成 20 世纪出生。

```
. drop kidbdate
. generate kidbdate = date(kidbday,"MDY",2020)
. format kidbdate %td
. list
```

| | momid | momm | momd | momy | kidbday | mombdate | kidbdate |
|---|---|---|---|---|---|---|---|
| 1. | 1 | 11 | 28 | 72 | 1/5/98 | 28nov1972 | 05jan1998 |
| 2. | 2 | 4 | 3 | 73 | 4/11/02 | 03apr1973 | 11apr2002 |
| 3. | 3 | 6 | 13 | 68 | 5/15/96 | 13jun1968 | 15may1996 |
| 4. | 4 | 1 | 5 | 60 | 1/4/04 | 05jan1960 | 04jan2004 |

但是如果孩子的出生日期（跨越了 2000 界限）也跟母亲的一样，月份、日期和年份各存成一个单独的变量，这时候该怎么办呢？下面的 momkid3. csv 就是这样的一个例子。

```
. type momkid3.csv
momid,momm,momd,momy,kidm,kidd,kidy
1,11,28,72,1,5,98
2,4,3,73,4,11,02
3,6,13,68,5,15,96
4,1,5,60,1,4,04
```

我们先读入母亲和孩子的出生月份、日期和年份。

```
. insheet using momkid3.csv, clear
(7 vars, 4 obs)
. list
```

| | momid | momm | momd | momy | kidm | kidd | kidy |
|---|---|---|---|---|---|---|---|
| 1. | 1 | 11 | 28 | 72 | 1 | 5 | 98 |
| 2. | 2 | 4 | 3 | 73 | 4 | 11 | 2 |
| 3. | 3 | 6 | 13 | 68 | 5 | 15 | 96 |
| 4. | 4 | 1 | 5 | 60 | 1 | 4 | 4 |

然后，对孩子，我们用命令 generate 生成一个新变量 kidbdate，如果出生年份大于 20，就在年份的前面加上 1900。如果出生年份是 20 或小于 20，我们用命令 replace 把变量 kidbdate 的取值替换为 2000 加上年份。

```
. generate kidbdate = mdy(kidm,kidd,kidy+1900) if kidy > 20
(2 missing values generated)
. replace  kidbdate = mdy(kidm,kidd,kidy+2000) if kidy <= 20
(2 real changes made)
```

下面我们看到孩子的生日现在以一种合适的日期格式保存。

```
. format kidbdate %td

. list momid kidm kidd kidy kidbdate
```

| | momid | kidm | kidd | kidy | kidbdate |
|---|---|---|---|---|---|
| 1. | 1 | 1 | 5 | 98 | 05jan1998 |
| 2. | 2 | 4 | 11 | 2 | 11apr2002 |
| 3. | 3 | 5 | 15 | 96 | 15may1996 |
| 4. | 4 | 1 | 4 | 4 | 04jan2004 |

本节关于 Stata 中日期变量的介绍到此结束。接下来的一节是建立在本节基础上，将要介绍的是如何处理日期和时间取值。更多内容请参见 help dates and times。

## 5.9 日期—时间变量

上一节（5.8）介绍了如何创建和使用日期变量（如出生日期）。本节要考察的是既包含日期又包含时间的变量（如出生的日期和时间）。本节建立在 5.8 节的基础上，并且延续了 5.8 节的结构，但是把重点放在日期—时间取值上。本节中，你可以学到如何读入包含日期—时间信息的原始数据，怎样创建日期—时间变量，指定日期—时间变量的格式，如何使用日期—时间变量做计算，如何比较日期—时间取值。首先，我们读入一个名为 momkid1a. csv 的文件，其中包含的信息有：4 个母亲的出生日期和时间以及她们的第一个孩子的出生日期和时间。

```
. type momkid1a.csv
id,momm,momd,momy,momh,mommin,moms,kidbday
1,11,28,1972,10,38,51,1/5/1998 15:21:05
2,4,3,1973,06,22,43,4/11/2002 10:49:12
3,6,13,1968,22,45,32,5/15/1996 01:58:29
4,1,5,1960,15,01,12,1/4/2004 23:01:19
```

该数据文件显示了两种在原始数据中用以保存日期—时间变量的基本格式。数据中第 2、3、4 个变量分别表示母亲出生的月份、日期以及年份，第 5、6、7 个变量分别表示母亲出生的时（24 小时制）、分和秒。第 8 个变量包含了孩子的出生日期和时间。当用命令 insheet 把这样的数据读入 Stata 时，母亲出生的月、日、年、时、分、秒分别被存储成 6 个数值变量。而孩子的出生日期和时间则被保存成了一个变量，如下所示。

```
. insheet using momkid1a.csv
(8 vars, 4 obs)
. list
```

| | id | momm | momd | momy | momh | mommin | moms | kidbday |
|---|---|---|---|---|---|---|---|---|
| 1. | 1 | 11 | 28 | 1972 | 10 | 38 | 51 | 1/5/1998 15:21:05 |
| 2. | 2 | 4 | 3 | 1973 | 6 | 22 | 43 | 4/11/2002 10:49:12 |
| 3. | 3 | 6 | 13 | 1968 | 22 | 45 | 32 | 5/15/1996 01:58:29 |
| 4. | 4 | 1 | 5 | 1960 | 15 | 1 | 12 | 1/4/2004 23:01:19 |

一旦把数据读入 Stata，我们就可以把它们转换成日期—时间变量。下面就是用函数 mdyhms()，基于每个母亲出生的月、日、年、时、分和秒的数据生成一个名为 momdt 的日期—时间变量。由于日期—时间变量可能包含非常大的取值，所以需要用 double 型来存储它们；否则可能会丢失精度（更多有关数据类型的内容，请参见 A.5）。

```
. generate double momdt = mdyhms(momm,momd,momy,momh,mommin,moms)
```

我们用%tc 来调整变量 momdt 的格式，让它以日期—时间变量的形式显示，然后列出这些观测值。我们发现 momdt 的取值准确地再现了用于创建它们的日期—时间变量的取值。[①]

```
. format momdt %tc
. list id momm momd momy momh mommin moms momdt
```

| | id | momm | momd | momy | momh | mommin | moms | momdt |
|---|---|---|---|---|---|---|---|---|
| 1. | 1 | 11 | 28 | 1972 | 10 | 38 | 51 | 28nov1972 10:38:51 |
| 2. | 2 | 4 | 3 | 1973 | 6 | 22 | 43 | 03apr1973 06:22:43 |
| 3. | 3 | 6 | 13 | 1968 | 22 | 45 | 32 | 13jun1968 22:45:32 |
| 4. | 4 | 1 | 5 | 1960 | 15 | 1 | 12 | 05jan1960 15:01:12 |

① 对于和闰秒有关的变量，Stata 也提供了%tC 的格式。更多内容，参见 help dates and times。

再来重复一下上述过程，但这一次我们有意忽略要把 momdt 创建成一个 double 型变量这件事。注意（如下所示）母亲出生时间（momdt）中保存的分和秒与 mommin 及 moms 中的取值有什么不同。这个差异就是由于忘记把日期—时间变量存储成double 类型而造成的精度的丢失。简言之，一定要用 double 型存储格式来创建日期—时间变量（更多有关数据类型的信息，请参见 A. 5）。

```
. drop momdt
. generate momdt = mdyhms(momm,momd,momy,momh,mommin,moms)
. format momdt %tc
. list id momm momd momy momh mommin moms momdt
```

| | id | momm | momd | momy | momh | mommin | moms | momdt |
|---|---|---|---|---|---|---|---|---|
| 1. | 1 | 11 | 28 | 1972 | 10 | 38 | 51 | 28nov1972 10:39:01 |
| 2. | 2 | 4 | 3 | 1973 | 6 | 22 | 43 | 03apr1973 06:22:35 |
| 3. | 3 | 6 | 13 | 1968 | 22 | 45 | 32 | 13jun1968 22:45:34 |
| 4. | 4 | 1 | 5 | 1960 | 15 | 1 | 12 | 05jan1960 15:01:12 |

孩子的出生日期和时间被保存成一个名为 kidbday 的字符型变量。我们可以用函数 clock()将字符型变量转换成日期—时间型变量，如下所示。我要告诉函数 clock()日期和时间的格式是“MDYhms”，意思是日期和时间要素以下列方式排列——月、日、年、时、分、秒。

```
. generate double kiddt = clock(kidbday,"MDYhms")
```

· 下面还是用%tc 来调整变量 kiddt 的格式，并列出 kidbday 和 kiddt。我们能够看到 kiddt 也准确地包含了孩子出生的日期和时间。

```
. format kiddt %tc
. list id kidbday kiddt
```

| | id | kidbday | kiddt |
|---|---|---|---|
| 1. | 1 | 1/5/1998 15:21:05 | 05jan1998 15:21:05 |
| 2. | 2 | 4/11/2002 10:49:12 | 11apr2002 10:49:12 |
| 3. | 3 | 5/15/1996 01:58:29 | 15may1996 01:58:29 |
| 4. | 4 | 1/4/2004 23:01:19 | 04jan2004 23:01:19 |

与日期变量一样，Stata 也支持多种格式编码的日期—时间变量，可以把它们加到%tc 的后面以调整日期—时间变量的显示。下面显示的是母亲的出生时间，用的是数值型的月份（nn）、日（dd）、两位数的年份（YY）、再加上 24 小时制的时（HH）、分（MM）和秒（SS）的格式。

```
. format momdt %tcnn/dd/YY_HH:MM:SS
. list momm momd momy momdt
```

| | momm | momd | momy | momdt |
|---|---|---|---|---|
| 1. | 11 | 28 | 1972 | 11/28/72 10:39:01 |
| 2. | 4 | 3 | 1973 | 4/3/73 06:22:35 |
| 3. | 6 | 13 | 1968 | 6/13/68 22:45:34 |
| 4. | 1 | 5 | 1960 | 1/5/60 15:01:12 |

下面列出孩子的出生日期和时间，其用的显示格式包括了一周中星期几（Dayname）、月份的名字（Month）、日（dd）、两位数表示的世纪和两位数表示的年份连在一起（ccYY），用12小时制表示的时（hh）、分（MM）以及指示是AM还是PM（am）。同样，在%td的后面，如果插入一个逗号“,”，变量中也会显示出逗号，如果插入一个向前的斜线“/”，变量中也会显示出斜线，如果插入一个下划线“_”，变量中就会显示出一个空格。

```
. format kiddt %tcDayname_Month_dd,_ccYY_hh:MMam
. list kidbday kiddt
```

| | kidbday | kiddt |
|---|---|---|
| 1. | 1/5/1998 15:21:05 | Monday January 5, 1998 3:21pm |
| 2. | 4/11/2002 10:49:12 | Thursday April 11, 2002 10:49am |
| 3. | 5/15/1996 01:58:29 | Wednesday May 15, 1996 1:58am |
| 4. | 1/4/2004 23:01:19 | Sunday January 4, 2004 11:01pm |

但无论怎么改变日期—时间变量的显示格式，它内部的取值都不变。在上一节中，我们看到日期变量被保存成自1960年1月1日开始算起的天数。而日期—时间变量则被存储成自1960年1月1日的午夜开始算起的毫秒数。因为一秒包含了1 000毫秒，所以，如果其中的一个孩子出生在1960年1月1日的午夜后的第5秒，其kiddt的取值就是5 000。

当我们把两个日期—时间取值相减时，结果显示的将是两个日期—时间相差的毫秒数。我们可以把这个差除以1 000将其换算成秒，或除以1 000×60换算成分钟，或除以1 000×60×60换算成小时，或除以1 000×60×60×24换算成天数，或除以1 000×60×60×24×365.25换算成年。[①]

下面我们用kiddt减去momdt生成一个名为momfbms的变量代表母亲生第一个孩子时的年龄（以毫秒为单位）。仍然要牢记的是要用double型创建这类变量。

```
. generate momfbms = kiddt - momdt
```

① 这里的一个假定是我们不考虑闰秒的情况。

列出母亲及她们第一个孩子的出生日期和时间，以及母亲生育第一个孩子时的年龄（以毫秒为单位）。先用%15.0f 来调整一下变量 momfbms 的显示格式，因为这些值都将会非常大。

```
. format momfbms %15.0f
. list momdt kiddt momfbms
```

| | momdt | kiddt | momfbms |
|---|---|---|---|
| 1. | 11/28/72 10:39:01 | Monday January 5, 1998 3:21pm | 792218523368 |
| 2. | 4/3/73 06:22:35 | Thursday April 11, 2002 10:49am | 915855996992 |
| 3. | 6/13/68 22:45:34 | Wednesday May 15, 1996 1:58am | 881032374664 |
| 4. | 1/5/60 15:01:12 | Sunday January 4, 2004 11:01pm | 1388476807000 |

我们可以把毫秒数（momfbms）除以1 000×60×60×24 后转换成天数，如下所示：

```
. generate momfbdays = momfbms/(1000*60*60*24)
. list id momfbms momfbdays, abb(20)
```

| | id | momfbms | momfbdays |
|---|---|---|---|
| 1. | 1 | 792218523368 | 9169.196 |
| 2. | 2 | 915855996992 | 10600.19 |
| 3. | 3 | 881032374664 | 10197.13 |
| 4. | 4 | 1388476807000 | 16070.33 |

如果我们想知道母亲在 2010 年 1 月 20 日下午 6 时的用天数来表示的年龄。我们可以用 tc(20jan2010 18:00:00)减去 momdt 来实现，同样需要把这个结果值除以 1 000×60×60×24来算出用天数表示的母亲年龄，如下所示。注意这里的 tc(20jan2010 18:00:00)只是一个例子，我只是想用它来说明如何在 Stata 中指定一个特定的日期和时间。

```
. generate momdays = (tc(20jan2010 18:00:00) - momdt)/(1000*60*60*24)
. list id momdt momdays
```

| | id | momdt | momdays |
|---|---|---|---|
| 1. | 1 | 11/28/72 10:39:01 | 13567.31 |
| 2. | 2 | 4/3/73 06:22:35 | 13441.48 |
| 3. | 3 | 6/13/68 22:45:34 | 15195.8 |
| 4. | 4 | 1/5/60 15:01:12 | 18278.13 |

假设我们想列出 1970 年 1 月 1 日后出生的母亲。可以通过列出母亲的出生时间大于 tc(01jan1970 00:00:00)的个案来实现，如下所示。（注意需要排除缺失值，更多内容请参见 A.10。）

```
. list id momdt if (momdt > tc(01jan1970 00:00:00)) & ! missing(momdt)

     +---------------------------+
     | id                  momdt |
     |---------------------------|
  1. |  1   11/28/72 10:39:01    |
  2. |  2      4/3/73 06:22:35   |
     +---------------------------+
```

下面来看看怎样从一个日期—时间变量中提取出时、分和秒。

```
. generate kidhh = hh(kiddt)
. generate kidmm = mm(kiddt)
. generate kidss = ss(kiddt)
. list id kiddt kidhh kidmm kidss

     +-----------------------------------------------------------------+
     | id                          kiddt   kidhh   kidmm   kidss |
     |-----------------------------------------------------------------|
  1. |  1      Monday January 5, 1998 3:21pm      15      21       5 |
  2. |  2   Thursday April 11, 2002 10:49am      10      49      12 |
  3. |  3      Wednesday May 15, 1996 1:58am       1      58      29 |
  4. |  4     Sunday January 4, 2004 11:01pm      23       1      19 |
     +-----------------------------------------------------------------+
```

我们可以用函数 dofc()(day-of-clock)把一个日期—时间变量转换成一个日期变量。接下来生成一个变量 kiddate 来表示日期—时间变量 kiddt 的日期部分。再将其调整成一个日期变量的显示格式并列出来。

```
. generate kiddate = dofc(kiddt)
. format kiddate %td
. list id kiddt kiddate

     +------------------------------------------------------+
     | id                          kiddt     kiddate |
     |------------------------------------------------------|
  1. |  1      Monday January 5, 1998 3:21pm   05jan1998 |
  2. |  2   Thursday April 11, 2002 10:49am   11apr2002 |
  3. |  3      Wednesday May 15, 1996 1:58am   15may1996 |
  4. |  4     Sunday January 4, 2004 11:01pm   04jan2004 |
     +------------------------------------------------------+
```

如果你想从一个日—期时间变量中提取出月份、日期或年份，可以先用函数 dofc()(day-of-clock)把日期—时间变量转换成一个日期变量。然后，函数 day()，month()和 year()等就派上用场了，如下所示。

```
. generate kidday = day(dofc(kiddt))
. generate kidmonth = month(dofc(kiddt))
. generate kidyear = year(dofc(kiddt))
. list id kiddt kidday kidmonth kidyear

     +----------------------------------------------------------------------+
     | id                          kiddt   kidday   kidmonth   kidyear |
     |----------------------------------------------------------------------|
  1. |  1      Monday January 5, 1998 3:21pm        5          1      1998 |
  2. |  2   Thursday April 11, 2002 10:49am       11          4      2002 |
  3. |  3      Wednesday May 15, 1996 1:58am       15          5      1996 |
  4. |  4     Sunday January 4, 2004 11:01pm        4          1      2004 |
     +----------------------------------------------------------------------+
```

用函数 dofc()之后，我们也可以用其他的日期函数。在下面的例子中，我们看到第一个孩子在星期一（0＝Sunday，1＝Monday，2＝Tuesday，…，6＝Saturday）出生，这是在一年的第 5 天，第 1 个星期，第 1 个季度。

```
. generate kiddow = dow(dofc(kiddt))

. generate kiddoy = doy(dofc(kiddt))

. generate kidweek = week(dofc(kiddt))

. generate kidqtr = quarter(dofc(kiddt))

. list id kiddt kiddow kiddoy kidweek kidqtr, noobs
```

| id | kiddt | kiddow | kiddoy | kidweek | kidqtr |
|---|---|---|---|---|---|
| 1 | Monday January 5, 1998 3:21pm | 1 | 5 | 1 | 1 |
| 2 | Thursday April 11, 202 10:49am | 4 | 101 | 15 | 2 |
| 3 | Wednesday May 15, 1996 1:58am | 3 | 136 | 20 | 2 |
| 4 | Sunday January 4, 204 11:01pm | 0 | 4 | 1 | 1 |

更多有关日期时间变量的内容，请参见 help dates and times。更多有关两位数年份的问题，请参见 5.8。

## 5.10　变量间的计算

有时我们想根据对同一条观测值内的不同变量的计算得到新的变量（例如，在每条观测值中计算某些变量间的平均值）。命令 egen 提供了几个函数可以简化这种类型计算。例如，以 cardio1miss. dta 为例，它包含五个时点上血压和脉搏的数据，如下所示。

```
. use cardio2miss

. list
```

| | id | age | pl1 | pl2 | pl3 | pl4 | pl5 | bp1 | bp2 | bp3 | bp4 | bp5 |
|---|---|---|---|---|---|---|---|---|---|---|---|---|
| 1. | 1 | 40 | 54 | 115 | 87 | 86 | 93 | 129 | 81 | 105 | .b | .b |
| 2. | 2 | 30 | 92 | 123 | 88 | 136 | 125 | 107 | 87 | 111 | 58 | 120 |
| 3. | 3 | 16 | 105 | .a | 97 | 122 | 128 | 101 | 57 | 109 | 68 | 112 |
| 4. | 4 | 23 | 52 | 105 | 79 | 115 | 71 | 121 | 106 | 129 | 39 | 137 |
| 5. | 5 | 18 | 70 | 116 | .a | 128 | 52 | 112 | 68 | 125 | 59 | 111 |

我们可以用命令 generate 计算出血压在这 5 个时点上的平均值。

```
. generate avgbp = (bp1 + bp2 + bp3 + bp4 + bp5)/5
(1 missing value generated)

. list id bp1 bp2 bp3 bp4 bp5 avgbp
```

| | id | bp1 | bp2 | bp3 | bp4 | bp5 | avgbp |
|---|---|---|---|---|---|---|---|
| 1. | 1 | 129 | 81 | 105 | .b | .b | . |
| 2. | 2 | 107 | 87 | 111 | 58 | 120 | 96.6 |
| 3. | 3 | 101 | 57 | 109 | 68 | 112 | 89.4 |
| 4. | 4 | 121 | 106 | 129 | 39 | 137 | 106.4 |
| 5. | 5 | 112 | 68 | 125 | 59 | 111 | 95 |

注意 abgbp 的取值怎么缺失了，这是因为这五个变量中只要其中有任何一个血压值为缺失，那么对应计算出的结果就会为缺失（更多关于缺失值的内容，请参见 A.10)。此外，还可以用命令 egen 和函数 rowmean()来获取血压在 5 个时点上的均值。

```
. egen avgbp2 = rowmean(bp1 bp2 bp3 bp4 bp5)

. list id bp1 bp2 bp3 bp4 bp5 avgbp2
```

| | id | bp1 | bp2 | bp3 | bp4 | bp5 | avgbp2 |
|---|---|---|---|---|---|---|---|
| 1. | 1 | 129 | 81 | 105 | .b | .b | 105 |
| 2. | 2 | 107 | 87 | 111 | 58 | 120 | 96.6 |
| 3. | 3 | 101 | 57 | 109 | 68 | 112 | 89.4 |
| 4. | 4 | 121 | 106 | 129 | 39 | 137 | 106.4 |
| 5. | 5 | 112 | 68 | 125 | 59 | 111 | 95 |

在这种情况下，Stata 会根据非缺失变量来计算均值。例如，对于第 1 条观测值来说，第 4 次和第 5 次血压的信息是缺失，因此第 1 条观测值的 avgbp2 变量是根据另外 3 个非缺失的变量计算的。

同样，我们还可以用 egen 和 rowmean()来计算五个时点上脉搏的均值。在本例中，由于这 5 个脉搏的观测变量相邻排列，所以我们用了 pl1—pl5（关于变量列表的更多信息，参见 A.11)。

```
. egen avgpl = rowmean(pl1 - pl5)

. list id pl1-pl5 avgpl
```

| | id | pl1 | pl2 | pl3 | pl4 | pl5 | avgpl |
|---|---|---|---|---|---|---|---|
| 1. | 1 | 54 | 115 | 87 | 86 | 93 | 87 |
| 2. | 2 | 92 | 123 | 88 | 136 | 125 | 112.8 |
| 3. | 3 | 105 | .a | 97 | 122 | 128 | 113 |
| 4. | 4 | 52 | 105 | 79 | 115 | 71 | 84.4 |
| 5. | 5 | 70 | 116 | .a | 128 | 52 | 91.5 |

可以用函数 rowmin()和 rowmax()来提取关于血压的 5 个测量值中的最小值和最大值，如下所示：

```
. egen minbp = rowmin(bp1-bp5)

. egen maxbp = rowmax(bp1-bp5)

. list id bp1-bp5 minbp maxbp
```

| | id | bp1 | bp2 | bp3 | bp4 | bp5 | minbp | maxbp |
|---|---|---|---|---|---|---|---|---|
| 1. | 1 | 129 | 81 | 105 | .b | .b | 81 | 129 |
| 2. | 2 | 107 | 87 | 111 | 58 | 120 | 58 | 120 |
| 3. | 3 | 101 | 57 | 109 | 68 | 112 | 57 | 112 |
| 4. | 4 | 121 | 106 | 129 | 39 | 137 | 39 | 137 |
| 5. | 5 | 112 | 68 | 125 | 59 | 111 | 59 | 125 |

函数 rowmissing()能计算出指定变量中的缺失值的个数。而函数 rownonmissing()能计算出指定变量中的非缺失值的个数，如下所示：

```
. egen missbp = rowmiss(bp1-bp5)

. egen nonmissbp = rownonmiss(bp1-bp5)

. list id bp1-bp5 missbp nonmissbp, abb(20)
```

| | id | bp1 | bp2 | bp3 | bp4 | bp5 | missbp | nonmissbp |
|---|---|---|---|---|---|---|---|---|
| 1. | 1 | 129 | 81 | 105 | .b | .b | 2 | 3 |
| 2. | 2 | 107 | 87 | 111 | 58 | 120 | 0 | 5 |
| 3. | 3 | 101 | 57 | 109 | 68 | 112 | 0 | 5 |
| 4. | 4 | 121 | 106 | 129 | 39 | 137 | 0 | 5 |
| 5. | 5 | 112 | 68 | 125 | 59 | 111 | 0 | 5 |

命令 egen 还支持其他多种行内计算，例如 rowsd()、rowsum()、rowfirst()和 rowlast()。更多内容，请参见 help egen。

# 5.11 个案间的计算

上一节介绍了如何用命令 egen 在每个个案内的不同变量间进行计算。本节要介绍的是用命令 egen 做观测值间的计算。以 gasctrysmall. dta 为例，这个数据中包含了四个国家在一年或多年里的汽油价格和通货膨胀的指标。

```
. use gasctrysmall

. list, sepby(ctry)
```

| | ctry | year | gas | infl |
|---|---|---|---|---|
| 1. | 1 | 1974 | .78 | 1.32 |
| 2. | 1 | 1975 | .83 | 1.4 |
| 3. | 2 | 1971 | .69 | 1.15 |
| 4. | 2 | 1971 | .77 | 1.15 |
| 5. | 2 | 1973 | .89 | 1.29 |
| 6. | 3 | 1974 | .42 | 1.14 |
| 7. | 4 | 1974 | .82 | 1.12 |
| 8. | 4 | 1975 | .94 | 1.18 |

如果我们想生成一个变量来表示所有个案的平均汽油价格，可以用命令 egen 和函数 mean()来实现，如下所示：

```
. egen avggas = mean(gas)

. list ctry year gas avggas, sepby(ctry)
```

| | ctry | year | gas | avggas |
|---|---|---|---|---|
| 1. | 1 | 1974 | .78 | .7675 |
| 2. | 1 | 1975 | .83 | .7675 |
| 3. | 2 | 1971 | .69 | .7675 |
| 4. | 2 | 1971 | .77 | .7675 |
| 5. | 2 | 1973 | .89 | .7675 |
| 6. | 3 | 1974 | .42 | .7675 |
| 7. | 4 | 1974 | .82 | .7675 |
| 8. | 4 | 1975 | .94 | .7675 |

假设我们还想得到每个国家的汽油平均价格。可以在命令 egen 的前面加上 bysort dtry：前缀，这样就会分别在每个国家内部计算均值（更多关于前缀 by 和 bysort 的内容，请参见 A. 3）。

```
. bysort ctry: egen avggas_ctry = mean(gas)

. list ctry year gas avggas_ctry, sepby(ctry) abb(20)
```

| | ctry | year | gas | avggas_ctry |
|---|---|---|---|---|
| 1. | 1 | 1974 | .78 | .805 |
| 2. | 1 | 1975 | .83 | .805 |
| 3. | 2 | 1971 | .69 | .7833334 |
| 4. | 2 | 1971 | .77 | .7833334 |
| 5. | 2 | 1973 | .89 | .7833334 |
| 6. | 3 | 1974 | .42 | .42 |
| 7. | 4 | 1974 | .82 | .88 |
| 8. | 4 | 1975 | .94 | .88 |

如果我们想得到每年的平均汽油价格，可以采用同样的方法，只要把前缀换成 bysort year:即可。

```
. bysort year: egen avggas_year = mean(gas)

. list ctry year gas avggas_year, sepby(year) abb(20)
```

| | ctry | year | gas | avggas_year |
|---|---|---|---|---|
| 1. | 2 | 1971 | .77 | .73 |
| 2. | 2 | 1971 | .69 | .73 |
| 3. | 2 | 1973 | .89 | .89 |
| 4. | 1 | 1974 | .78 | .6733333 |
| 5. | 3 | 1974 | .42 | .6733333 |
| 6. | 4 | 1974 | .82 | .6733333 |
| 7. | 1 | 1975 | .83 | .885 |
| 8. | 4 | 1975 | .94 | .885 |

也许我们想看看每个国家石油价格的最小值和最大值，用函数 min()和 max()就可以实现，如下所示：

```
. bysort ctry: egen mingas = min(gas)

. bysort ctry: egen maxgas = max(gas)

. list ctry year gas mingas maxgas, sepby(ctry)
```

| | ctry | year | gas | mingas | maxgas |
|---|---|---|---|---|---|
| 1. | 1 | 1974 | .78 | .78 | .83 |
| 2. | 1 | 1975 | .83 | .78 | .83 |
| 3. | 2 | 1971 | .69 | .69 | .89 |
| 4. | 2 | 1973 | .89 | .69 | .89 |
| 5. | 2 | 1971 | .77 | .69 | .89 |
| 6. | 3 | 1974 | .42 | .42 | .42 |
| 7. | 4 | 1974 | .82 | .82 | .94 |
| 8. | 4 | 1975 | .94 | .82 | .94 |

本节只列出了一小部分可以在 egen 中用到的做观测值之间计算的函数形式。还可能会用到的其他函数包括：count()、iqr()、kurt()、mad()、mdev()、median()、mode()、pc()、pctile()、sd()、skew()、std()和 sum()。更多内容，请参见 help egen。另外，7.3 节中也给出了更多用 egen 做观测值间运算的示例。

## 5.12 更多用 egen 命令的例子

前面两节介绍了一些用 egen 来实现行内（变量间）和个案间计算的方法。本节将介绍 egen 支持的其他一些函数。

以数据 cardiolex.dta 为例。它包含 5 个观测值，这些观测值分别是脉搏、收缩压和对被试感到的疲惫程度在 1～4 得分上的测量（1 表示一点不疲惫，4 表示非常疲惫）。这次我们把关注点放到对疲惫的测量上。

```
. use cardiolex

. list id ex1 ex2 ex3 ex4 ex5
```

| | id | ex1 | ex2 | ex3 | ex4 | ex5 |
|---|---|---|---|---|---|---|
| 1. | 1 | 3 | 1 | 4 | 2 | 4 |
| 2. | 2 | 4 | 4 | 2 | 3 | 3 |
| 3. | 3 | 4 | 4 | 2 | 2 | 3 |
| 4. | 4 | 2 | 3 | 4 | 4 | 4 |
| 5. | 5 | 3 | 4 | 3 | 4 | 3 |

我们想同通过计算被试值在 5 次测量中报告的非常疲惫（取值为 4）的次数来测量个体的健康情况。在 egen 命令中用 anycount()函数就能实现这样的计算。

```
. egen cntex4 = anycount(ex1 ex2 ex3 ex4 ex5), values(4)
. list id ex1 ex2 ex3 ex4 ex5 cntex4
```

| | id | ex1 | ex2 | ex3 | ex4 | ex5 | cntex4 |
|---|---|---|---|---|---|---|---|
| 1. | 1 | 3 | 1 | 4 | 2 | 4 | 2 |
| 2. | 2 | 4 | 4 | 2 | 3 | 3 | 2 |
| 3. | 3 | 4 | 4 | 2 | 2 | 3 | 2 |
| 4. | 4 | 2 | 3 | 4 | 4 | 4 | 3 |
| 5. | 5 | 3 | 4 | 3 | 4 | 3 | 2 |

另一种可能的用于测量健康情况的方法是看看被试是否曾感到一点不疲惫（取值为 1）。用函数 anymatch()，我们可以确定哪些被试曾给出过一点不疲惫的报告。对于确实报告过一点不疲惫的被试，exever1 的取值是 1；否则为 0。

```
. egen exever1 = anymatch(ex1 ex2 ex3 ex4 ex5), values(1)
. list id ex1 ex2 ex3 ex4 ex5 exever1
```

| | id | ex1 | ex2 | ex3 | ex4 | ex5 | exever1 |
|---|---|---|---|---|---|---|---|
| 1. | 1 | 3 | 1 | 4 | 2 | 4 | 1 |
| 2. | 2 | 4 | 4 | 2 | 3 | 3 | 0 |
| 3. | 3 | 4 | 4 | 2 | 2 | 3 | 0 |
| 4. | 4 | 2 | 3 | 4 | 4 | 4 | 0 |
| 5. | 5 | 3 | 4 | 3 | 4 | 3 | 0 |

假设我们想评估疲惫指数排序之间的一致性情况。假设我们关注的焦点在最后三条观测值上，并想确定后三个疲惫测量是一致还是存在一定的差异。如果后三个测量之间有差异，那么变量 exdiff 的取值就是 1，如果它们完全相同，则变量 exdiff 的取值为 0。

```
. egen exdiff = diff(ex3 ex4 ex5)
. list id ex1 ex2 ex3 ex4 ex5 exdiff
```

| | id | ex1 | ex2 | ex3 | ex4 | ex5 | exdiff |
|---|---|---|---|---|---|---|---|
| 1. | 1 | 3 | 1 | 4 | 2 | 4 | 1 |
| 2. | 2 | 4 | 4 | 2 | 3 | 3 | 1 |
| 3. | 3 | 4 | 4 | 2 | 2 | 3 | 1 |
| 4. | 4 | 2 | 3 | 4 | 4 | 4 | 0 |
| 5. | 5 | 3 | 4 | 3 | 4 | 3 | 1 |

这三节并没能列出 egen 命令的所有特性。很多重要的函数我们都省略了，其中包括 contact()、ends()、fill()、ma()、mtr()、rank()、seq()和 tag()。更多信息，请参见 help egen。

**小技巧！如果需要更多的 egen 函数呢？**

如果你需要更多的 egen 函数，可以考虑一个名为 egenmore 的工具包，你可以用命令 findit egenmore 找到并下载它（更多有关 findit 命令的内容，请参见 10.2 节）。这套由用户自己编写的命令为 egen 提供了大量的补充功能。

## 5.13 把字符型变量转换成数值型变量

本节要介绍的是如何处理那些本应是数值数据，但却被存为字符型的变量。例如数据 cardio1str.dta。该数据包含了个人的体重、年龄、3 次收缩压的测量值、3 次静息脉率、收入和性别。

```
. use cardio1str

. list wt-gender
```

| | wt | age | bp1 | bp2 | bp3 | pl1 | pl2 | pl3 | income | gender |
|---|---|---|---|---|---|---|---|---|---|---|
| 1. | 150.7 | 45 | 115 | 86 | 129 | 54 | 87 | 93 | $25,308.92 | male |
| 2. | 186.3 | 23 | 123 | 136 | 107 | 92 | 88 | 125 | $46,213.31 | male |
| 3. | 109.9 | 48 | 132 | 122 | 101 | 105 | 97 | X | $65,234.11 | male |
| 4. | 183.4 | 29 | 105 | 115 | 121 | . | 79 | 71 | $89,234.23 | male |
| 5. | 159.1 | 42 | 116 | 128 | 112 | 70 | | 52 | $54,989.87 | female |

看起来似乎可以直接分析这个数据，我们先对体重和血压测量值做如下描述性分析。

```
. summarize wt bp1 bp2 bp3
```

| Variable | Obs | Mean | Std. Dev. | Min | Max |
|---|---|---|---|---|---|
| wt | 0 | | | | |
| bp1 | 0 | | | | |
| bp2 | 0 | | | | |
| bp3 | 0 | | | | |

这个结果让人看起来迷惑不解，但当你看过命令 describe 的运行结果后就会明白。

```
. describe

Contains data from cardio1str.dta
  obs:             5
 vars:            11                          22 Dec 2009 19:51
 size:           205

              storage  display    value
variable name   type   format     label      variable label

id              str1   %3s                   Identification variable
wt              str5   %5s                   Weight of person
age             str2   %2s                   Age of person
bp1             str3   %3s                   Systolic BP: Trial 1
bp2             str3   %3s                   Systolic BP: Trial 2
bp3             str3   %3s                   Systolic BP: Trial 3
pl1             str3   %3s                   Pulse: Trial 1
pl2             str2   %3s                   Pulse: Trial 2
pl3             str3   %3s                   Pulse: Trial 3
income          str10  %10s                  Income
gender        . str6   %6s                   Gender of person

Sorted by:
```

尽管命令 list 的结果看上去显示的是数值数据，但是这些数字在 Stata 中却被存成字符型变量（更多有关数据类型的内容，包括字符型变量，请参见 A. 5）。当试图去分析一个字符型变量时（如得到一个均值），由于数据里没有有效的数值型个案，此时命令 summarize 就会返回 0 个有效个案的结果。

我们从变量 age 开始，把这些变量从字符型转换成数值型。这个变量很容易搞定，因为它只包含数字取值且没有缺失值。下面用命令 destring 把字符型的 age 转换成数值型 agen。用命令 list 把 age 和 agen 并列显示出来，尽管它们看上去一样，但命令 summarize 的结果反映出 agen 是数值型的且能够被用来做分析。

```
. destring age, generate(agen)
age has all characters numeric; agen generated as byte

. list age agen

     +------------+
     | age   agen |
     |------------|
  1. |  45     45 |
  2. |  23     23 |
  3. |  48     48 |
  4. |  29     29 |
  5. |  42     42 |
     +------------+
```

```
. summarize age agen

    Variable |       Obs        Mean    Std. Dev.       Min        Max
-------------+--------------------------------------------------------
         age |         0
        agen |         5        37.4    10.83051         23         48
```

我们可以用命令 order 把 agen 放在 age 的下边（更多有关命令 order 的内容，请参见 5.15）。这个命令非常有用，因为它可以把相关的变量放到相邻的位置上。

```
. order agen, after(age)
```

还可以在命令 destring 中一次加入多个变量。但此时 destring 就会用相对应的数值型变量替代数据中原来的字符型变量。重新读入数据 cardio1str. dta，把变量 id、age、wt、bp1、bp2 和 bp3 从字符型转换为数值型。

```
. use cardio1str, clear

. destring id age wt bp1 bp2 bp3, replace
id has all characters numeric; replaced as byte
age has all characters numeric; replaced as byte
wt has all characters numeric; replaced as double
bp1 has all characters numeric; replaced as int
bp2 has all characters numeric; replaced as int
bp3 has all characters numeric; replaced as int
```

运行命令 describe 后，可以看到现在这些变量都被存储成数值型的（更多关于 Stata 数据类型的内容，参见 A.5）。

```
. describe id age wt bp1 bp2 bp3

              storage  display     value
variable name   type   format      label      variable label
-------------------------------------------------------------------
id              byte   %10.0g                 Identification variable
age             byte   %10.0g                 Age of person
wt              double %10.0g                 Weight of person
bp1             int    %10.0g                 Systolic BP: Trial 1
bp2             int    %10.0g                 Systolic BP: Trial 2
bp3             int    %10.0g                 Systolic BP: Trial 3
```

命令 summarize 给出了所有这些变量的有效的描述统计结果。

到目前为止，所有用于 destring 命令的变量都是仅包含数字且完整的数据。我们再来看一下与血压有关的变量 pl1、pl2 和 pl3。从下面的 list 输出结果可以看到，变量 pl1 在其中一个个案上的取值是一个句点，有一个个案在 pl2 上没有内容，有一个个案在 pl3 上的一个取值是 X（表示缺失）。

```
. summarize id age wt bp1 bp2 bp3

    Variable         Obs        Mean    Std. Dev.        Min        Max
-------------+--------------------------------------------------------
          id           5           3    1.581139           1          5
         age           5        37.4    10.83051          23         48
          wt           5      157.88    30.87915       109.9      186.3
         bp1           5       118.2    10.03494         105        132
         bp2           5       117.4    19.17811          86        136
-------------+--------------------------------------------------------
         bp3           5         114    11.13553         101        129

. list pl1 pl2 pl3

     +------------------+
     | pl1   pl2   pl3  |
     |------------------|
  1. |  54    87    93  |
  2. |  92    88   125  |
  3. | 105    97     X  |
  4. |   .    79    71  |
  5. |  70          52  |
     +------------------+
```

我们尝试用 destring 把这些字符变量转成数值型变量看看会发生什么。

```
. destring pl1 pl2 pl3, replace
pl1 has all characters numeric; replaced as int
(1 missing value generated)
pl2 has all characters numeric; replaced as byte
(1 missing value generated)
pl3 contains nonnumeric characters; no replace

. list pl1 pl2 pl3

     +------------------+
     | pl1   pl2   pl3  |
     |------------------|
  1. |  54    87    93  |
  2. |  92    88   125  |
  3. | 105    97     X  |
  4. |   .    79    71  |
  5. |  70     .    52  |
     +------------------+
```

看起来 destring 在处理 pl1 和 pl2 上没问题，句点和空白的取值都被转换成缺失值。但是对 pl13 来说，Stata 给出了一条信息：这个变量包含了非数字符。我们在这个小示例中，知道这个非数字符就是一个 X，但在一个更现实的数据中，可能就不容易发现它们。

可以用下面的两个命令来找到 pl3 中的非数字符。

```
. destring pl3, generate(pl3num) force
pl3 contains nonnumeric characters; pl3num generated as int
(1 missing value generated)

. list pl3 pl3num if missing(pl3num)
```

| | pl3 | pl3num |
|---|---|---|
| 3. | X | . |

命令 destring 生成一个名为 pl3num 的新变量，并且用选项 force 告诉 Stata 即便 pl3 中包含非数字符，也要生成一个新变量，如果 pl3 是非数字符，则 pl3num 就是缺失值。命令 list 限定仅当 pl3num 的取值为缺失时才列出 pl3 和 pl3num 的取值，这样就找到了 pl3 中的非数字符。

我们现在对 pl3 重新运行一次命令 destring，根据前面得到的信息，这次我们要加入一个选项 ignore（X）。在字符型到数值型的转换过程中，X 被忽略掉了。这次的转换很成功，对应的取值 X 生成了一个缺失值。

```
. destring pl3, replace ignore(X)
pl3: characters X removed; replaced as int
(1 missing value generated)

. list pl3
```

| | pl3 |
|---|---|
| 1. | 93 |
| 2. | 125 |
| 3. | . |
| 4. | 71 |
| 5. | 52 |

变量 income 也有同样的问题，但它包含了两个非数字符：美元符号和逗号。

```
. list id income
```

| | id | income |
|---|---|---|
| 1. | 1 | $25,308.92 |
| 2. | 2 | $46,213.31 |
| 3. | 3 | $65,234.11 |
| 4. | 4 | $89,234.23 |
| 5. | 5 | $54,989.87 |

把这些美元金额转换成数值取值的过程中，需要忽略美元符和逗号。要把 income 的取值从字符型转换成数值型，可以在命令 destring 中指定选项 ignore( $ ,)以忽略这两个字符，如下所示：

```
. destring income, replace ignore($ ,)
income: characters $ , removed; replaced as double

. list id income
```

| | id | income |
|---|---|---|
| 1. | 1 | 25308.92 |
| 2. | 2 | 46213.31 |
| 3. | 3 | 65234.11 |
| 4. | 4 | 89234.23 |
| 5. | 5 | 54989.87 |

在本节的最后，我们讨论一下如何把一个真正的字符型变量转换成数值型变量。变量 gender 包含了单词 male 和单词 female。

```
. list id gender
```

| | id | gender |
|---|---|---|
| 1. | 1 | male |
| 2. | 2 | male |
| 3. | 3 | male |
| 4. | 4 | male |
| 5. | 5 | female |

如果想把这样的变量纳入一个分析中（例如，在回归模型中把它作为一个预测变量），需要把这个变量转换成一个数值型变量。针对这种情况，可以用命令 encode 创建一个新的名为 ngender 的数值型变量，如下所示：

```
. encode gender, generate(ngender)
```

我们把原始变量 gender 和新的数值变量 ngender 并排列出，这两个变量看上去一样：

```
. encode gender, generate(ngender)

. list gender ngender
```

| | gender | ngender |
|---|---|---|
| 1. | male | male |
| 2. | male | male |
| 3. | male | male |
| 4. | male | male |
| 5. | female | female |

ngender 显示的取值是被贴上了标签的取值。通过命令 codebook，我们可以看到 ngender 是一个包含了对应“男”和“女”的取值标签的数值型变量。

```
. codebook ngender

--------------------------------------------------------------------------------
ngender                                                         Gender of person
--------------------------------------------------------------------------------

                  type:  numeric (long)
                 label:  ngender

                 range:  [1,2]                        units:  1
         unique values:  2                        missing .:  0/5

            tabulation:  Freq.   Numeric  Label
                             1         1  female
                             4         2  male
```

在本例中，ngender 用编码 1 代表“女性”，编码 2 代表“男性”。这样的编码规则是基于字符的首字母顺序的，这样的话，“女性”（female）在先，“男性”（male）次之。

命令 encode 允许我们给每个字符型变量分配取值。假设我们想生成一个名为 female 的虚拟变量，如果 gender 为男性则编码为 0，女性则编码为 1。可以这样做：

```
. label define femlab 0 "male" 1"female"

. encode gender, generate(female) label(femlab)
```

命令 label define femlab 与命令 encode 中的选项 label(femlab)一起用时，是用来指定 male 应被编为 0，而 femalc 应被编为 1。我们可以用命令 codebook 查看一下结果。

```
. codebook female

--------------------------------------------------------------------------------
female                                                          Gender of person
--------------------------------------------------------------------------------

                  type:  numeric (long)
                 label:  femlab

                 range:  [0,1]                        units:  1
         unique values:  2                        missing .:  0/5

            tabulation:  Freq.   Numeric  Label
                             4         0  male
                             1         1  female
```

现在我们有两个不同的和 gender 有关的数值型变量：ngender 和 female。我们把这些变量放到其原始字符型变量 gender 的后面。然后，如果想删除 gender，这些新的变量就会被放到 gender 原来的位置上。

```
. order  ngender female, after(gender)
```

本节讲的是在 Stata 中把字符型变量转换成数值型变量的不同方法。更多内容，请参见 help destring 和 help encode。另外请参见 A. 5 节，这节提供了更详细的关于 Stata 中用的不同数据类型的内容。

## 5.14　把数值型变量转换成字符型变量

本节要讲的是怎样把数值型变量转换成字符型变量。尽管通常我们是想把数字存成数值型变量，但总有一些特殊情况，在这些特殊情况下把这些数字保存成字符型变量可能会更好。例如，社会保险号码有时候存成数值型变量，但我们想把它们保存成字符型。另外一个例子是邮政编码。我经常要根据邮政编码来匹配合并两个数据文件，但是我经常会发现一个文件里的邮政编码被保存成数值变量，而另一个文件中的邮政编码却被保存成字符变量。这样，就需要把邮政编码转换成相同类型的变量（例如，参见 227～228 页），我更倾向于把数值型邮政编码转换成字符型。例如，一个邮政编码是 00034，如果将其存成一个数值的话，它会被存为 34。在 cardio3. dta 中，我们就遇到了这类关于邮政编码的问题，如下所示：

```
. use cardio3, clear

. list zipcode

     +---------+
     | zipcode |
     |---------|
  1. |      34 |
  2. |   90095 |
  3. |   43409 |
  4. |   23219 |
  5. |   66214 |
     +---------+
```

可以用函数 string()把邮政编码从数值型转换成字符型，如下所示。格式%05.0f 表示结果值以一个不带小数位且固定宽度为 5 的字符格式呈现。并且，当值的宽度少于 5 位时，前面会补上相应个数的 0（例如，把 34 转换成 00034）。

```
. generate zipcodes = string(zipcode, "%05.0f")

. list zipcode zipcodes
```

| | zipcode | zipcodes |
|---|---|---|
| 1. | 34 | 00034 |
| 2. | 90095 | 90095 |
| 3. | 43409 | 43409 |
| 4. | 23219 | 23219 |
| 5. | 66214 | 66214 |

用命令 order 把 zipcodes 放到 zipcode 的后面，如下所示（更多关于命令 order 的内容，请参见 5.15 节）。当要把相似的变量放在一块用时，这个新的排序就非常有用。

也可以用命令 tostring 把数值型变量转换成字符型变量。tostring 的一个优势是它允许一次转换多个变量。例如，假设我们想把 3 个血压测量值——bp1、bp2 和 bp3——从数值型转换成字符型。用命令 tostring 就可以一次完成。

```
. tostring bp1 bp2 bp3, gen(bp1s bp2s bp3s)
bp1s generated as str3
bp2s generated as str3
bp3s generated as str3

. list bp1 bp2 bp3 bp1s bp2s bp3s
```

| | bp1 | bp2 | bp3 | bp1s | bp2s | bp3s |
|---|---|---|---|---|---|---|
| 1. | 115 | 86 | 129 | 115 | 86 | 129 |
| 2. | 123 | 136 | 107 | 123 | 136 | 107 |
| 3. | 124 | 122 | 101 | 124 | 122 | 101 |
| 4. | 105 | 115 | 121 | 105 | 115 | 121 |
| 5. | 116 | 128 | 112 | 116 | 128 | 112 |

同样地，也可以把三个脉搏测量值一次性全转换成字符型取值。这次我们不生成新的变量，而是替换既存变量。并且，我们还用了格式%03.0f，这意味着如果脉搏是两位数，那么最前面的一位会被加上 0。

```
. tostring pl1 pl2 pl3, replace format(%03.0f)
pl1 was int now str3
pl2 was int now str3
pl3 was int now str3

. list pl1 pl2 pl3
```

| | pl1 | pl2 | pl3 |
|---|---|---|---|
| 1. | 054 | 087 | 093 |
| 2. | 092 | 088 | 125 |
| 3. | 105 | 097 | 128 |
| 4. | 052 | 079 | 071 |
| 5. | 070 | 064 | 052 |

命令 decode 是另一种实现把数值型转换成字符型的方法。在从数值到字符的转换过程中，如果想让原有的取值标签在新的字符型变量中继续被用到，这个命令就非常有用。对于变量 famhist，0 表示没有家族心脏病史（贴有标签 No HD），1 表示有家族心脏病史（贴有标签 Yes HD）。

```
. codebook famhist

famhist                                    Family history of heart disease

                  type:  numeric (long)
                 label:  famhistl

                 range:  [0,1]                        units:  1
         unique values:  2                        missing .:  0/5

            tabulation:  Freq.   Numeric  Label
                             2         0  No HD
                             3         1  Yes HD
```

下面用命令 decode 生成一个新的变量 famhists，这个变量中将包含 famhist 的标签值（即 No HD 或 Yes HD）。

```
. decode famhist, generate(famhists)

. list famhist famhists, nolabel
```

| | famhist | famhists |
|---|---|---|
| 1. | 0 | No HD |
| 2. | 1 | Yes HD |
| 3. | 0 | No HD |
| 4. | 1 | Yes HD |
| 5. | 1 | Yes HD |

以上这些基本涵盖了把数值型变量转换成字符型变量的基础知识。更多内容，请参见 help string、help tostring 和 help decode。另外，更多有关 Stata 中的数据类型的用法，请参见 A.5。

## 5.15 变量重命名和变量排序

本节要介绍的是如何给数据中的变量重新命名以及如何改变数据中变量的顺序，我们以 cardio2.dta 为例。先用命令 describe 列出数据中的变量。

```
. use cardio2

. describe

Contains data from cardio2.dta
  obs:             5
 vars:            12                          22 Dec 2009 19:51
 size:           100
-------------------------------------------------------------------------------
              storage  display     value
variable name   type   format      label      variable label
-------------------------------------------------------------------------------
id              byte   %3.0f                  Identification variable
age             byte   %3.0f                  Age of person
pl1             int    %3.0f                  Pulse: Trial 1
bp1             int    %3.0f                  Systolic BP: Trial 1
pl2             byte   %3.0f                  Pulse: Trial 2
bp2             int    %3.0f                  Systolic BP: Trial 2
pl3             int    %3.0f                  Pulse: Trial 3
bp3             int    %3.0f                  Systolic BP: Trial 3
pl4             int    %3.0f                  Pulse: Trial 4
bp4             int    %3.0f                  Systolic BP: Trial 4
pl5             byte   %3.0f                  Pulse: Trial 5
bp5             int    %3.0f                  Systolic BP: Trial 5
-------------------------------------------------------------------------------
Sorted by:
```

可以用命令 rename（或者 2.10 节中介绍过的变量管理器 Variable Manager）把变量 age 改名为 age_yrs。

```
. rename age age_yrs
```

假设想把 pl1 到 pl5 的变量都重新命名为 pulse1 到 pulse5。我们可以执行 5 条 rename 命令，也可以用一个 foreach 循环，如下所示（更多关于用数字循环的内容，请参见 9.9）。

```
. foreach t of numlist 1/5 {
  2.   rename pl`t' pulse`t'
  3. }
```

命令 describe 的结果显示这正是我们想要的结果：

```
. describe

Contains data from cardio2.dta
  obs:             5
 vars:            12                          22 Dec 2009 19:51
 size:           100
--------------------------------------------------------------------------------
              storage  display     value
variable name   type   format      label      variable label
--------------------------------------------------------------------------------
id              byte   %3.0f                  Identification variable
age_yrs         byte   %3.0f                  Age of person
pulse1          int    %3.0f                  Pulse: Trial 1
bp1             int    %3.0f                  Systolic BP: Trial 1
pulse2          byte   %3.0f                  Pulse: Trial 2
bp2             int    %3.0f                  Systolic BP: Trial 2
pulse3          int    %3.0f                  Pulse: Trial 3
bp3             int    %3.0f                  Systolic BP: Trial 3
pulse4          int    %3.0f                  Pulse: Trial 4
bp4             int    %3.0f                  Systolic BP: Trial 4
pulse5          byte   %3.0f                  Pulse: Trial 5
bp5             int    %3.0f                  Systolic BP: Trial 5
--------------------------------------------------------------------------------
Sorted by:
     Note:  dataset has changed since last saved
```

尽管用命令 foreach 会很方便，但是 Stata 还为执行这类任务提供了一个更加有效且更方便的命令，即 renpfix(rename of prefix)。下面我们通过演示把 bp1-bp5 重命名为 bpress1-bpress5 来介绍这条命令。同样用命令 describe 确认这次重命名的结果。

```
. renpfix bp bpress

. describe

Contains data from cardio2.dta
  obs:             5
 vars:            12                          22 Dec 2009 19:51
 size:           100
```

```
              storage  display    value
variable name   type   format     label      variable label
---------------------------------------------------------------------
id              byte   %3.0f                 Identification variable
age_yrs         byte   %3.0f                 Age of person
pulse1          int    %3.0f                 Pulse: Trial 1
bpress1         int    %3.0f                 Systolic BP: Trial 1
pulse2          byte   %3.0f                 Pulse: Trial 2
bpress2         int    %3.0f                 Systolic BP: Trial 2
pulse3          int    %3.0f                 Pulse: Trial 3
bpress3         int    %3.0f                 Systolic BP: Trial 3
pulse4          int    %3.0f                 Pulse: Trial 4
bpress4         int    %3.0f                 Systolic BP: Trial 4
pulse5          byte   %3.0f                 Pulse: Trial 5
bpress5         int    %3.0f                 Systolic BP: Trial 5
---------------------------------------------------------------------
Sorted by:
     Note:  dataset has changed since last saved
```

注意 renpfix 会把所有以 bp 开头的变量都转换成以 bpress 开头，因此，如果有一个变量 bpollen，它也会被更名为 brepressollen，因为要用 bpress 替换 bp。

假设你想把变量 pulse1-pulse5 全部更名为 time1pulse-time5pulse。因为这个不是简单地改变前缀，所以在这种情况下，还是需要用 foreach 循环，如下所示：

```
. foreach t of numlist 1/5 {
  2.   rename pulse`t' time`t'pulse
  3. }

. describe

Contains data from cardio2.dta
  obs:             5
 vars:            12                          22 Dec 2009 19:51
 size:           100
---------------------------------------------------------------------
              storage  display    value
variable name   type   format     label      variable label
---------------------------------------------------------------------
id              byte   %3.0f                 Identification variable
age_yrs         byte   %3.0f                 Age of person
time1pulse      int    %3.0f                 Pulse: Trial 1
bpress1         int    %3.0f                 Systolic BP: Trial 1
time2pulse      byte   %3.0f                 Pulse: Trial 2
bpress2         int    %3.0f                 Systolic BP: Trial 2
time3pulse      int    %3.0f                 Pulse: Trial 3
bpress3         int    %3.0f                 Systolic BP: Trial 3
time4pulse      int    %3.0f                 Pulse: Trial 4
bpress4         int    %3.0f                 Systolic BP: Trial 4
time5pulse      byte   %3.0f                 Pulse: Trial 5
bpress5         int    %3.0f                 Systolic BP: Trial 5
---------------------------------------------------------------------
Sorted by:
     Note:  dataset has changed since last saved
```

**小技巧！变量重命名**

用户写的 renvars 程序包含了很多命令 rename 和 renpfix 没有的功能。renvars 允许你一次给一组变量同时重命名，把变量从大写字母转换成小写字母，改变或去掉变量名中的前缀或后缀。可以通过输入 findit renvars 找到并下载这个程序（更多有关命令 findit 的使用方法，参见 10.2）。

现在我们来看看如何改变数据中变量的顺序。假设想让变量 id 和 age_yrs 在数据的末端显示。下面是一个用命令 order 把变量 id 和 age_yrs 移到数据最后的例子。

```
. order id age_yrs, last
```

在下面的结果中我们看到 id 和 age_yrs 已经移到了数据的最后。

```
. describe

Contains data from cardio2.dta
  obs:             5
 vars:            12                          22 Dec 2009 19:51
 size:           100
--------------------------------------------------------------------------
              storage  display     value
variable name   type   format      label      variable label
--------------------------------------------------------------------------
time1pulse      int    %3.0f                  Pulse: Trial 1
bpress1         int    %3.0f                  Systolic BP: Trial 1
time2pulse      byte   %3.0f                  Pulse: Trial 2
bpress2         int    %3.0f                  Systolic BP: Trial 2
time3pulse      int    %3.0f                  Pulse: Trial 3
bpress3         int    %3.0f                  Systolic BP: Trial 3
time4pulse      int    %3.0f                  Pulse: Trial 4
bpress4         int    %3.0f                  Systolic BP: Trial 4
time5pulse      byte   %3.0f                  Pulse: Trial 5
bpress5         int    %3.0f                  Systolic BP: Trial 5
id              byte   %3.0f                  Identification variable
age_yrs         byte   %3.0f                  Age of person
--------------------------------------------------------------------------
Sorted by:
     Note:  dataset has changed since last saved
```

我们还可以用命令 order 把 id 移到数据的前面，如下所示。默认状态就是把变量移到数据中最前的（第一个）位置上。[①]

```
. order id

. describe
```

① 为了更清楚一些，我们也可以加入选项 first 来指定将 id 移到数据的第一个位置上。

```
Contains data from cardio2.dta
  obs:             5
 vars:            12                          22 Dec 2009 19:51
 size:           100
--------------------------------------------------------------------
              storage  display     value
variable name   type   format      label      variable label
--------------------------------------------------------------------
id              byte   %3.0f                  Identification variable
time1pulse      int    %3.0f                  Pulse: Trial 1
bpress1         int    %3.0f                  Systolic BP: Trial 1
time2pulse      byte   %3.0f                  Pulse: Trial 2
bpress2         int    %3.0f                  Systolic BP: Trial 2
time3pulse      int    %3.0f                  Pulse: Trial 3
bpress3         int    %3.0f                  Systolic BP: Trial 3
time4pulse      int    %3.0f                  Pulse: Trial 4
bpress4         int    %3.0f                  Systolic BP: Trial 4
time5pulse      byte   %3.0f                  Pulse: Trial 5
bpress5         int    %3.0f                  Systolic BP: Trial 5
age_yrs         byte   %3.0f                  Age of person
--------------------------------------------------------------------
Sorted by:
     Note:  dataset has changed since last saved
```

如果我们想把 age 放在 id 的后面，可以在命令 order 后面加上选项 after()。[命令 order 同样也支持选项 before()把一个或多个变量移到某一个特定变量的前面。]

```
. order age_yrs, after(id)

. describe

Contains data from cardio2.dta
  obs:             5
 vars:            12                          22 Dec 2009 19:51
 size:           100
--------------------------------------------------------------------
              storage  display     value
variable name   type   format      label      variable label
--------------------------------------------------------------------
id              byte   %3.0f                  Identification variable
age_yrs         byte   %3.0f                  Age of person
time1pulse      int    %3.0f                  Pulse: Trial 1
bpress1         int    %3.0f                  Systolic BP: Trial 1
time2pulse      byte   %3.0f                  Pulse: Trial 2
bpress2         int    %3.0f                  Systolic BP: Trial 2
time3pulse      int    %3.0f                  Pulse: Trial 3
bpress3         int    %3.0f                  Systolic BP: Trial 3
time4pulse      int    %3.0f                  Pulse: Trial 4
bpress4         int    %3.0f                  Systolic BP: Trial 4
time5pulse      byte   %3.0f                  Pulse: Trial 5
bpress5         int    %3.0f                  Systolic BP: Trial 5
--------------------------------------------------------------------
Sorted by:
     Note:  dataset has changed since last saved
```

**小技巧！给新生成的变量排序**

当生成一个新变量后，该变量被放到了数据的最后，但对这个变量来说，不一定是最合理的位置。可以用命令 order 把一个新生成的变量放在数据中一个更合理的位置上。例如，如果你对变量 age 进行了重新编码而且生成了新变量 agerecoded，可以用下面的命令 order 把 agerecoded 置于 age 后面。然后，如果你删掉了原始变量 age，这时，变量 agerecoded 的位置就摆对了。

```
. order agerecoded, after(age)
```

血压和脉搏的变量并没有按最优的顺序排序。例如，如果变量 bpress1 到 bpress5 连续排在一起，就可以用变量列表 bpress1-bpress5。下面的命令 order 帮我们把以 time 和 bpress 开头的变量进行重新排序，并把它们放在 age_yrs 的后面，按首字母顺序来组织。

```
. order time* bpress*, after(age_yrs) alphabetic
```

命令 describe 显示血压和脉搏变量现在都排在 age_yrs 的后面了，且都是按首字母顺序排列。

```
. describe

Contains data from cardio2.dta
  obs:            5
 vars:           12                          22 Dec 2009 19:51
 size:          100
-------------------------------------------------------------------------------
              storage  display     value
variable name   type   format      label      variable label
-------------------------------------------------------------------------------
id              byte   %3.0f                  Identification variable
age_yrs         byte   %3.0f                  Age of person
bpress1         int    %3.0f                  Systolic BP: Trial 1
bpress2         int    %3.0f                  Systolic BP: Trial 2
bpress3         int    %3.0f                  Systolic BP: Trial 3
bpress4         int    %3.0f                  Systolic BP: Trial 4
bpress5         int    %3.0f                  Systolic BP: Trial 5
time1pulse      int    %3.0f                  Pulse: Trial 1
time2pulse      byte   %3.0f                  Pulse: Trial 2
time3pulse      int    %3.0f                  Pulse: Trial 3
time4pulse      int    %3.0f                  Pulse: Trial 4
time5pulse      byte   %3.0f                  Pulse: Trial 5
-------------------------------------------------------------------------------
Sorted by:
     Note:  dataset has changed since last saved
```

如果你想让所有的变量都按首字母顺序排列，可以把命令 order、关键词_all 以及选项 alphabetic 一起使用来指定把所有的变量都按照首字母顺序排列（参见 A.11）。

```
. order _all, alphabetic
```

**小技巧！按首字母顺序排序 vs. 顺次排序**

假设我们有一个包含了 99 个问题的调查，变量名为 q1，q2，q3，…，q10，q11，…，q99。如果用命令 order 和选项 alphabetic，就会把 q1 放在 q10 的前面，q2 放在 q20 的前面，以此类推。而用选项 sequential，就会先把变量从 q1 排到 q9，再从 q10 排到 q99。

本节对变量重命名和给变量排序的讨论到此为止。更多内容，请参见 help rename、help renpfix 和 help order。

# 第六章　合并数据



统计的作用犹如路灯柱对一个醉汉的作用：支撑的作用远大于照明。

——温斯顿·丘吉尔爵士

# 6.1 简介

本章讲的是怎样用 Stata 合并数据。其中也包括在合并数据时可能会出现的一些问题，如何检查出这些问题以及应该怎样解决它们。本章涵盖了合并数据的 4 种常见方法：appending、merging、joining 和 crossing。6.2 节介绍的是如何添加数据的基础知识，6.3 节讲的是在添加数据时可能会遇到的问题。接下来的四节分别介绍了四种不同类型的合并——一对一数据合并（6.4 节）、一对多数据合并（6.5 节）、多对多数据合并（6.6 节）以及交叉合并（6.7 节）。之后的 6.8 节讨论的是在各种合并数据的情况中常用到的选项，6.9 节讲的是合并数据时可能会遇到的问题。本章以连接数据（6.10 节）和交叉合并数据（6.11 节）结束。

应该注意的是，Stata 11 对 merge 命令的语法做了改进。新的语法有一些新的保护措施和特性。本章会专门介绍命令 merge 的新语法，因此这些示例在 Stata 11 之前的版本中都是无法实现的。尽管这里没有讲命令 merge 在 Stata 更早版本中的语法，但它们在 Stata 11 中仍然有效。

# 6.2 Appending：添加数据

下面展示的两个数据是 moms.dta 和 dad.dta。每个数据中都包含 4 条观测值，第一个数据是关于四个母亲的，第二个数据是关于四个父亲的。每个数据包含了一个家庭 ID、个人的年龄、民族以及他（或她）是否高中毕业。

```
. use moms

. list
```

| | famid | age | race | hs |
|---|---|---|---|---|
| 1. | 3 | 24 | 2 | 1 |
| 2. | 2 | 28 | 1 | 1 |
| 3. | 4 | 21 | 1 | 0 |
| 4. | 1 | 33 | 2 | 1 |

```
. use dads

. list
```

| | famid | age | race | hs |
|---|---|---|---|---|
| 1. | 1 | 21 | 1 | 0 |
| 2. | 4 | 25 | 2 | 1 |
| 3. | 2 | 25 | 1 | 1 |
| 4. | 3 | 31 | 2 | 1 |

如果我们想把这两个数据叠加在一起，得到一个包含 8 条观测值的合并数据，命令 append 可以用来做这样的数据合并工作，如下所示。首先，要把内存中的数据清除。然后，使用命令 append，在它的后面列出所有想叠加的数据。虽然在这个示例中我们只指定了 2 个数据，但是可以在命令 append 的后面指定 2 个以上的数据。

```
. clear

. append using moms dads
```

命令 list 的运行结果告诉我们这两个数据叠加成功了。

```
. list
```

| | famid | age | race | hs |
|---|---|---|---|---|
| 1. | 3 | 24 | 2 | 1 |
| 2. | 2 | 28 | 1 | 1 |
| 3. | 4 | 21 | 1 | 0 |
| 4. | 1 | 33 | 2 | 1 |
| 5. | 1 | 21 | 1 | 0 |
| 6. | 4 | 25 | 2 | 1 |
| 7. | 2 | 25 | 1 | 1 |
| 8. | 3 | 31 | 2 | 1 |

现在，假设已经把 moms. dta 载入内存里，如下所示。

```
. use moms
```

这时候，可以这样来添加数据 dads. dta ：

```
. append using dads

. list
```

| | famid | age | race | hs |
|---|---|---|---|---|
| 1. | 3 | 24 | 2 | 1 |
| 2. | 2 | 28 | 1 | 1 |
| 3. | 4 | 21 | 1 | 0 |
| 4. | 1 | 33 | 2 | 1 |
| 5. | 1 | 21 | 1 | 0 |
| 6. | 4 | 25 | 2 | 1 |
| 7. | 2 | 25 | 1 | 1 |
| 8. | 3 | 31 | 2 | 1 |

**小技巧！关于添加的一些行话**

在上面的示例中，我们把 moms. dta 叫做主数据（*master* dataset），因为在开始添加之前，它已经在内存中。把 dads. dta 叫做使用数据（*using* dataset），因为它是在关键词 using 后面被指定的数据。

尽管我们已经把这些数据叠加到一起，但在这个合并的数据文件中，我们无法识别出数据来源——无法分辨出某一条观测值是来自 moms. dta，还是来自 dads. dta。为了解决这个问题，可以加入选项 generate()生成一个新的变量，这个新变量会告诉我们每条观测值是来自哪个数据。你可以给这个变量随意取你喜欢的名字；我就把它叫做 datasrc 吧。

```
. clear

. append using moms dads, generate(datasrc)

. list, sepby(datasrc)
```

| | datasrc | famid | age | race | hs |
|---|---|---|---|---|---|
| 1. | 1 | 3 | 24 | 2 | 1 |
| 2. | 1 | 2 | 28 | 1 | 1 |
| 3. | 1 | 4 | 21 | 1 | 0 |
| 4. | 1 | 1 | 33 | 2 | 1 |
| 5. | 2 | 1 | 21 | 1 | 0 |
| 6. | 2 | 4 | 25 | 2 | 1 |
| 7. | 2 | 2 | 25 | 1 | 1 |
| 8. | 2 | 3 | 31 | 2 | 1 |

回头查看一下原始数据，就会发现当 datasrc 为 1 时，数据来自 moms. dta。当 datasrc 为 2 时，数据来自 dads. dta。如果在命令 append 的后面加上了第三个数据的

话，来自这个数据的观测值在变量 datasrc 上的取值将会是 3。

把这种方法和先打开数据 moms. dta，然后再添加数据 dads. dta 的方法做一个比较，结果如下所示。

```
. use moms

. append using dads, generate(datasrc)

. list, sepby(datasrc)
```

| | famid | age | race | hs | datasrc |
|---|---|---|---|---|---|
| 1. | 3 | 24 | 2 | 1 | 0 |
| 2. | 2 | 28 | 1 | 1 | 0 |
| 3. | 4 | 21 | 1 | 0 | 0 |
| 4. | 1 | 33 | 2 | 1 | 0 |
| 5. | 1 | 21 | 1 | 0 | 1 |
| 6. | 4 | 25 | 2 | 1 | 1 |
| 7. | 2 | 25 | 1 | 1 | 1 |
| 8. | 3 | 31 | 2 | 1 | 1 |

这里的 0 表明数据来自主数据（也就是 moms. dta），1 表明数据来自第一个使用数据（也就是 dads. dta）。如果在命令 append 中的 dads 后面加上第二个数据，那么这些观测值在 datasrc 上的取值将会是 2。

下面我们用命令 label define 和 label values 给 datasrc 的取值加上标签（如 4. 4. 节所述）。虽然我认为给取值加上标签非常有用，但并不是必须要加，在这里，你可以自行选择。

```
. labe define source 0"From moms.dta" 1"From dads.dta"

. label values datasrc source

. list, sepby(datasrc)
```

| | famid | age | race | hs | datasrc |
|---|---|---|---|---|---|
| 1. | 3 | 24 | 2 | 1 | From moms.dta |
| 2. | 2 | 28 | 1 | 1 | From moms.dta |
| 3. | 4 | 21 | 1 | 0 | From moms.dta |
| 4. | 1 | 33 | 2 | 1 | From moms.dta |
| 5. | 1 | 21 | 1 | 0 | From dads.dta |
| 6. | 4 | 25 | 2 | 1 | From dads.dta |
| 7. | 2 | 25 | 1 | 1 | From dads.dta |
| 8. | 3 | 31 | 2 | 1 | From dads.dta |

如前所述，可以一次添加多个数据。例如，我们有 3 个数据，它们包含了 3 个不同评论家对书籍的评论信息：Clarence、Isaac 和 Sally。用命令 dir 呈现这些数据，如下所示。

```
. dir br*.dta
  0.8k  11/14/15 16:22  br_clarence.dta
  0.8k  11/14/15 16:22  br_isaac.dta
  0.8k  11/14/15 16:22  br_sally.dta
```

这些数据中包含相同的变量。下面是 Clarence 的评论数据。这个数据里包含书号（booknum）、书名（book）和书的排行（rating）三个变量。

```
. use br_clarence

. list
```

| | booknum | book | rating |
|---|---|---|---|
| 1. | 1 | A Fistful of Significance | 5 |
| 2. | 2 | For Whom the Null Hypothesis is Rejected | 10 |
| 3. | 3 | Journey to the Center of the Normal Curve | 6 |

用命令 append 合并这 3 个数据。在这种情况下，用选项 generate()生成一个新变量 rev，以指明数据的来源（也就是评论家）。

```
. clear

. append using br_clarence br_isaac br_sally, generate(rev)

. list, sepby(rev)
```

| | rev | booknum | book | rating |
|---|---|---|---|---|
| 1. | 1 | 1 | A Fistful of Significance | 5 |
| 2. | 1 | 2 | For Whom the Null Hypothesis is Rejected | 10 |
| 3. | 1 | 3 | Journey to the Center of the Normal Curve | 6 |
| 4. | 2 | 1 | The Dreaded Type I Error | 6 |
| 5. | 2 | 2 | How to Find Power | 9 |
| 6. | 2 | 3 | The Outliers | 8 |
| 7. | 3 | 1 | Random Effects for Fun and Profit | 6 |
| 8. | 3 | 2 | A Tale of t-tests | 9 |
| 9. | 3 | 3 | Days of Correlation and Regression | 8 |

rev 的取值 1、2 和 3 表示合并后的数据中观测值分别来自 br_clarence、br_isaac 和 br_sally。

这节介绍了使用命令 append 的一些基础知识。下一节的内容是添加数据时可能会遇到的一些问题。

## 6.3 Appending：添加数据时存在的问题

上一节展示了用 Stata 添加数据很容易，但是却忽略了在添加数据时可能会遇到的一些问题。本节要介绍的是在添加数据时可能会遇到的 5 类问题：数据之间的变量名不同，变量标签相互矛盾，取值标签相互矛盾，变量编码不一致以及数据间的变量类型不同。下面我们分别讨论一下这 5 类问题。

### 数据之间的变量名不同

我们来看看下面的数据 moms1. dta 和 dads1. dta。两个数据中包含的变量测量的都是相同的概念（年龄、种族和是否高中毕业），但是它们在两个数据中的变量名却不相同。

```
. use moms1

. list

     +----------------------------+
     | famid   mage   mrace   mhs |
     |----------------------------|
  1. |     1     33       2     1 |
  2. |     2     28       1     1 |
  3. |     3     24       2     1 |
  4. |     4     21       1     0 |
     +----------------------------+

. use dads1

. list

     +----------------------------+
     | famid   dage   drace   dhs |
     |----------------------------|
  1. |     1     21       1     0 |
  2. |     2     25       1     1 |
  3. |     3     31       2     1 |
  4. |     4     25       2     1 |
     +----------------------------+
```

由于母亲信息的变量和对应的父亲信息的变量有不同的变量名，所以，在添加数据时，Stata 不知道该如何把相似的变量合并到一起。

如果直接 append 这两个数据，生成的数据中就会同时包含关于母亲和关于父亲的两组不同变量，如下所示。

```
. use moms1

. append using dads1

. list
```

| | famid | mage | mrace | mhs | dage | drace | dhs |
|---|---|---|---|---|---|---|---|
| 1. | 1 | 33 | 2 | 1 | . | . | . |
| 2. | 2 | 28 | 1 | 1 | . | . | . |
| 3. | 3 | 24 | 2 | 1 | . | . | . |
| 4. | 4 | 21 | 1 | 0 | . | . | . |
| 5. | 1 | . | . | . | 21 | 1 | 0 |
| 6. | 2 | . | . | . | 25 | 1 | 1 |
| 7. | 3 | . | . | . | 31 | 2 | 1 |
| 8. | 4 | . | . | . | 25 | 2 | 1 |

**小技巧！有助于合并**

如果你提前看了一下关于合并数据（merging datasets）的小节（6.4 节），会发现对数据 moms1. dta 和 dads1. dta 来说，虽然在添加数据时好像没用，但是用于合并数据却非常理想。就数据来说，变量的最佳命名规则取决于你到底是想 append 它们还是 merge 它们。如果你要 append 数据，那就该让变量名相同，但如果想 merge 它们，那应该让变量名不同才是。

在对两个数据进行叠加之前，我们需要让这两个数据中的变量名相同。首先，将 moms1. dta 中的变量重新命名，然后把它保存成 moms1temp. dta。

```
. use moms1

. rename mage age

. rename mrace race

. rename mhs hs

. save moms1temp
file moms1temp.dta saved
```

接着对 dads1. dta 做同样的重命名，并把它保存为 dads1temp. dta。

```
. use dads1

. rename dage age

. rename drace race

. rename dhs hs

. save dads1temp
file dads1temp.dta saved
```

此时，由于 moms1temp. dta 和 dads1temp. dta 有了相同的变量名，我们就能成功地把两个数据叠加在一起。

```
. clear

. append using moms1temp dads1temp

. list
```

| | famid | age | race | hs |
|---|---|---|---|---|
| 1. | 1 | 33 | 2 | 1 |
| 2. | 2 | 28 | 1 | 1 |
| 3. | 3 | 24 | 2 | 1 |
| 4. | 4 | 21 | 1 | 0 |
| 5. | 1 | 21 | 1 | 0 |
| 6. | 2 | 25 | 1 | 1 |
| 7. | 3 | 31 | 2 | 1 |
| 8. | 4 | 25 | 2 | 1 |

## 变量标签相互矛盾

我们看一下数据 momslab. dta 和 dadslab. dta。下面是对这两个数据的描述。

```
.  use momslab

. describe

Contains data from momslab.dta
  obs:             4
 vars:             4                          27 Dec 2009 21:47
 size:            64
```

```
------------------------------------------------------------------------------
              storage  display     value
variable name   type   format      label      variable label
------------------------------------------------------------------------------
famid           float  %5.0g                  Family ID
age             float  %5.0g                  Mom's Age
race            float  %9.0g       eth        Mom's Ethnicity
hs              float  %15.0g      grad       Is Mom a HS Graduate?
------------------------------------------------------------------------------
Sorted by: famid

. use dadslab

. describe

Contains data from dadslab.dta
  obs:             4
 vars:             4                          27 Dec 2009 21:47
 size:            64
------------------------------------------------------------------------------
              storage  display     value
variable name   type   format      label      variable label
------------------------------------------------------------------------------
famid           float  %5.0g                  Family ID
age             float  %5.0g                  Dad's Age
race            float  %9.0g       eth        Dad's Ethnicity
hs              float  %15.0g      hsgrad     Is Dad a HS Graduate?
------------------------------------------------------------------------------
Sorted by: famid
```

注意每个数据中用的变量标签。数据 momslab. dta 中的变量标签描述了这些变量是关于母亲的，同样地，数据 dadslab. dta 中的则描述了这些变量是关于父亲的。这些标签看起来似乎没有问题，但是让我们看一下，把这两个数据叠加起来后会发生什么。

```
. clear

. append using momslab dadslab
(label eth already defined)
```

现在我们再看一下对合并后数据的描述。

```
. describe

Contains data
  obs:             8
 vars:             4
 size:           128
```

```
----------------------------------------------------------------------------
              storage  display    value
variable name   type   format     label      variable label
----------------------------------------------------------------------------
famid           float  %5.0g                 Family ID
age             float  %5.0g                 Mom's Age
race            float  %9.0g      eth        Mom's Ethnicity
hs              float  %15.0g     grad       Is Mom a HS Graduate?
----------------------------------------------------------------------------
Sorted by:
     Note: Dataset has changed since last saved.
```

我们看到在合并后的数据中，变量标签都是基于数据 momslab. dta 中的变量标签。(这是因为在命令 append 中，首先指定的是数据 momslab. dta）这些标签用在母亲的观测值上有意义，但是用在合并后的数据里就不合适。

解决办法是：要么在原始数据中选用更中性的标签，要么在添加完数据之后，用命令 label variable 把变量标签修改过来。

## 取值标签相互矛盾

我们还是用 momslab. dta 和 dadslab. dta 来展示可能出现的取值标签相互矛盾的问题。首先，看一下命令 describe 对这两个数据的描述结果（190～191 页)。我们看到变量 race 的取值标签名在两个数据中都是 eth。而变量 hs 在数据 momslab. dta 中被贴上的取值标签是 grad，但在数据 dadslab. dta 中被贴上的取值标签却是 hsgrad。

先分别列出两个数据中的观测值。

```
. use momslab

. list

     +------------------------------------------+
     | famid   age        race               hs |
     |------------------------------------------|
  1. |     1    33   Mom Black      Mom HS Grad |
  2. |     2    28   Mom White      Mom HS Grad |
  3. |     3    24   Mom Black      Mom HS Grad |
  4. |     4    21   Mom White  Mom Not HS Grad |
     +------------------------------------------+

. use dadslab

. list
```

```
     +------------------------------------------+
     | famid   age       race               hs  |
     |------------------------------------------|
  1. |     1    21   Dad White   Dad Not HS Grad |
  2. |     2    25   Dad White       Dad HS Grad |
  3. |     3    31   Dad Black       Dad HS Grad |
  4. |     4    25   Dad Black       Dad HS Grad |
     +------------------------------------------+
```

注意两个数据中 race 和 hs 的取值标签有何不同之处。下面看看当我们把这两个数据叠加后会发生什么。

```
. clear

. append using momslab dadslab, generate(datasrc)
(label eth already defined)

. list, sepby(datasrc)
```

```
     +------------------------------------------------------+
     | datasrc   famid   age       race                  hs |
     |------------------------------------------------------|
  1. |       1       1    33   Mom Black       Mom HS Grad |
  2. |       1       2    28   Mom White       Mom HS Grad |
  3. |       1       3    24   Mom Black       Mom HS Grad |
  4. |       1       4    21   Mom White   Mom Not HS Grad |
     |------------------------------------------------------|
  5. |       2       1    21   Mom White   Mom Not HS Grad |
  6. |       2       2    25   Mom White       Mom HS Grad |
  7. |       2       3    31   Mom Black       Mom HS Grad |
  8. |       2       4    25   Mom Black       Mom HS Grad |
     +------------------------------------------------------+
```

看一下 race 和 hs 列，会发现这两个变量用的都是来自 momslab. dta 的取值标签。[①] 同样地，名为 eth 的取值标签的定义也是如此：momslab. dta 中对取值标签的定义优先（这也是返回信息（label eth already defined）的含义所在）。

如果 momslab. dta 用一种宽泛的方式定义取值标签，给母亲和父亲同时加上这样的标签也就不会有问题。但是如果像上述结果中这样定义取值标签，就很容易让人产生误解，因为这样很可能让人以为所有的观测值都来自母亲。

解决办法是要么在合并数据之前，回到数据 momslab. dta 中去修改一下标签，要么在合并之后再简单地修改一下标签，事后修改标签也一样很简单。更多关于怎样修

① 当取值标签出现矛盾时，解决方法是优先使用第一个提到的数据中的取值标签。主数据优先于使用数据。如果有很多使用数据，那么较靠前的使用数据优先于后面的使用数据。

改标签的内容，请参见 4.4 节。

### 变量编码不一致

假设合并的两个数据对相同的变量分别使用了不同的编码，这种问题就很难被检测到，因为每个数据内部是一致的，只是数据之间的编码规则不一致罢了。我们通过给 dads. dta 添加数据 momshs. dta 来讲解这个问题，其中 momshs. dta 这个数据是 moms. dta 的变体。

首先看一下数据 momshs. dta。

```
. use momshs

. list
```

| | famid | age | race | hs |
|---|---|---|---|---|
| 1. | 3 | 24 | 2 | 2 |
| 2. | 2 | 28 | 1 | 2 |
| 3. | 4 | 21 | 1 | 1 |
| 4. | 1 | 33 | 2 | 1 |

然后再来看一看数据 dads. dta。

```
. use dads

. list
```

| | famid | age | race | hs |
|---|---|---|---|---|
| 1. | 1 | 21 | 1 | 0 |
| 2. | 4 | 25 | 2 | 1 |
| 3. | 2 | 25 | 1 | 1 |
| 4. | 3 | 31 | 2 | 1 |

注意两个数据中对 hs 编码的不同之处。在数据 momshs. dta 中，hs 的编码规则是 1＝no 和 2＝yes，但是在数据 dads. dta 中使用了虚拟编码，也就是说，0＝no 和 1＝yes。现在假装我们尚未注意到这个问题，把这两个数据叠加在一起看看结果如何，如下所示。

```
. use momshs

. append using dads
```

命令 append 运行成功，并且没有产生任何错误。列出合并后的数据中的观测值，同样也没有明显的错误。

```
. list

     +---------------------------+
     | famid   age   race   hs   |
     |---------------------------|
  1. |     3    24      2    2   |
  2. |     2    28      1    2   |
  3. |     4    21      1    1   |
  4. |     1    33      2    1   |
  5. |     1    21      1    0   |
     |---------------------------|
  6. |     4    25      2    1   |
  7. |     2    25      1    1   |
  8. |     3    31      2    1   |
     +---------------------------+
```

现在，看看变量 hs 的频数分布表。这是一个是/否变量，表示调查对象是否从高中毕业，因此它应该只有两个取值。但是如下所示，这个变量却有了三个取值。当合并两个对相同变量用了不同编码的数据时，这通常就是产生的第一个问题。

```
. tabulate hs

         HS |
  Graduate? |      Freq.     Percent        Cum.
------------+-----------------------------------
          0 |          1       12.50       12.50
          1 |          5       62.50       75.00
          2 |          2       25.00      100.00
------------+-----------------------------------
      Total |          8      100.00
```

当然，解决方案就是在把两个数据叠加起来之前就要确保变量 hs 的取值使用的是相同的编码。下面重复了一遍添加的过程，但这次先对 momshs. dta 中的 hs 进行重新编码，同样使用的是虚拟编码的方式（这样就能让它和 dads. dta 中的 hs 的编码一致）。

```
. use momshs

. recode hs(1 = 0)  (2 = 1)
(hs: 4 changes made)

. append using dads
```

把两个数据中的 hs 以同样的方式编码之后，现在的变量 hs 只有两个取值。从合并之后的数据中我们可以看到，有 3 位父母高中没有毕业，5 位父母完成了高中学业。

```
. tabulate hs

         HS |
  Graduate? |      Freq.     Percent        Cum.
------------+-----------------------------------
          0 |          3       37.50       37.50
          1 |          5       62.50      100.00
------------+-----------------------------------
      Total |          8      100.00
```

## 数据间的变量类型不同

我们看看在合并两个变量类型不同的数据时会发生什么。如 A.5 节中所述，Stata 里的变量被分成了两大类：字符型变量和数值型变量。如果要叠加这样的两个数据：其中的一个变量在一个数据中被存成数值型，在另一个数据中则被存成字符型，我们先看看合并这样的两个数据后会发生什么？在数据 moms.dta 中，变量 hs 被存成数值型变量（float），但在 dadstr.dta 中，hs 则被存成字符型变量（str3）。

接下来，我们尝试着合并这两个数据，看看会发生什么。

```
. use moms

. append using dadstr
hs is str3 in using data
r(106);
```

正如错误信息提示的那样，变量 hs 在使用数据中被保存为 str3（长度为 3 的字符型变量）。Stata 无法让其和 moms.dta 中的 hs 合并，因为在数据 moms.dta 中，hs 是一个数值（float），因此报告了一条错误信息。我们需要让 hs 在两个数据中要么都是数值型（参见 5.13），要么都是字符型（参见 5.14）。在这里，我们把 dadstr.dta 中的 hs 转换成数值型，然后再将其合并到 moms.dta 上，如下所示。

```
. use dadstr

. destring hs, replace
hs has all characters numeric; replaced as byte

. append using moms
hs was byte now float
```

如下所示，合并后的数据包含了两个数据中 hs 的取值，并且都被保存成数值（float）型数据。

```
. list

     +-----------------------------+
     | famid   age   race   hs    |
     |-----------------------------|
  1. |     1    21      1    0    |
  2. |     4    25      2    1    |
  3. |     2    25      1    1    |
  4. |     3    31      2    1    |
  5. |     3    24      2    1    |
     |-----------------------------|
  6. |     2    28      1    1    |
  7. |     4    21      1    0    |
  8. |     1    33      2    1    |
     +-----------------------------+

. describe hs

              storage  display     value
variable name   type   format      label      variable label
------------------------------------------------------------------
hs              float  %10.0g                 HS Graduate?
```

上面介绍的是变量类型可能出现的、最严重的冲突情况，也就是一个变量在一个数据中是数值型，在另一个数据中是字符型。但是，还有多种其他变量类型冲突的情况可能出现。不过，下面我们就会看到，Stata 会自动解决这些其他类型的冲突情况，并不需要我们插手。

如 A.5 中所述，Stata 允许保存字符型变量的长度从 1（也就是 str1）一直到 244（也就是 str244）。那么 Stata 如何解决字符型变量在长度上出现的矛盾呢？在数据 momstr.dta 中，变量 hs 被存成长度为 1 的字符（str1），但是在数据 dadstr.dta 中，变量 hs 被存成长度为 3 的字符（str3），如下所示。

```
. use momstr

. describe hs

              storage  display     value
variable name   type   format      label      variable label
------------------------------------------------------------------
hs              str1   %9s                    HS Graduate?

. use dadstr

. describe hs

              storage  display     value
variable name   type   format      label      variable label
------------------------------------------------------------------
hs              str3   %9s                    HS Graduate?
```

当合并这两个数据时，Stata 告诉我们：它把 hs 改成 str3 类型。这样做是为了让 hs 有足够的宽度来容纳这两个数据中的信息。Stata 会帮我们把这些都自动做好，并不需要我们自己再去做些什么。

```
. use momstr

. append using dadstr
hs was str1 now str3
```

数值型变量之间的差异又该如何处理呢？如 A. 5 中所述，Stata 有五种不同的数值型数据存储类型：byte、int、long、float 和 double。当数值型变量之间出现冲突时，Stata 也会自动替我们选择一种合适的数据类型。

我们用 moms. dta 和 dadsdbl. dta 来讲解这个自动选择的过程，如下所示。

```
. use moms

. describe

Contains data from moms.dta
  obs:             4
 vars:             4                          22 Dec 2009 20:07
 size:            64
-------------------------------------------------------------------
              storage  display     value
variable name   type   format      label      variable label
-------------------------------------------------------------------
famid           float  %5.0g                  Family ID
age             float  %5.0g                  Age
race            float  %5.0g                  Ethnicity
hs              float  %7.0g                  HS Graduate?
-------------------------------------------------------------------
Sorted by:

. use dadsdbl

. describe

Contains data from dadsdbl.dta
  obs:             4
 vars:             4                          22 Dec 2009 20:02
 size:            60
-------------------------------------------------------------------
              storage  display     value
variable name   type   format      label      variable label
-------------------------------------------------------------------
famid           int    %5.0g                  Family ID
age             byte   %5.0g                  Age
race            double %5.0g                  Ethnicity
hs              long   %7.0g                  HS Graduate?
-------------------------------------------------------------------
Sorted by:

.
```

注意 moms. dta 中所有变量都被存成 float 型，但 dadsdbl. dta 中的变量则分别被存成四种不同的数值类型（int、byte、double 和 long）。当合并这两个数据时，看看会发生什么。

```
. use moms

. append using dadsdbl
race was float now double
hs was float now double
```

在合并过程中，Stata 查看了每一个变量，并为每一个变量选择了一种合适的数据类型。如果主数据（moms. dta）中设定的数据类型被修改，Stata 就会显示出一条信息。在这个示例中，Stata 告诉我们：它把 race 从 float 型改成 double 型，同时也把 hs 从 float 型改成 double 型。这里的重点是 Stata 为你解决了数值型变量中出现的任何相冲突和不一致的问题，它会自动选择一种合适的数据类型，以确保不会有数据丢失。

这些是关于添加数据时可能会遇到的一些问题，本节到此为止。更多有关添加数据的信息，请参见 help append。

## 6.4 Merging：一对一匹配合并数据

匹配合并是通过一个（或多个）关键变量把两个数据中的观测值联结起来，进而合并两个数据。在一对一匹配合并中，关键变量在每个数据中都能唯一确定一条观测值。以下面的数据 moms1. dta 和 dads1. dta 为例。famid 这个关键变量能够唯一地确定每个数据中的一条观测值，并且可以用这个变量把 moms1. dta 和 dads1. dta 中的观测值连接起来。因为这些数据都很小，所以可以清楚地看到，根据 famid，数据 moms1. dta 中的每条观测值在 dads1. dta 中都能找到一个相匹配的个案。

```
. use moms1

. list
```

| | famid | mage | mrace | mhs |
|---|---|---|---|---|
| 1. | 1 | 33 | 2 | 1 |
| 2. | 2 | 28 | 1 | 1 |
| 3. | 3 | 24 | 2 | 1 |
| 4. | 4 | 21 | 1 | 0 |

```
. use dads1

. list
```

| | famid | dage | drace | dhs |
|---|---|---|---|---|
| 1. | 1 | 21 | 1 | 0 |
| 2. | 2 | 25 | 1 | 1 |
| 3. | 3 | 31 | 2 | 1 |
| 4. | 4 | 25 | 2 | 1 |

对 moms1. dta 和 dads1. dta 执行一个 1∶1的匹配合并，根据 famid 把这两个数据中的观测值连接起来。

```
. use moms1

. merge 1:1 famid using dads1

    Result                           # of obs.
    -----------------------------------------
    not matched                             0
    matched                                 4  (_merge==3)
    -----------------------------------------
```

命令 merge 的输出结果证实了我们的期望，moms1. dta 中的每条观测值在 dads1. dta 中都能找到一条相匹配的观测值（反之亦然）。我们可以看看合并后的数据。

```
. list
```

| | famid | mage | mrace | mhs | dage | drace | dhs | _merge |
|---|---|---|---|---|---|---|---|---|
| 1. | 1 | 33 | 2 | 1 | 21 | 1 | 0 | matched (3) |
| 2. | 2 | 28 | 1 | 1 | 25 | 1 | 1 | matched (3) |
| 3. | 3 | 24 | 2 | 1 | 31 | 2 | 1 | matched (3) |
| 4. | 4 | 21 | 1 | 0 | 25 | 2 | 1 | matched (3) |

列表显示变量 famid 后面紧跟的是来自 moms1. dta 的变量，接下来是来自 dads1. dta 的变量。最后一个变量_merge，是命令 merge 生成的用来显示每条观测值匹配情况的变量。在这个示例中，每条观测值都显示 matched(3)，表明主数据和使用数据中每条观测值都找到了相匹配的观测值。

**小技巧！关于合并的一些行话**

在这个示例中，moms1. dta 是主数据，因为它在执行命令 merge 前就已经在内存中。称 dads1. dta 为使用数据，因为它是在关键词 using 后面被指定的数据。变量 famid 叫做关键变量（key variable），因为它包含着能够连接主数据和使用数据的键（key）。

现在看看第二个示例，这个示例中包含一些无法匹配的观测值。合并数据 moms2. dta 和 dads2. dta，并仔细检查这两个数据。

```
. use moms2

. list

     +-----------------------------------------+
     | famid   mage   mrace   mhs   fr_moms2   |
     |-----------------------------------------|
  1. |     1     33       2     1          1   |
  2. |     3     24       2     1          1   |
  3. |     4     21       1     0          1   |
  4. |     5     39       2     0          1   |
     +-----------------------------------------+

. use dads2

. list

     +-----------------------------------------+
     | famid   dage   drace   dhs   fr_dads2   |
     |-----------------------------------------|
  1. |     1     21       1     0          1   |
  2. |     2     25       1     1          1   |
  3. |     4     25       2     1          1   |
     +-----------------------------------------+
```

注意 moms2. dta 中第 3 个家庭和第 5 个家庭的观测值在 dads2. dta 中没有对应的观测值。同样地，dads2. dta 中的第 2 个家庭在 moms2. dta 中也没有与之相对应的观测值。这些观测值不会被匹配。合并这两个数据时，Stata 会告诉我们有不匹配的个案，并能帮助我们找到它们，如下所示。

```
. use moms2

. merge 1:1 famid using dads2

    Result                           # of obs.
    -----------------------------------------
    not matched                             3
        from master                         2  (_merge==1)
        from using                          1  (_merge==2)

    matched                                 2  (_merge==3)
    -----------------------------------------
```

命令 merge 会总结这些匹配的执行状况。它告诉我们，成功匹配的观测值有 2 个，没能匹配上的观测值有 3 个。在那些没能匹配上的观测值中，有 2 条来自主数据（moms2. dta），1 条来自使用数据（dadas2. dta）。现在列出合并后生成的数据。（先根据 famid 给数据排序，这样可以让列表更易读。）

```
. sort famid

. list famid mage mrace dage drace _merge

     +--------------------------------------------------------+
     | famid   mage   mrace   dage   drace             _merge |
     |--------------------------------------------------------|
  1. |     1     33       2     21       1        matched (3) |
  2. |     2      .       .     25       1     using only (2) |
  3. |     3     24       2      .       .    master only (1) |
  4. |     4     21       1     25       2        matched (3) |
  5. |     5     39       2      .       .    master only (1) |
     +--------------------------------------------------------+
```

第 3 个和第 5 个家庭里有来自 moms2. dta（主数据）的数据，而没有 dads2. dta（使用数据）中的数据。变量_merge 显示的 master only(1) 确认了这一点。第 2 个家庭里有来自 dads2. dta（使用数据）中的数据，而没有 moms2. dta（主数据）中的数据。变量_merge 显示的 using only(2)同样也确认了这一点。第 1 个和第 4 个家庭在主数据和使用数据间实现了匹配，这一点在变量_merge 中也得到了确认，即它显示的是 matched(3)。

让我们再来仔细查看变量_merge。这个变量会告诉我们每个个案的匹配情况，它看上去像是一个字符型变量，但实际上却是一个数值型变量。用命令 codebook 来查看一下。

```
. codebook _merge

-------------------------------------------------------------------------------
_merge                                                              (unlabeled)
-------------------------------------------------------------------------------

                  type:  numeric (byte)
                 label:  _merge

                 range:  [1,3]                        units:  1
         unique values:  3                        missing .:  0/5

            tabulation:  Freq.   Numeric  Label
                             2         1  master only (1)
                             1         2  using only (2)
                             2         3  matched (3)
```

变量_merge 的取值刚好是数字 1、2 和 3，并且包含能提供更详细信息的取值标签。如果只想列出匹配成功的个案，我们可以在命令 list 中指定 if _merge == 3，如下所示。

```
. list famid mage mrace dage drace _merge if _merge == 3

     +-----------------------------------------------------+
     | famid   mage   mrace   dage   drace          _merge |
     |-----------------------------------------------------|
  1. |     1     33       2     21       1     matched (3) |
  4. |     4     21       1     25       2     matched (3) |
     +-----------------------------------------------------+
```

或者我们也可以只列出来自主数据（moms2. dta）的个案，如下：

```
. list famid mage mrace dage drace _merge if _merge == 1

     +---------------------------------------------------------+
     | famid   mage   mrace   dage   drace              _merge |
     |---------------------------------------------------------|
  3. |     3     24       2      .       .     master only (1) |
  5. |     5     39       2      .       .     master only (1) |
     +---------------------------------------------------------+
```

可以用命令 keep 只保留成功匹配的个案，如下所示。①

```
. keep if _merge == 3
(3 observations deleted)

. list famid mage mrace dage drace _merge

     +-----------------------------------------------------+
     | famid   mage   mrace   dage   drace          _merge |
     |-----------------------------------------------------|
  1. |     1     33       2     21       1     matched (3) |
  2. |     4     21       1     25       2     matched (3) |
     +-----------------------------------------------------+
```

合并 moms2. dta 和 dads2. dta 时，称这样的合并为一对一合并，因为我们假定 moms2. dta 中针对每个 famid 都只有一个观测值，同样地，dads2. dta 中的每个 famid 也都只有一个观测值。假设在其中一个数据中，每个 famid 对应有多条观测值会怎样。momsdup. dta 就是这样一个数据。变量 famid 的取值在最后一条观测值上意外地重复了（下面显示最后一条观测值是 4，但其实应该是 5）。

```
. use momsdup

. list
```

---

① 也可以通过选项 keep()来实现这一点，如 6.8 节中所述。

```
     famid   mage   mrace   mhs   fr_moms2

 1.      1     33       2     1          1
 2.      3     24       2     1          1
 3.      4     21       1     0          1
 4.      4     39       2     0          1
```

这个错误在检查 famid 是否有重复（3.8 节中曾介绍的）时就应该被发现，假设当时我们没有注意到这个错误。幸运的是，当对 momsdup. dta 和 dads2. dta 进行一对一合并的时候，Stata 抓住了这个错误，如下所示。

```
. use momsdup

. merge 1:1 famid using dads2
variable famid does not uniquely identify observations in the master data
r(459);
```

这个错误信息提示我们 famid 在主数据（momsdup. dta）中不能唯一确定每一条观测值。对于一对一合并来说，Stata 会对主数据和使用数据都进行检查，以确保关键变量能唯一确定每个数据中的观测值。如果不能，就会显示上面那样的错误信息。

到目前为止，所有的示例都是用一个关键变量来连接主数据和使用数据，但也可以用两个或更多的关键变量来连接主数据和使用数据。例如，下面的数据 kids1. dta。

```
. use kids1

. sort famid kidid

. list

     famid   kidid   kage   kfem

 1.      1       1      3      1
 2.      2       1      8      0
 3.      2       2      3      1
 4.      3       1      4      1
 5.      3       2      7      0

 6.      4       1      1      0
 7.      4       2      3      0
 8.      4       3      7      0
```

现在需要用两个变量来识别每个孩子：famid 和 kidid。我们把这个数据和另一个名为 kidname. dta 的数据做一下合并（如下所示）。

```
. use kidname

. sort famid kidid

. list
```

| | famid | kidid | kname |
|---|---|---|---|
| 1. | 1 | 1 | Sue |
| 2. | 2 | 1 | Vic |
| 3. | 2 | 2 | Flo |
| 4. | 3 | 1 | Ivy |
| 5. | 3 | 2 | Abe |
| 6. | 4 | 1 | Tom |
| 7. | 4 | 2 | Bob |
| 8. | 4 | 3 | Cam |

**这两个文件中的孩子都能用 famid 和 kidid 唯一地确定并连在一起。可以同时用这两个变量作为合并这两个数据的关键变量，如下所示。**

```
. use kids1

. merge 1:1 famid kidid using kidname

    Result                           # of obs.
    -----------------------------------------
    not matched                             0
    matched                                 8  (_merge==3)
    -----------------------------------------
```

**命令 merge 的输出结果显示，合并后的数据中的所有观测值都成功匹配。下面我们看一下合并后的数据。**

```
. list
```

| | famid | kidid | kage | kfem | kname | _merge |
|---|---|---|---|---|---|---|
| 1. | 1 | 1 | 3 | 1 | Sue | matched (3) |
| 2. | 2 | 1 | 8 | 0 | Vic | matched (3) |
| 3. | 2 | 2 | 3 | 1 | Flo | matched (3) |
| 4. | 3 | 1 | 4 | 1 | Ivy | matched (3) |
| 5. | 3 | 2 | 7 | 0 | Abe | matched (3) |
| 6. | 4 | 1 | 1 | 0 | Tom | matched (3) |
| 7. | 4 | 2 | 3 | 0 | Bob | matched (3) |
| 8. | 4 | 3 | 7 | 0 | Cam | matched (3) |

本节对一对一合并的讲解到此为止。本节没有列出在这样的合并过程中可能会遇到的问题。6.9 节中会集中讨论合并数据时可能遇到的问题，如何发现及处理这些问题。

## 6.5 Merging：一对多匹配合并数据

6.4 节讲的是 1：1合并，合并的是母亲和父亲的数据。这样的合并之所以叫 1：1 合并，是因为关键变量在每个数据中都能唯一地确定一个个案。相反地，当用母亲的数据来合并孩子的数据时，一个母亲就有可能需要和多个孩子匹配（一对多合并）。母亲的数据就是数据 1，孩子的数据就是数据 m。尽管有这些不同，但是执行 1：m 合并的过程和执行1：1合并的过程在本质上是相似的。我们将通过合并 moms1. dta 和 kids1. dta 来介绍这种类型的合并。这两个数据如下所示。

```
. use moms1

. list

     +-----------------------------+
     | famid   mage   mrace   mhs  |
     |-----------------------------|
  1. |     1     33       2     1  |
  2. |     2     28       1     1  |
  3. |     3     24       2     1  |
  4. |     4     21       1     0  |
     +-----------------------------+

. use kids1

. list

     +------------------------------+
     | famid   kidid   kage   kfem  |
     |------------------------------|
  1. |     3       1      4      1  |
  2. |     3       2      7      0  |
  3. |     2       1      8      0  |
  4. |     2       2      3      1  |
  5. |     4       1      1      0  |
     |------------------------------|
  6. |     4       2      3      0  |
  7. |     4       3      7      0  |
  8. |     1       1      3      1  |
     +------------------------------+
```

用变量 famid 连接母亲和孩子。我们能看到家庭 1 中的母亲只对应 1 个孩子，但是家庭 4 中的母亲却对应着 3 个孩子。还能看到，对每个母亲来说，至少会有一个能匹配上的孩子，而且每个孩子都会有一个相对应的母亲。下面来合并这两个数据。

```
. use moms1

. merge 1:m famid using kids1

    Result                           # of obs.
    -----------------------------------------
    not matched                             0
    matched                                 8  (_merge==3)
    -----------------------------------------
```

报告显示所有的变量匹配上了。

下面我们来看一下合并后的数据。用 famid 和 kidid 对该数据做一下排序，使其更易读。

```
. sort famid kidid

. list, sepby(famid)
```

| | famid | mage | mrace | mhs | kidid | kage | kfem | _merge |
|---|---|---|---|---|---|---|---|---|
| 1. | 1 | 33 | 2 | 1 | 1 | 3 | 1 | matched (3) |
| 2. | 2 | 28 | 1 | 1 | 1 | 8 | 0 | matched (3) |
| 3. | 2 | 28 | 1 | 1 | 2 | 3 | 1 | matched (3) |
| 4. | 3 | 24 | 2 | 1 | 1 | 4 | 1 | matched (3) |
| 5. | 3 | 24 | 2 | 1 | 2 | 7 | 0 | matched (3) |
| 6. | 4 | 21 | 1 | 0 | 1 | 1 | 0 | matched (3) |
| 7. | 4 | 21 | 1 | 0 | 2 | 3 | 0 | matched (3) |
| 8. | 4 | 21 | 1 | 0 | 3 | 7 | 0 | matched (3) |

在上面的列表中，要注意那些有多个孩子的母亲的信息是如何重复的。例如，家庭 4 中的母亲有 3 个对应的孩子。有关她的信息（如 mage 和 mrace）就出现了三次，相应地在每个匹配的孩子中都出现了。

接下来我们通过匹配 moms2. dta 和 kids2. dta，简单地看一下无法实现观测值完美匹配的示例（如下所示）。

```
. use moms2

. list
```

| | famid | mage | mrace | mhs | fr_moms2 |
|---|---|---|---|---|---|
| 1. | 1 | 33 | 2 | 1 | 1 |
| 2. | 3 | 24 | 2 | 1 | 1 |
| 3. | 4 | 21 | 1 | 0 | 1 |
| 4. | 5 | 39 | 2 | 0 | 1 |

```
. use kids2

. list, sepby(famid)
```

| | famid | kidid | kage | kfem |
|---|---|---|---|---|
| 1. | 2 | 2 | 3 | 1 |
| 2. | 2 | 1 | 8 | 0 |
| 3. | 3 | 2 | 7 | 0 |
| 4. | 3 | 1 | 4 | 1 |
| 5. | 4 | 2 | 3 | 0 |
| 6. | 4 | 3 | 7 | 0 |
| 7. | 4 | 1 | 1 | 0 |

在 moms2. dta 中有家庭 1 和家庭 5 的观测值，但在 kids2. dta 中却没有相应的观测值。而在 kids2. dta 中有家庭 2 的观测值，在 moms2. dta 中却没有相应的观测值。现在把这两个数据合并在一起。

```
. use moms2

. merge 1:m famid using kids2

    Result                           # of obs.
    -----------------------------------------
    not matched                             4
        from master                         2  (_merge==1)
        from using                          2  (_merge==2)

    matched                                 5  (_merge==3)
    -----------------------------------------
```

输出结果显示，有 5 个个案匹配成功，4 个个案没能匹配上。在这些没能匹配上的个案中，有 2 个在主数据（moms2. dta）中，有 2 个在使用数据（kids2. dta）中。我们看看合并后的数据列表。

```
. sort famid kidid

. list famid mage fr_moms2 kidid kage _merge, sepby(famid)

     +-------------------------------------------------------+
     | famid   mage   fr_moms2   kidid   kage         _merge |
     |-------------------------------------------------------|
  1. |     1     33          1       .      .   master only (1) |
     |-------------------------------------------------------|
  2. |     2      .          .       1      8    using only (2) |
  3. |     2      .          .       2      3    using only (2) |
     |-------------------------------------------------------|
  4. |     3     24          1       1      4       matched (3) |
  5. |     3     24          1       2      7       matched (3) |
     |-------------------------------------------------------|
  6. |     4     21          1       1      1       matched (3) |
  7. |     4     21          1       2      3       matched (3) |
  8. |     4     21          1       3      7       matched (3) |
     |-------------------------------------------------------|
  9. |     5     39          1       .      .   master only (1) |
     +-------------------------------------------------------+
```

家庭1和家庭5中的变量_merge显示为master only(1)，因为只有一个母亲的观测值而没有孩子的观测值。家庭2中的变量_merge显示为using only(2)，因为在kids2.dta中有两个孩子的观测值，而在moms2.dta中没有对应的母亲观测值。

现在不列出整个数据，只列出来自主数据（moms2.dta）的不匹配个案。

```
. list famid mage fr_moms2 kidid kage _merge if _merge == 1

     +-------------------------------------------------------+
     | famid   mage   fr_moms2   kidid   kage         _merge |
     |-------------------------------------------------------|
  1. |     1     33          1       .      .   master only (1) |
  9. |     5     39          1       .      .   master only (1) |
     +-------------------------------------------------------+
```

或者也可以只列出来自使用数据（kids2.dta）的不匹配个案。

```
. list famid mage fr_moms2 kidid kage _merge if _merge == 2

     +-------------------------------------------------------+
     | famid   mage   fr_moms2   kidid   kage         _merge |
     |-------------------------------------------------------|
  2. |     2      .          .       1      8    using only (2) |
  3. |     2      .          .       2      3    using only (2) |
     +-------------------------------------------------------+
```

我们还可以列出所有不匹配的观测值。

```
. list famid mage fr_moms2 kidid kage _merge if _merge == 1 | _merge == 2
```

| | famid | mage | fr_moms2 | kidid | kage | _merge |
|---|---|---|---|---|---|---|
| 1. | 1 | 33 | 1 | . | . | master only (1) |
| 2. | 2 | . | . | 1 | 8 | using only (2) |
| 3. | 2 | . | . | 2 | 3 | using only (2) |
| 9. | 5 | 39 | 1 | . | . | master only (1) |

到目前为止，这些示例介绍的都是 1：m(一对多）合并。Stata 也支持 m：1（多对一）合并。在这种合并中，主数据中可以有多条观测值同使用数据相匹配，这种匹配同样需要能唯一确定观测值的关键变量。例如，不是用孩子来合并母亲（如前所述），而是用母亲来合并孩子，如下所示：

```
. use kids1

. merge m:1 famid using moms1

    Result                           # of obs.
    -----------------------------------------
    not matched                             0
    matched                                 8  (_merge==3)
    -----------------------------------------
```

命令 merge 的输出结果显示合并后的数据有 8 个成功匹配的观测值，没有不匹配的观测值。下面看看合并后的数据。

```
. sort famid kidid

. list, sepby(famid)
```

| | famid | kidid | kage | kfem | mage | mrace | mhs | _merge |
|---|---|---|---|---|---|---|---|---|
| 1. | 1 | 1 | 3 | 1 | 33 | 2 | 1 | matched (3) |
| 2. | 2 | 1 | 8 | 0 | 28 | 1 | 1 | matched (3) |
| 3. | 2 | 2 | 3 | 1 | 28 | 1 | 1 | matched (3) |
| 4. | 3 | 1 | 4 | 1 | 24 | 2 | 1 | matched (3) |
| 5. | 3 | 2 | 7 | 0 | 24 | 2 | 1 | matched (3) |
| 6. | 4 | 1 | 1 | 0 | 21 | 1 | 0 | matched (3) |
| 7. | 4 | 2 | 3 | 0 | 21 | 1 | 0 | matched (3) |
| 8. | 4 | 3 | 7 | 0 | 21 | 1 | 0 | matched (3) |

注意来自 kids1. dta 的变量在前，而 moms1. dta 中的变量在后，这是因为这次 kids1. dta 是主数据，而 moms1. dta 是使用数据。执行 1：m 和 m：1的结果是一样的，

所以到底选择哪一种取决于你。

本节介绍了 1：m 和 m：1合并的基础知识。更多内容，请参见 6.9，该节里会介绍在合并数据时可能遇到的一些问题。

## 6.6 Merging：合并多个数据

Stata 11.0 版本中的 merge 命令添加了几个新的特性和保护措施。如我们在前面的小节中已经看到的，可以用新的语法执行 1：1，1：m 以及 m：1合并。所有这些都是成对合并。本节要介绍的是如何通过一系列成对合并来实现对多个数据的合并。[①]

我们看一个要合并的四个示例数据。我们在本章前面的部分中已经看到其中的两个数据，描述母亲的 moms2.dta 和描述父亲的 dads2.dta。我们还有一个描述母亲最好朋友的数据 momsbest2.dta 和一个描述父亲最好朋友的数据 dadsbest2.dta。

首先要把母亲的数据和包含母亲最好朋友的数据合并在一起，并保存合并后的数据。然后将父亲的数据和包含父亲最好朋友的数据合并，并保存合并后的数据。然后把这两个合并后的数据再合并起来。下面我们从合并母亲和她们最好朋友的数据开始这个过程。

```
. use moms2

. merge 1:1 famid using momsbest2, nogenerate

    Result                           # of obs.
    -----------------------------------------
    not matched                             3
        from master                         2
        from using                          1

    matched                                 2
    -----------------------------------------
```

结果显示有 2 个成功匹配的观测值和 3 个没匹配上的观测值。通常，我们会通过检查合并数据中的变量_merge 来确认不能匹配的观测值，但加入选项 nogenerate 后，则会禁止生成变量_merge。这么做是因为我在合并多个数据时，更倾向于通过自己在每个数据中生成的变量来确定数据的来源。数据 moms2 中有一个变量 fr_moms2（所有观测值在这个变量上的取值都是 1），momsbest2 中有一个变量 fr_momsbest2（所有观测值在这个变量上的取值都是 1）。看看下面这个包含所有变量的列表，如下所示

① Stata 10 中的 merge 语法仍然支持多个数据的合并，但是我总会发现这是一个危险的策略，并且尽量避免这么做，我更倾向于用多次的成对合并。

(用 famid 排序后，这个列表更易读)。

```
. sort famid

. list, abb(20)
```

| | famid | mage | mrace | mhs | fr_moms2 | mbage | fr_momsbest2 |
|---|---|---|---|---|---|---|---|
| 1. | 1 | 33 | 2 | 1 | 1 | . | . |
| 2. | 2 | . | . | . | . | 29 | 1 |
| 3. | 3 | 24 | 2 | 1 | 1 | 23 | 1 |
| 4. | 4 | 21 | 1 | 0 | 1 | 37 | 1 |
| 5. | 5 | 39 | 2 | 0 | 1 | . | . |

看看那些以 fr_开头的变量，会发现在第 1 个和第 5 个家庭中有母亲的观测值，但是没有她最好朋友的观测值。在第 2 个家庭中，有母亲最好朋友的观测值，但是没有母亲自己的观察值。把这个数据保存为 momsandbest. dta。

```
. save momsandbest
file momsandbest.dta saved
```

momsandbest. dta 可以和合并好父亲和他们最好朋友的数据再进行合并。实际上，我们现在想要做的就是这个合并。

```
. use dads2

. merge 1:1 famid using dadsbest2, nogenerate
```

| Result | # of obs. |
|---|---|
| not matched | 1 |
| from master | 0 |
| from using | 1 |
| matched | 3 |

```
. sort famid

. list, abb(20)
```

| | famid | dage | drace | dhs | fr_dads2 | dbage | fr_dadsbest2 |
|---|---|---|---|---|---|---|---|
| 1. | 1 | 21 | 1 | 0 | 1 | 19 | 1 |
| 2. | 2 | 25 | 1 | 1 | 1 | 28 | 1 |
| 3. | 3 | . | . | . | . | 32 | 1 |
| 4. | 4 | 25 | 2 | 1 | 1 | 38 | 1 |

```
. save dadsandbest
file dadsandbest.dta saved
```

在这个合并中，我们能看到有 3 个成功匹配的观察值和 1 个没能匹配上的观测值。家庭 3 中的父亲没有观测值，但有他最好朋友的观测值。把这个合并后的数据保存成 dadsandbest. dta，它将与 momsandbest. dta 合并，如下所示。

```
. use momsandbest

. merge 1:1 famid using dadsandbest, nogenerate

    Result                           # of obs.
    -----------------------------------------
    not matched                             1
        from master                         1
        from using                          0

    matched                                 4
    -----------------------------------------
```

这两个数据的合并结果告诉我们有 4 个成功匹配的观察值和 1 个没能匹配上的观察值。在这个示例中，我觉得应该把更多的精力放在以 fr_开头的变量上，这些变量会告诉我们观察值来自四个原数据文件中的哪一个。我列了一个包含 famid 和所有以 fr_开头的变量的列表，显示这四个数据的最终匹配结果。

```
. list famid fr_*, abb(20)

     +------------------------------------------------------------------+
     | famid   fr_moms2   fr_momsbest2   fr_dads2   fr_dadsbest2 |
     |------------------------------------------------------------------|
  1. |     1          1              .          1              1 |
  2. |     2          .              1          1              1 |
  3. |     3          1              1          .              1 |
  4. |     4          1              1          1              1 |
  5. |     5          1              .          .              . |
     +------------------------------------------------------------------+
```

如上所示，家庭 1 缺少来自母亲最好朋友的数据，家庭 2 缺少来自母亲的数据。家庭 3 缺少来自父亲的数据，家庭 4 包含了所有四个数据。家庭 5 只有来自母亲的数据。我们把这个数据存成 momsdadsbest. dta。

```
. save momsdadsbest
file momsdadsbest.dta saved
```

假如我们想更进一步，把这个数据和 kidname. dta 再合并起来，kidname. dta 中包含了每个家庭中的孩子的姓名。读入 kidname. dta 并生成变量 fr_kids，还是用它来确认来自 kidname. dta 的观测值。

```
. use kidname

. generate fr_kids = 1
```

现在，可以通过一个 m：1合并，把这个文件和 momsdadsbest. dta 合并起来，如下所示。

```
. merge m:1 famid using momsdadsbest

    Result                          # of obs.
    -----------------------------------------
    not matched                             1
        from master                         0  (_merge==1)
        from using                          1  (_merge==2)

    matched                                 8  (_merge==3)
    -----------------------------------------
```

列出以 fr_开头的变量，并只显示前 5 个观测值的匹配情况。

```
. list famid fr_* in 1/5, abb(20) sepby(famid)

     +------------------------------------------------------------------------+
     | famid   fr_kids   fr_moms2   fr_momsbest2   fr_dads2   fr_dadsbest2    |
     |------------------------------------------------------------------------|
  1. |     1         1          .              1          1              1    |
     |------------------------------------------------------------------------|
  2. |     2         1          .              1          1              1    |
  3. |     2         1          .              1          1              1    |
     |------------------------------------------------------------------------|
  4. |     3         1          1              1          .              1    |
  5. |     3         1          1              1          .              1    |
     +------------------------------------------------------------------------+
```

这个列表在查看每个观测值的匹配情况时很有用，但是如果有很多观测值，这种列表就不是很管用。这时，你可能需要一个与每种匹配结果对应的观测值个数频数表。我还在 UCLA 的时候，曾经写过一个名为 tablist 的程序来解决这种问题[①]，它产生的输出结果就类似命令 tabulate 和 list 的组合。下面用 tablist 生成了一个所有以 fr_开头的变量的频数表。

```
. tablist fr_*, abb(20) sort(v)

  +-------------------------------------------------------------------------------------------------+
  | fr_kids   fr_moms2   fr_momsbest2   fr_dads2   fr_dadsbest2   _Freq_   _Perc_   _CFreq_   _CPerc_ |
  |-------------------------------------------------------------------------------------------------|
  |       1          1              1          1              1        3    33.33         3     33.33 |
  |       1          1              1          .              1        2    22.22         5     55.56 |
  |       1          1              .          1              1        1    11.11         6     66.67 |
  |       1          .              1          1              1        2    22.22         8     88.89 |
  |       .          1              .          .              .        1    11.11         9    100.00 |
  +-------------------------------------------------------------------------------------------------+
```

① 你可以用命令 findit tablist 下载并安装这个程序（更多有关 findit 的使用细节，请参见 10.2）。

这个输出结果显示有 3 条观测值来自所有的源数据，2 条观测值来自除父亲数据外的源数据，1 条观察值来自除母亲最好朋友数据外的源数据，2 条观察值来自除母亲数据外的源数据，1 条观察值只有来自母亲的数据。我觉得这个输出结果在查找不匹配观察值上非常有用，尤其是在合并多个不同数据时。

本节展示了如何通过一系列成对合并来合并多个数据。每个数据中都包含的以 fr_ 开头的变量帮助我们追踪观察值的来源，并显示合并结果的频数分布表。最后，尽管在这里没有展示，但如果你想要合并多个数据，我建议你做一个流程图来解释每个合并的步骤。这样做有助于理清和保存合并的过程。

## 6.7 Merging：更新合并

有一种特殊类型的合并叫做"更新"（update）合并。执行这种合并时，需要根据使用数据提供的一些相关信息对主数据做出修改。例如，假设我们有另外一个版本的母亲数据，其中包含了一些缺失值和错误。另外，我们还有一个更新数据，这个数据中包含了用来替换或修改主数据中的缺失或错误的新值。通过执行更新合并，可以用使用数据对主数据进行修改，并创建一个修正（或者是更新）数据。

我们用母亲数据的一个变体 moms5.dta 来介绍更新合并，这个数据中有缺失值和错误。

```
. use moms5

. list

     +--------------------------------+
     | famid   mage   mrace   mhsgrad |
     |--------------------------------|
  1. |     1      .       2         1 |
  2. |     2     82       .         1 |
  3. |     3     24       2         . |
  4. |     4     21       1         0 |
     +--------------------------------+
```

moms5fixes.dta 是基于 moms5.dta 的更新数据。注意 famid 取值为 1 或 3 的观测值只包含针对 moms5.dta 中的缺失的更新内容。famid 取值为 2 的观测值包含一个针对 mage 缺失的更新内容和一个针对 mage 错误的修正内容。

```
. use moms5fixes

. list
```

```
     famid   mage   mrace   mhsgrad

 1.      1     33       .         .
 2.      2     28       1         .
 3.      3      .       .         1
```

我们试着做一次两个数据间的常规合并。

```
. use moms5

. merge 1:1 famid using moms5fixes

    Result                           # of obs.
    -----------------------------------------
    not matched                             1
        from master                         1  (_merge==1)
        from using                          0  (_merge==2)

    matched                                 3  (_merge==3)
    -----------------------------------------
```

如果把下面的合并结果和上面 moms5. dta 的内容进行比较，会看到主数据中的原始内容都没发生变化。这是命令 merge 默认的处理方式。

```
. list

     famid   mage   mrace   mhsgrad            _merge

 1.      1      .       2         1       matched (3)
 2.      2     82       .         1       matched (3)
 3.      3     24       2         .       matched (3)
 4.      4     21       1         0   master only (1)
```

如果加入选项 update，就会用使用数据来更新主数据中的缺失数据。

```
. use moms5

. merge 1:1 famid using moms5fixes, update

    Result                           # of obs.
    -----------------------------------------
    not matched                             1
        from master                         1  (_merge==1)
        from using                          0  (_merge==2)

    matched                                 3
        not updated                         0  (_merge==3)
        missing updated                     2  (_merge==4)
        nonmissing conflict                 1  (_merge==5)
    -----------------------------------------
```

命令 merge 的结果显示在主数据和使用数据中，有 3 条匹配成功的观测值。其中的 2 条观测值是 missing updated，1 条观测值是 nonmissing conflict。现在看看更新数据的列表，以便能更好地理解这次合并。

```
. sort famid

. list

     +----------------------------------------------------------+
     | famid   mage   mrace   mhsgrad                   _merge |
     |----------------------------------------------------------|
  1. |     1     33       2         1      missing updated (4) |
  2. |     2     82       1         1  nonmissing conflict (5) |
  3. |     3     24       2         1      missing updated (4) |
  4. |     4     21       1         0          master only (1) |
     +----------------------------------------------------------+
```

结果对观测家庭 1 和 3 的缺失做出了修正。这些观测值的匹配状态是 missing updated，因为使用数据被用来更新了主数据中的缺失值。对于家庭 2 来说，使用数据中包含了一个对 mage 的非缺失值的修正值。目前这个观测值的匹配状态是 nonmissing conflict，是因为主数据中包含一个和使用数据有矛盾的非缺失值。这个非缺失值并没有发生变化（例如，在家庭 2 中，母亲的年龄仍然是 82 岁）。

如果想让使用数据中的非缺失值把主数据中的非缺失值替换掉，需要加入选项 replace。下面这个示例中加入了这个选项，新生成的数据显示 moms5fixes. dta 中包含的所有修正，包括用 28 替换 82。

```
. use moms5

. merge 1:1 famid using moms5fixes, update replace

    Result                           # of obs.
    -----------------------------------------
    not matched                             1
        from master                         1  (_merge==1)
        from using                          0  (_merge==2)

    matched                                 3
        not updated                         0  (_merge==3)
        missing updated                     2  (_merge==4)
        nonmissing conflict                 1  (_merge==5)
    -----------------------------------------

. sort famid

. list
```

| | famid | mage | mrace | mhsgrad | _merge |
|---|---|---|---|---|---|
| 1. | 1 | 33 | 2 | 1 | missing updated (4) |
| 2. | 2 | 28 | 1 | 1 | nonmissing conflict (5) |
| 3. | 3 | 24 | 2 | 1 | missing updated (4) |
| 4. | 4 | 21 | 1 | 0 | master only (1) |

我们想象一下，如果 moms5. dta 中有成千上万个有缺失或错误的观测值，更新合并的用处就显而易见。可以创建一个只包含修正值的数据（如 moms5fixes. dta）。用这种方法，更新合并给修正数据提供了一种有效的方式。更多信息，请参见 help merge，尤其是和选项 update 相关的内容。

## 6.8 Merging：合并数据时的其他选项

本节将讨论可以用在命令 merge 中的选项。由于选项 update 和 replace 在 6.7 节中已经介绍过，这里不再赘述。看看下面的示例，在这个例子中，我们想合并 moms1. dta 和 dads1. dta。

```
. use moms1

. merge 1:1 famid using dads1

    Result                           # of obs.
    -----------------------------------------
    not matched                             0
    matched                                 4  (_merge==3)
    -----------------------------------------
```

合并后的数据包含 moms1. dta 和 dads1. dta 里的所有观测值，如下所示。

```
. list
```

| | famid | mage | mrace | mhs | dage | drace | dhs | _merge |
|---|---|---|---|---|---|---|---|---|
| 1. | 1 | 33 | 2 | 1 | 21 | 1 | 0 | matched (3) |
| 2. | 2 | 28 | 1 | 1 | 25 | 1 | 1 | matched (3) |
| 3. | 3 | 24 | 2 | 1 | 31 | 2 | 1 | matched (3) |
| 4. | 4 | 21 | 1 | 0 | 25 | 2 | 1 | matched (3) |

但如果我们只想保存 dads1. dta 里的某些特定的变量（如 dage），可以在命令 merge 中加入选项 keepusing(dage)（如下所示），这样就只保留使用数据（dads1. dta）里的变量 dage。

```
. use moms1

. merge 1:1 famid using dads1, keepusing(dage)

    Result                           # of obs.
    -----------------------------------------
    not matched                             0
    matched                                 4  (_merge==3)
    -----------------------------------------
```

合并后数据的列表（如下所示）显示使用数据（dads1.dta）中只有 dage 被保存下来。如果使用数据包含几十甚至几百个变量，但你只想在合并时保留其中的一小部分，这时选项 keepusing()就尤其方便。

```
. list

     +---------------------------------------------------+
     | famid   mage   mrace   mhs   dage          _merge |
     |---------------------------------------------------|
  1. |     1     33       2     1     21     matched (3) |
  2. |     2     28       1     1     25     matched (3) |
  3. |     3     24       2     1     31     matched (3) |
  4. |     4     21       1     0     25     matched (3) |
     +---------------------------------------------------+
```

下面我们再看看选项 generate()。Stata 在默认的状态下会创建一个名为_merge 的变量，这个变量中包含了每个观测值的匹配结果。选项 generate()允许你具体指定这个变量的名字，可以选择一个比_merge 更有意义的名字。① 下面的示例就是用选项 generate(md)把匹配结果变量命名为 md，而不是_merge。

```
. use moms2

. merge 1:1 famid using dads2, generate(md)

    Result                           # of obs.
    -----------------------------------------
    not matched                             3
        from master                         2  (md==1)
        from using                          1  (md==2)

    matched                                 2  (md==3)
    -----------------------------------------
```

下面是合并后数据的列表。变量 md 会告诉我们某个观测值是同时包含了来自主数据和使用数据中的内容［在这种情况下取值就是 matched(3)］，还是只包含了来自主数

① 如果在之前的一次合并中已经生成了_merge，这时选项 generate()也非常有用。如果要进行另一次合并，但没有指定选项 generate()，那么这次合并就会以失败告终，因为_merge 已经存在，而且 Stata 不会替换它。

据的内容［在这种情况下取值就是 master only(1)］，或者是只包含了来自使用数据的内容［在这种情况下取值就是 using only(2)］

```
. list famid mage dage fr_* md
```

| | famid | mage | dage | fr_moms2 | fr_dads2 | md |
|---|---|---|---|---|---|---|
| 1. | 1 | 33 | 21 | 1 | 1 | matched (3) |
| 2. | 3 | 24 | . | 1 | . | master only (1) |
| 3. | 4 | 21 | 25 | 1 | 1 | matched (3) |
| 4. | 5 | 39 | . | 1 | . | master only (1) |
| 5. | 2 | . | 25 | . | 1 | using only (2) |

moms2. dta 和 dads2. dta 中都有一个能够用来在合并后的数据中确定原始数据来源的变量。moms2. dta 中有一个变量 fr_moms2，它的取值都是 1。同样地，dads2. dta 中有一个变量 fr_dads2，它的取值也都是 1。如前所述，可以用这两个变量代替变量_merge 来描述匹配结果。也可以用这些变量生成一个对命令 merge 自动生成的匹配结果进行简单描述分析的表格。

再合并一次这两个数据，但是这次我们指定选项 nogenerate 告诉 Stata 不要生成_merge 变量。同时也加上选项 noreport，告诉 Stata 不要生成对匹配结果的描述表。

```
. use moms2

. merge 1:1 famid using dads2, nogenerate noreport
```

下面的列表显示出合并数据中的部分变量以及变量 fr_moms2 和 fr_dads2。变量 fr_moms2 和 fr_dads2显示了每个观测值的合并状况。家庭 1（famid）和 4 的观察值同时来自 moms2. dta 和 dads2. dta。家庭 3 和 5 的观测值只来自 moms2. dta，家庭 2 中的观测值只来自 dads2. dta。

```
. use moms2

. merge 1:1 famid using dads2, nogenerate noreport

. sort famid

. list famid mage dage fr_*
```

| | famid | mage | dage | fr_moms2 | fr_dads2 |
|---|---|---|---|---|---|
| 1. | 1 | 33 | 21 | 1 | 1 |
| 2. | 2 | . | 25 | . | 1 |
| 3. | 3 | 24 | . | 1 | . |
| 4. | 4 | 21 | 25 | 1 | 1 |
| 5. | 5 | 39 | . | 1 | . |

我们可以生成一个 fr_moms2 和 fr_dads2 的交互表，用它来描述整个数据的匹配结果。通常情况下，它和命令 merge 默认提供的信息一致。我们看到有两个观测值成功匹配（也就是既有 moms2.dta 又有 dads2.dta 中的数据）。两个观测值里只有 moms2.dta 的数据，没有 dads2.dta 的数据。还有一个观测值只有 dads2.dta 的数据，没有 moms2.dta 的数据。

```
. tabulate fr_moms2 fr_dads2, missing

From moms2 |  Data from dads2?
  dataset? |         1          . |     Total
-----------+----------------------+----------
         1 |         2          2 |         4
         . |         1          0 |         1
-----------+----------------------+----------
     Total |         3          2 |         5
```

接下来，我们要讨论另外两个选项——keep()和 assert()。选项 keep()允许你根据匹配状况指定在合并后的数据文件中保留哪些观测值（例如，仅保留主数据和使用数据中成功匹配的观测值)。选项 assert()让你能根据条件来检查主数据和使用数据匹配的状况（例如，检查两个数据中所有观测值是否都成功匹配)。这两个选项可以单独使用，也可以一起使用。这两个选项的运行还要取决于是否加入了选项 update。在接下来的示例中，我们先假定没有用 update 选项。

我们看看在合并 moms2.dta 和 dads2.dta 时，该如何用选项 keep()。首先，在不指定选项 keep()的情况下，合并这两个文件。

```
. use moms2, clear

. merge 1:1 famid using dads2

    Result                           # of obs.
    -----------------------------------------
    not matched                             3
        from master                         2  (_merge==1)
        from using                          1  (_merge==2)

    matched                                 2  (_merge==3)
    -----------------------------------------
```

上面的合并结果显示有两个观测值成功匹配上了，另外 3 个没能匹配上。这些没能匹配的观测值中，有 2 个来自主数据（moms2.dta)，1 个来自使用数据(dads2.dta)。

加入选项 keep(match)。如下所示，现在只保留两个成功匹配的观测值，结果仅报告保留下来的观测值。

```
. use moms2, clear

. merge 1:1 famid using dads2, keep(match)

    Result                           # of obs.
    -----------------------------------------
    not matched                             0
    matched                                 2  (_merge==3)
    -----------------------------------------
```

如果指定选项 keep(match master)，那么只有成功匹配的观测值（它们在主数据和使用数据中都有取值）和来自主数据（moms2. dta）的没能匹配的观测值会被保留下来。结果同样只报告那些保留下来的观测值。

```
. use moms2, clear

. merge 1:1 famid using dads2, keep(match master)

    Result                           # of obs.
    -----------------------------------------
    not matched                             2
        from master                         2  (_merge==1)
        from using                          0  (_merge==2)

    matched                                 2  (_merge==3)
    -----------------------------------------
```

反过来，你也可以指定选项 keep(match using)，这样就只保留成功匹配的观测值（它们在两个数据中都有取值）和来自使用数据（dads2. dta）的没能匹配的观测值。

```
. use moms2, clear

. merge 1:1 famid using dads2, keep(match using)
```

*（输出结果略）*

选项 assert()和选项 keep()的工作原理很像，但却是要检查是不是所有的观测值都满足规定的匹配条件。如果所有观测值都不能满足规定的条件，那么命令 merge 就会返回一条错误信息。例如，假设我们要合并 moms1. dta 和 dads1. dta，如下所示，在命令中包含了选项 assert(match)。

```
. use moms1

. merge 1:1 famid using dads1, assert(match)

    Result                           # of obs.
    -----------------------------------------
    not matched                             0
    matched                                 4  (_merge==3)
    -----------------------------------------
```

结果显示在合并数据中所有 4 个观测值都成功匹配上了。命令 merge 执行时也没有出现任何的错误。但如果有任何不相匹配的观测值，选项 assert(match)就会让命令 merge 报出一条错误信息。下面这个示例中就会显示这样的错误信息。

在本节之前的部分中看到，moms2. dta 和 dads2. dta 中包含一些不相匹配的观测值。如果我们在合并这两个文件时加入了选项 assert(match)，就会得到下面的错误信息：

```
. use moms2

. merge 1:1 famid using dads2, assert(match)
merge:  after merge, not all observations matched
        (merged result left in memory)
r(9);
```

这条错误信息无疑要引起我们的关注，它让我们注意这里并非所有的观测值都能够匹配上（也就是说，至少存在一个无法匹配的观测值）。

如果不指定 assert(match)，而是指定 assert(match master)的话，意思是要确保合并后的数据中的每个观测值要么是成功匹配的，要么是来自主数据的。也可以通过指定 assert(match using)来确保合并后的数据中的每个观测值要么是成功匹配值，要么是来自使用数据的。同样，如果指定的 assert()条件没有满足，Stata 就会报错。

> **注意！带 update 的 assert()和 keep()**
>
> 前面有关 assert()和 keep()的例子都假定没有指定选项 update。加入选项 update 会改变 assert()和 keep()的含义。更多关于使用带 update 的 assert()和 keep()选项的内容，请参见 help merge。

本节讲解的是一些可以在命令 merge 中用到的常见选项。更多关于在 Stata 里合并数据时所有可用选项的信息，请参见 help merge。下节要讨论的是在合并数据时可能遇到的一些问题。

## 6.9 Merging：合并数据时的问题

这节要介绍的是在合并数据时可能遇到的一些常见问题。除非另有说明，否则这些问题适用于前面几节中提到的所有类型的合并（也就是，一对一合并、一对多合并和更新合并）。

## 相同变量名

当合并两个数据时，除关键变量外[①]，两个数据中其他所有的变量名都应该不一样。但是有时，在给不同数据中的变量命名时，并没有考虑合并这些数据时会有什么后果。看看 moms3. dta 和 dads3. dta，如下所示。

```
. use moms3

. list
```

| | famid | age | race | hs |
|---|---|---|---|---|
| 1. | 1 | 33 | 2 | 1 |
| 2. | 2 | 28 | 1 | 1 |
| 3. | 3 | 24 | 2 | 1 |
| 4. | 4 | 21 | 1 | 0 |

```
. use dads3

. list
```

| | famid | age | eth | gradhs |
|---|---|---|---|---|
| 1. | 1 | 21 | 1 | 0 |
| 2. | 2 | 25 | 1 | 1 |
| 3. | 3 | 31 | 2 | 1 |
| 4. | 4 | 25 | 2 | 1 |

注意这两个数据中变量名 age 相同，尽管在 moms3. dta 中，它指的是母亲的年龄，在数据 dads3. dta 中它指的是父亲的年龄。而关于民族的变量 race/eth 以及高中是否毕业的变量在两个数据中的变量名都不一样。我们看看合并这两个数据后会发生些什么。

```
. use moms3

. merge 1:1 famid using dads3

    Result                           # of obs.
    -----------------------------------------
    not matched                             0
    matched                                 4  (_merge==3)
    -----------------------------------------
```

① 如果用了选项 update，那么主数据和使用数据可以共用同样的变量名。

在下面的列表中，请注意变量 age 显示的是 moms3. dta（主数据）中的年龄。当主数据和使用数据共用同样的变量名时，主数据中的取值会被保留，而使用数据中的取值就会被抛弃。

```
. list

     ┌───────────────────────────────────────────────────────────┐
     │ famid   age   race   hs   eth   gradhs            _merge │
     ├───────────────────────────────────────────────────────────┤
  1. │     1    33      2    1     1        0       matched (3) │
  2. │     2    28      1    1     1        1       matched (3) │
  3. │     3    24      2    1     2        1       matched (3) │
  4. │     4    21      1    0     2        1       matched (3) │
     └───────────────────────────────────────────────────────────┘
```

当一个数据中有很多变量时，检查变量名就会成为一个非常棘手的问题。可以用命令 cf(compare files)来确认主数据和使用数据中是否存在相同的变量（关键变量除外）。

```
. use moms3

. cf _all using dads3, all
          famid:  match
            age:  4 mismatches
           race:  does not exist in using
             hs:  does not exist in using
r(9);
```

结果显示这两个数据中有两个相同的变量：famid 和 age。我们可以推测出该结果，因为命令 cf 显示的是对两个数据中的变量进行比较的结果。变量 famid 是用来合并文件的关键变量，所以它在两个数据中本就应该有同样的变量名。但是变量 age 在两个数据中的变量名应该不一样。

即使不考虑 age 的问题，这些变量名也同样让人迷惑不解，因为我们无法区分哪些变量是描述母亲的，哪些变量是描述父亲的。

我们把这个数据的变量名和 moms1. dta 和 dads1. dta 中的变量名做一个对比。先来合并这两个数据。

```
. use moms1

. merge 1:1 famid using dads1

    Result                           # of obs.
    -----------------------------------------
    not matched                             0
    matched                                 4  (_merge==3)
    -----------------------------------------
```

当合并好两个数据后，哪些变量是描述母亲的，哪些变量是描述父亲的就非常清楚。下面是合并数据的列表。注意，母亲的变量前面都有一个前缀 m（用来指示它们是来自 moms1. dta），父亲的变量前面都有一个前缀 d（用指示它们是来自 dads1. dta）。

```
. list

     +--------------------------------------------------------------------+
     | famid   mage   mrace   mhs   dage   drace   dhs        _merge      |
     |--------------------------------------------------------------------|
  1. |     1     33       2     1     21       1     0   matched (3)      |
  2. |     2     28       1     1     25       1     1   matched (3)      |
  3. |     3     24       2     1     31       2     1   matched (3)      |
  4. |     4     21       1     0     25       2     1   matched (3)      |
     +--------------------------------------------------------------------+
```

总而言之，在计划合并数据时，应该挑选那些在合并后仍然会有意义的名字。

## 数据共用同样的取值标签名

让我们看看当合并拥有相同取值标签名的数据时会发生什么。

下面我们看到，moms4. dta 中有一个变量 mrace 被贴上了一个名为 race 的取值标签。数据 dads4. dta 中有一个变量 drace，也被贴上了一个名为 race 的取值标签。这样，当合并这两个数据时，矛盾就产生了。通过比较，moms4. dta 中的变量 mhs 对应着 dads4. dta 中的变量 dhs，它们各自的取值标签不一样。对于这两个变量来说，合并时应该没问题。

```
. use moms4

. describe mrace mhs

              storage  display    value
variable name   type   format     label      variable label
-------------------------------------------------------------------
mrace           float  %9.0g      race       Ethnicity
mhs             float  %15.0g     mhsgrad    HS Graduate?

. use dads4

. describe drace dhs

              storage  display    value
variable name   type   format     label      variable label
-------------------------------------------------------------------
drace           float  %9.0g      race       Ethnicity
dhs             float  %15.0g     dhsgrad    HS Graduate?
```

现在合并这两个数据。

```
. use moms4

. merge 1:1 famid using dads4
(label race already defined)

    Result                           # of obs.
    -----------------------------------------
    not matched                             0
    matched                                 4  (_merge==3)
    -----------------------------------------
```

注意 Stata 给出的信息（label race already defined）。这个微小的信息在警告我们两个数据中都使用到取值标签 race。

看看下面的列表，我们会发现两个共用取值标签 race 的数据的结果。变量 mrace 和 drace 被贴上的标签都是来自 moms4. dta（主数据）中的取值标签。而变量 mhs 和 dhs 就被合理地贴上了标签，因为这两个变量的取值标签在主数据和使用数据中的名字不一样。

```
. list famid mrace drace mhs dhs

     +-------------------------------------------------------------------+
     | famid       mrace         drace              mhs              dhs |
     |-------------------------------------------------------------------|
  1. |     1   Mom Black     Mom White       Mom HS Grad   Dad Not HS Grad |
  2. |     2   Mom White     Mom White       Mom HS Grad       Dad HS Grad |
  3. |     3   Mom Black     Mom Black       Mom HS Grad       Dad HS Grad |
  4. |     4   Mom White     Mom Black   Mom Not HS Grad       Dad HS Grad |
     +-------------------------------------------------------------------+
```

在指定取值标签的名字时，需要考虑到这样的问题：当进行数据合并时，这些名字还是唯一的。如果取值标签的名字在主数据和使用数据中都一样，那么来自主数据中的取值标签名会被优先采用。在我们的这个例子中，这个问题的解决方法是：在合并两个数据前，就要给 moms4. dta 和 dads4. dta 中的取值标签各取一个唯一的名字。

### 关键变量不一致

在主数据和使用数据中，关键变量的名字应该一样，而且应该是同样的数据类型（也就是说，两个数据中的关键变量要么都是数值型，要么都是字符型）。

有时在两个数据中关键变量的变量名并不相同。例如，在一个数据中变量名可能是 famid，在另一个数据中变量名可能是 id。在这种情况下，解决方案非常简单：对其中一个进行重命名，这样就能让它们拥有同样的名字。

假设一个数据中的关键变量被保存成数值型变量，而另一个数据中的关键变量被保存成字符型变量。在合并这两个数据之前，两个关键变量要么都是数值型，要么都是字符型。5.13 节中已经介绍了如何把字符型变量转换成数值型变量，5.14 节中介绍了如何把数值型变量转换成字符型变量。

### 小结

合并数据时会遇到很多问题。有些问题并不会产生错误信息，有些问题会产生看起来没问题的信息。只有做更进一步的检查，这些潜在的问题才会被发现。了解这些问题将有助于你预测并避免它们。

## 6.10 连接数据

前面一节已经介绍了如何做 1：1、1：m 以及 m：1合并。在极少数情况下，需要做 m：m 合并(也就是多对多的合并)。例如，我们有一个数据 parname. dta，它有 8 条来自 4 个家庭的父母的观测值。在家庭 1 中，Sam 娶了 Lil；在家庭 2 中，Nik 娶了 Ula，以此类推。

```
. use parname

. sort famid mom

. list, sepby(famid)
```

| | famid | mom | age | race | pname |
|---|---|---|---|---|---|
| 1. | 1 | 0 | 21 | 1 | Sam |
| 2. | 1 | 1 | 33 | 2 | Lil |
| 3. | 2 | 0 | 25 | 1 | Nik |
| 4. | 2 | 1 | 28 | 1 | Ula |
| 5. | 3 | 0 | 31 | 2 | Al |
| 6. | 3 | 1 | 24 | 2 | Ann |
| 7. | 4 | 0 | 25 | 2 | Ted |
| 8. | 4 | 1 | 21 | 1 | Bev |

我们还有一个数据 kidname. dta，其中包含了这些家庭中孩子的姓名。家庭 1 里有一个孩子 Sue，家庭 2 中有 2 个孩子 Vic 和 Flo，以此类推。

```
. use kidname

. sort famid kidid

. list, sepby(famid)
```

| | famid | kidid | kname |
|---|---|---|---|
| 1. | 1 | 1 | Sue |
| 2. | 2 | 1 | Vic |
| 3. | 2 | 2 | Flo |
| 4. | 3 | 1 | Ivy |
| 5. | 3 | 2 | Abe |
| 6. | 4 | 1 | Tom |
| 7. | 4 | 2 | Bob |
| 8. | 4 | 3 | Cam |

假设我们想把每个孩子都跟他自己的父母合并在一起。那么对家庭 2 来说，父亲 Nik 将会和他的两个孩子 Vic 和 Flo 匹配上。同样还是对家庭 2 来说，母亲 Ula 也要和她的两个孩子 Vic 和 Flo 匹配上。因此对于家庭 2 来说，就会生成 4 条观测值（父母 2 人×2 个孩子）。正如你看到的，这是一个多对多的合并，每个家庭的父母（例如，Nik 和 Ula）要和每个家庭里的多个孩子进行合并（例如，Vic 和 Flo）。

为了合并这两个数据，首先，需要根据家庭 ID 对它们进行排序，如下所示。

```
. use parname

. sort famid

. save parnamesort
file parnamesort.dta saved

. use kidname

. sort famid

. save kidnamesort
file kidnamesort.dta saved
```

现在可以用命令 joinby 合并这些数据。

```
. use parnamesort

. joinby famid using kidnamesort
```

在依据 famid、kidid 和 pname 排序后，结果数据如下所示。这个列表显示每个父母都跟他或她的孩子成功匹配。例如，来自 2 号家庭的 Nik 和 Ula 和他们的第一个孩子 Vic 匹配上，同时 Nik 和 Ula 和他们的第二个孩子 Flo 也匹配上。

```
. sort famid kidid pname

. list famid kidid pname age kname, sepby(famid kidid)
```

| | famid | kidid | pname | age | kname |
|---|---|---|---|---|---|
| 1. | 1 | 1 | Lil | 33 | Sue |
| 2. | 1 | 1 | Sam | 21 | Sue |
| 3. | 2 | 1 | Nik | 25 | Vic |
| 4. | 2 | 1 | Ula | 28 | Vic |
| 5. | 2 | 2 | Nik | 25 | Flo |
| 6. | 2 | 2 | Ula | 28 | Flo |
| 7. | 3 | 1 | Al | 31 | Ivy |
| 8. | 3 | 1 | Ann | 24 | Ivy |
| 9. | 3 | 2 | Al | 31 | Abe |
| 10. | 3 | 2 | Ann | 24 | Abe |
| 11. | 4 | 1 | Bev | 21 | Tom |
| 12. | 4 | 1 | Ted | 25 | Tom |
| 13. | 4 | 2 | Bev | 21 | Bob |
| 14. | 4 | 2 | Ted | 25 | Bob |
| 15. | 4 | 3 | Bev | 21 | Cam |
| 16. | 4 | 3 | Ted | 25 | Cam |

和命令 merge 不同，命令 joinby 的默认状态是只保留成功匹配的观测值。但是可以用选项 unmatched()做调整。指定 unmatched(both)就会把主数据和使用数据中的所有观测值都保留下来。指定 unmatched(master)就只保留主数据中的观测值，或者 unmatched(using)就只保留使用数据中的观测值。

和命令 merge 相同的是，命令 joinby 也支持选项 update 和 replace，允许 joinby 用使用数据中的信息来更新主数据。这两个选项和 joinby 连用时的作用和其在命令 merge 中使用的作用完全一样；更多关于这两个选项在 merge 命令中的用法示例，请参见 6.7。

选项_merge()允许指定一个变量名，用于指示观测值是来自主数据，还是来自使用数据，还是两个数据中都有。这和 6.8 节中讲到的命令 merge 中使用的 generate()选项一样。

更多有关做这类 m：m 合并的内容，请参见 help joinby。

## 6.11 交叉合并数据

很少能见到使用命令 cross 的情况，但是当需要时它还是很方便。命令 cross 和 merge 很像，除了这一点：主数据中的每条观测值都会和使用数据中的每条观测值做合并。例如，看看下面的 moms1. dta 和 dads1. dta。

```
. use moms1

. list

     +----------------------------+
     | famid   mage   mrace   mhs |
     |----------------------------|
  1. |     1     33       2     1 |
  2. |     2     28       1     1 |
  3. |     3     24       2     1 |
  4. |     4     21       1     0 |
     +----------------------------+

. use dads1

. list

     +----------------------------+
     | famid   dage   drace   dhs |
     |----------------------------|
  1. |     1     21       1     0 |
  2. |     2     25       1     1 |
  3. |     3     31       2     1 |
  4. |     4     25       2     1 |
     +----------------------------+
```

如果我们想构建这样一个数据，其中包含每个母亲与每个父亲之间所有可能的组合，就可以对着两个数据运行 cross 命令，如下所示。

```
. use moms1

. cross using dads1
```

两个数据交叉会生成一个新的数据，在这个数据中，每个母亲和每个父亲都进行匹配，生成了 16 个观测值（4×4）。如果你需要一个显示每个母亲和每个父亲之间所有可能婚姻的数据，能看到命令 cross 很容易就能实现这一点。

```
. list
```

| | famid | mage | mrace | mhs | dage | drace | dhs |
|---|---|---|---|---|---|---|---|
| 1. | 1 | 33 | 2 | 1 | 21 | 1 | 0 |
| 2. | 2 | 28 | 1 | 1 | 21 | 1 | 0 |
| 3. | 3 | 24 | 2 | 1 | 21 | 1 | 0 |
| 4. | 4 | 21 | 1 | 0 | 21 | 1 | 0 |
| 5. | 1 | 33 | 2 | 1 | 25 | 1 | 1 |
| 6. | 1 | 33 | 2 | 1 | 31 | 2 | 1 |
| 7. | 1 | 33 | 2 | 1 | 25 | 2 | 1 |
| 8. | 2 | 28 | 1 | 1 | 25 | 1 | 1 |
| 9. | 2 | 28 | 1 | 1 | 31 | 2 | 1 |
| 10. | 2 | 28 | 1 | 1 | 25 | 2 | 1 |
| 11. | 3 | 24 | 2 | 1 | 25 | 1 | 1 |
| 12. | 3 | 24 | 2 | 1 | 31 | 2 | 1 |
| 13. | 3 | 24 | 2 | 1 | 25 | 2 | 1 |
| 14. | 4 | 21 | 1 | 0 | 25 | 1 | 1 |
| 15. | 4 | 21 | 1 | 0 | 31 | 2 | 1 |
| 16. | 4 | 21 | 1 | 0 | 25 | 2 | 1 |

更多有关交叉合并数据的内容，请参见 help cross。

# 第七章　处理分组的观测值



相同的一组统计数据在不同级别的数据聚合层面上可以得出相反的结论。

——托马斯·索厄尔

## 7.1 简介

我们的数据通常不是完全扁平的，相反，它经常会有某种分类结构。这种结构要么反映某种子类别（如民族或性别），要么是某种嵌套结构（如一个家庭的孩子或某个人的多次观测值）。Stata 把它们叫做分组（by-group）。本章讨论的是 Stata 提供的用来对分组进行特定处理的工具。

7.2 节讲的是前缀命令 by，它能在分组变量的各个取值上重复执行 Stata 的命令，如在各个民族中计算变量之间的相关性。7.3 节展示的是如何把分组过程和命令 egen 联合起来使用，实现更简单地创建一些变量，包含计算各个变量在各个组内的描述统计量。本章的核心是从 7.4 节到 7.7 节，讲的是如何把前缀 by 和命令 generate 联合使用，在组内做复杂且有用的计算。例如，可以计算一个组内的每两个相邻观测值之间的差异，用组内的最后一个有效观测值来填补缺失值，识别只有一条观测值的组或者组内在不同时间上的变化。本章的最后一节是 7.8 节，这节比较的是 by 和 tsset。

## 7.2 为每个分组获取独立的结果

这节要介绍的是用前缀 by 来实现在观测值的各组内重复执行同一条命令。例如，以数据 wws2. dta 为例，假设我们想分别计算已婚女性和未婚女性工资的描述统计值。把命令 tabulate 和选项 summarize()联合起来用就可以做到这一点。

```
. use wws2
(Working Women Survey w/fixes)

. tabulate married, summarize(wage)

             |      Summary of hourly wage
   . married |        Mean   Std. Dev.       Freq.
-------------+------------------------------------
           0 |   8.0920006    6.354849         804
           1 |   7.6319496   5.5017864        1440
-------------+------------------------------------
       Total |   7.7967807   5.8245895        2244
```

也可以用加前缀 by 的 summarize 命令。注意，首先，数据要根据 married 对数据做排序，然后在命令 summarize 的前面加上 by married:，指定让 Stata 分别在 married 的各个水平上独立运行命令 summarize wage（也就是，对未婚女性和已婚女性两类人分别独立计算)。

```
. sort married

. bysort married: summarize wage

------------------------------------------------------------------------
-> married = 0

    Variable |       Obs        Mean    Std. Dev.       Min        Max
-------------+--------------------------------------------------------
        wage |       804    8.092001    6.354849          0   40.19808

------------------------------------------------------------------------
-> married = 1

    Variable |       Obs        Mean    Std. Dev.       Min        Max
-------------+--------------------------------------------------------
        wage |      1440     7.63195    5.501786   1.004952   40.74659
```

married 的每个水平(unmarried 和 married)都可以被当做一个组,当在一个命令前加上了 by,这个命令就会对每个组都执行一遍。如果我们确定数据已经根据 married 排过序了,就可以省略命令 sort married。但是,如果记错了,其实没有给数据排序,那么就会得到如下的错误提示:

```
. use wws2
(Working Women Survey w/fixes)

. by married: summarize wage
not sorted
r(5);
```

命令 bysort 是把命令 sort married 和前缀 by married:合并到一步。

```
. bysort married: summarize wage
```

(输出结果略)

或者,也可以把 bysort 缩写为 bys。

```
. bys married: summarize wage
```

(输出结果略)

如果使用的命令中没有其他途径可以独立地获取每个组的结果,这时加入前缀 by 就变得更加重要。例如,如果想要分别计算已婚组和未婚组内的相关关系,可能需要运行两个独立的 correlate 命令。

```
. correlate wage age if married==0
```

（输出结果略）

```
. correlate wage age if married==1
```

（输出结果略）

如果不这么做的话，现在用 by 就能轻松实现。

```
. by married: correlate wage age
```

（输出结果略）

现在看看另外一个例子，要对每个民族独立地计算一个相关关系。

```
. bysort race: correlate wage age

--------------------------------------------------------

-> race = 1
(obs=1637)

             |     wage      age
-------------+------------------
        wage |   1.0000
         age |   0.0017   1.0000


--------------------------------------------------------

-> race = 2
(obs=581)

             |     wage      age
-------------+------------------
        wage |   1.0000
         age |  -0.0331   1.0000


--------------------------------------------------------

-> race = 3
(obs=26)

             |     wage      age
-------------+------------------
        wage |   1.0000
         age |  -0.2194   1.0000
```

注意第三组的样本量有些小。尽管总的样本完全能够满足分析需要，但是当把其分成两个或多个组，把每个组作为子样本再进行分析的时候，问题可能会随之而来。

关于前缀 by 的更多内容，请参见 help by。

## 7.3 分组独立计算数值

前缀 by 可以和命令 egen 一起用，这样就能把分组和命令 generate 结合起来执行跨组间的计算。① 我们用 tv1. dta 来讲解，这个数据中包含 4 个孩子的体重、看电视时间以及某一天或某几天的假期状况。

```
. use tv1

. list, sepby(kidid)

     +----------------------------------------------+
     | kidid          dt   female   wt   tv   vac  |
     |----------------------------------------------|
  1. |     1   07jan2002        1   53    1     1  |
  2. |     1   08jan2002        1   55    3     1  |
     |----------------------------------------------|
  3. |     2   16jan2002        1   58    8     1  |
     |----------------------------------------------|
  4. |     3   18jan2002        0   60    2     0  |
  5. |     3   19jan2002        0   63    5     1  |
  6. |     3   21jan2002        0   66    1     1  |
  7. |     3   22jan2002        0   64    6     0  |
     |----------------------------------------------|
  8. |     4   10jan2002        1   62    7     0  |
  9. |     4   11jan2002        1   58    1     0  |
 10. |     4   13jan2002        1   55    4     0  |
     +----------------------------------------------+
```

现在要生成一个包含每个孩子的平均看电视时间的变量，用命令 egen 很容易实现。函数 mean()用来获取均值，加上前缀 bysort kidid:后，就会给每个孩子单独地计算均值，如下所示。

```
. bysort kidid: egen avgtv = mean(tv)

. list kidid tv avgtv, sepby(kidid)
```

---

① 更多有关 egen 的内容，请参见 5.10、5.11 和 5.12 节。

| | kidid | tv | avgtv |
|---|---|---|---|
| 1. | 1 | 1 | 2 |
| 2. | 1 | 3 | 2 |
| 3. | 2 | 8 | 8 |
| 4. | 3 | 2 | 3.5 |
| 5. | 3 | 5 | 3.5 |
| 6. | 3 | 1 | 3.5 |
| 7. | 3 | 6 | 3.5 |
| 8. | 4 | 7 | 4 |
| 9. | 4 | 1 | 4 |
| 10. | 4 | 4 | 4 |

同样地，可以用函数 sd()来计算每个孩子在看电视时间上的标准差。编号为 2 的孩子标准差为缺失，因为她只有一个取值。然后，还可以根据每个孩子的均值和标准差来计算 z 分数，如下所示。

```
. bysort kidid: egen sdtv = sd(tv)
(1 missing value generated)

. generate ztv = (tv - avgtv)/sdtv
(1 missing value generated)

. list kidid tv avgtv sdtv ztv, sepby(kidid)
```

| | kidid | tv | avgtv | sdtv | ztv |
|---|---|---|---|---|---|
| 1. | 1 | 1 | 2 | 1.414214 | -.7071068 |
| 2. | 1 | 3 | 2 | 1.414214 | .7071068 |
| 3. | 2 | 8 | 8 | . | . |
| 4. | 3 | 2 | 3.5 | 2.380476 | -.630126 |
| 5. | 3 | 5 | 3.5 | 2.380476 | .630126 |
| 6. | 3 | 1 | 3.5 | 2.380476 | -1.05021 |
| 7. | 3 | 6 | 3.5 | 2.380476 | 1.05021 |
| 8. | 4 | 7 | 4 | 3 | 1 |
| 9. | 4 | 1 | 4 | 3 | -1 |
| 10. | 4 | 4 | 4 | 3 | 0 |

变量 vac 是一个虚拟变量，如果孩子不是处在假期中，就是 0，如果孩子在假期中，则为 1。我们用下面的函数对这个变量进行计算，看看会发生些什么：total()、sd()、min()和 max()。

```
. bysort kidid: egen vac_total = total(vac)

. bysort kidid: egen vac_sd = sd(vac)
(1 missing value generated)

. bysort kidid: egen vac_min = min(vac)

. bysort kidid: egen vac_max = max(vac)

. list kidid vac*, sepby(kidid) abb(10)
```

| | kidid | vac | vac_total | vac_sd | vac_min | vac_max |
|---|---|---|---|---|---|---|
| 1. | 1 | 1 | 2 | 0 | 1 | 1 |
| 2. | 1 | 1 | 2 | 0 | 1 | 1 |
| 3. | 2 | 1 | 1 | . | 1 | 1 |
| 4. | 3 | 0 | 2 | .5773503 | 0 | 1 |
| 5. | 3 | 1 | 2 | .5773503 | 0 | 1 |
| 6. | 3 | 1 | 2 | .5773503 | 0 | 1 |
| 7. | 3 | 0 | 2 | .5773503 | 0 | 1 |
| 8. | 4 | 0 | 0 | 0 | 0 | 0 |
| 9. | 4 | 0 | 0 | 0 | 0 | 0 |
| 10. | 4 | 0 | 0 | 0 | 0 | 0 |

变量 vac_total 表示的是孩子假期的天数。变量 vac_sd 给出一个标准差，可以用来确定孩子的放假状况是否有变化（对孩子 3 来说，其标准差非零，所以假期状况有变化）。如果孩子总是在放假，那么变量 vac_min 的取值为 1，如果孩子曾经放过假，那么变量 vac_max 的取值为 1。

我们对看电视时间这个变量做同样的操作。如果想把每天看电视时间少于 4 个小时的孩子提取出来，低于这个临界点的孩子才是我们的研究兴趣所在。可以生成一个虚拟变量 tvlo，如果看电视时间少于 4 个小时，取值为 1，如果多于 4 个小时，则取值为 0（更多关于如何生成虚拟变量的内容，参见 5.7 节）。

```
. generate tvlo = (tv < 4) if ! missing(tv)
```

我们把刚才用于处理变量 vac 的方法在 tvlo 上重做一遍，会生成一些有用的结果，如下所示。

```
. egen tvlocnt = count(tvlo), by(kidid)

. egen tvlototal = total(tvlo), by(kidid)

. egen tvlosame = sd(tvlo), by(kidid)
(1 missing value generated)

. egen tvloall = min(tvlo), by(kidid)

. egen tvloever = max(tvlo), by(kidid)

. list kidid tv tvlo*, sepby(kidid) abb(20)
```

| | kidid | tv | tvlo | tvlocnt | tvlototal | tvlosame | tvloall | tvloever |
|---|---|---|---|---|---|---|---|---|
| 1. | 1 | 1 | 1 | 2 | 2 | 0 | 1 | 1 |
| 2. | 1 | 3 | 1 | 2 | 2 | 0 | 1 | 1 |
| 3. | 2 | 8 | 0 | 1 | 0 | . | 0 | 0 |
| 4. | 3 | 2 | 1 | 4 | 2 | .5773503 | 0 | 1 |
| 5. | 3 | 5 | 0 | 4 | 2 | .5773503 | 0 | 1 |
| 6. | 3 | 1 | 1 | 4 | 2 | .5773503 | 0 | 1 |
| 7. | 3 | 6 | 0 | 4 | 2 | .5773503 | 0 | 1 |
| 8. | 4 | 7 | 0 | 3 | 1 | .5773503 | 0 | 1 |
| 9. | 4 | 1 | 1 | 3 | 1 | .5773503 | 0 | 1 |
| 10. | 4 | 4 | 0 | 3 | 1 | .5773503 | 0 | 1 |

变量 tvlocnt 表示的是每个孩子在变量 tvlo 上有效观测值的数量。变量 tvlototal 表示每个孩子看电视少于 4 个小时的天数。如果一个孩子有多条观测值，而且这些观测值在 tvlo 上总是有同样的取值，那么变量 tvlosame 就为 0，而如果孩子在 tvlo 上有着不同的取值，那么 tvlosame 就会大于 0（如果只有一个取值则为缺失）。如果一个孩子看电视时间总是少于 4 个小时，则其在变量 tvloall 上的取值为 1，如果一个孩子看电视时间有过曾经小于 4 个小时的情况，则其在变量 tvloever 上的取值为 1。

除了这里讲的，Stata 里还有很多与 egen 连用的函数。有用来测量集中趋势的函数，包括函数 mean()、median()、mode()、也包括用来测量变异性的函数，如函数 iqr()、mad()、mdev()、kurt()和 skew()。这里不需要穷尽所有的函数，只需看一下如何阅读 egen 的帮助文件就可以了。只要输入 help egen 即可，下面给出了函数 mean()、skew()和 rowmean()的帮助。

mean(*exp*)　　(allows by *varlist*:)
　　creates a constant (within *varlist*) containing the mean of *exp*.

skew(*varname*)　　(allows by *varlist*:)
　　returns the skewness (within *varlist*) of *varname*.

rowmean(*varlist*)
　　may not be combined with by. It creates the (row) means of the variables in varlist, ignoring missing values;
　　　*（help 余下的内容被省略掉了）*

对函数 mean()来说，帮助文件告诉我们它可以与 by varlist:连用，意思是我们可以在这个函数中用前缀 by。函数 mean()中也可以用表达式(exp)，这就意味着我们可以在括号中插入一个变量名，也可以插入一个逻辑/数学表达式（更多有关数学表达式的内容，请参见 5.3 节，更多有关逻辑表达式的内容，请参见 A.6 节）。

函数 skew()也可以用前缀 by，但是它只能接受一个 varname。所以对函数 skew()来说，只能在括号中指定一个变量名。

与前两个示例不同，函数 rowmean()不能用前缀 by。这个函数用来执行变量间计算，而非个案间计算（更多有关变量间计算的信息请参见 5.10 节）。这就意味着它能接受一个 varlist，可以为函数 rowmean()提供一个或多个变量，它会逐行算出这些变量的均值。

**注意！egen 中的 varlist vs. 表达式**

注意函数 mean()如何处理一个表达式。这意味着可以输入类似于 var1-var5 这样的内容，而 Stata 会把这个表达式理解为 var1 减去 var5。如果想提供的是一个变量列表（variable list），类似于 var1 var2 var3 var4 var5，当 egen 用的函数要接受的是 *varlist*（而不是表达式 *exp*）时，egen 才会把 var1-var5 理解为一个变量的列表。

命令 egen 的功能非常强大，用起来也很简单。更多有关它的内容，请参见 help egen。

## 7.4　组内计算：加下标的观测值

这节要讲的是下标观测值。我认为展示这个概念要比解释它容易得多，所以现在直接看下面的示例 tv1.dta。

```
. use tv1

. list, sepby(kidid)

     +------------------------------------------------+
     | kidid          dt   female   wt   tv   vac     |
     |------------------------------------------------|
  1. |     1   07jan2002        1   53    1     1     |
  2. |     1   08jan2002        1   55    3     1     |
     |------------------------------------------------|
  3. |     2   16jan2002        1   58    8     1     |
     |------------------------------------------------|
  4. |     3   18jan2002        0   60    2     0     |
  5. |     3   19jan2002        0   63    5     1     |
  6. |     3   21jan2002        0   66    1     1     |
  7. |     3   22jan2002        0   64    6     0     |
     |------------------------------------------------|
  8. |     4   10jan2002        1   62    7     0     |
  9. |     4   11jan2002        1   58    1     0     |
 10. |     4   13jan2002        1   55    4     0     |
     +------------------------------------------------+
```

虽然不是非常明显，但每个变量都是一个矢量，通过矢量能直接找到任何特定的观测值。下面用命令 display 来显示第一条观测值的看电视时间，方法是指定 tv[1]。同样地，可以通过指定 tv[2]来显示第二条观测值的看电视时间。在 Stata 中这被称为加下标。

```
. display tv[1]
1

. display tv[2]
3
```

也可以显示第 2 条观测值和第 1 条观测值在看电视时间上的差值，如下所示。

```
. display tv[2] - tv[1]
2
```

下面通过指定 tv[_N]显示最后一条观测值的看电视时间。tv[_N]代表最后一条观测值，因为变量_N 代表数据中的观测值的数量（在这个示例中，N 是 10）。也可以通过指定 tv[_N-1]列出数据中倒数第二条观测值；Stata 允许在中括号里建立一个表达式(例如，_N-1)。

```
. display tv[_N]
4

. display tv[_N-1]
1
```

运行下面的 generate 命令，看看它们的作用。

```
. generate n = _n

. generate N = _N

. generate tvn = tv[_n]

. generate tvp = tv[_n-1]
(1 missing value generated)

. generate tvs = tv[_n+1]
(1 missing value generated)

. generate tv1 = tv[1]

. generate tvN = tv[_N]
```

命令 generate 创建的变量如下所示。

```
. list kidid tv n N tvn tvp tvs tv1 tvN
```

| | kidid | tv | n | N | tvn | tvp | tvs | tv1 | tvN |
|---|---|---|---|---|---|---|---|---|---|
| 1. | 1 | 1 | 1 | 10 | 1 | . | 3 | 1 | 4 |
| 2. | 1 | 3 | 2 | 10 | 3 | 1 | 8 | 1 | 4 |
| 3. | 2 | 8 | 3 | 10 | 8 | 3 | 2 | 1 | 4 |
| 4. | 3 | 2 | 4 | 10 | 2 | 8 | 5 | 1 | 4 |
| 5. | 3 | 5 | 5 | 10 | 5 | 2 | 1 | 1 | 4 |
| 6. | 3 | 1 | 6 | 10 | 1 | 5 | 6 | 1 | 4 |
| 7. | 3 | 6 | 7 | 10 | 6 | 1 | 7 | 1 | 4 |
| 8. | 4 | 7 | 8 | 10 | 7 | 6 | 1 | 1 | 4 |
| 9. | 4 | 1 | 9 | 10 | 1 | 7 | 4 | 1 | 4 |
| 10. | 4 | 4 | 10 | 10 | 4 | 1 | . | 1 | 4 |

下面每个重点符号后面显示的是新生成变量的意义。

- 变量 n 等于观测值的序号（_n 代表观测值在数据中的序号）。
- 变量 N 等于观测值的个数。
- 变量 tvn 和变量 tv 一样；加上的[_n]是多余的。
- 变量 tvp 被指定为 tv[_n-1]，即变量 tv 前一个观测值的取值（而且对第一个观测值而言，tvp 的取值缺失，因为在它的前面没有观测值）。
- 变量 tvs 被指定为 tv[_n+1]，即变量 tv 后一个观测值的取值（而且对最后一个观测值而言，tvs 的取值缺失，因为在它的后面没有其他观测值）。
- 变量 tv1 被指定为第一个观测值在 tv 上的取值。
- 变量 tvN 被指定为最后一个观测值在 tv 上的取值。

看看下面的命令：

```
.
. use tv1

. generate newvar = tv[X]
```

表 7.1 显示的是根据 X 的取值而定的 newvar 的不同含义。

**表 7.1 视 X 取值而定的 newvar 的不同含义**

| X 的取值 | newvar 的含义 |
|---|---|
| _n | 当前观测值在 tv 上的取值（如 tv 的一个复本）。 |
| _n－1 | 前一个观测值在 tv 上的取值。对于第 1 个观测值来说，它是缺失的（因为第一个观测值前面是没有观测值的）。 |
| _n＋1 | 后一个观测值在 tv 上的取值。对于最后一个观测值而言，它是缺失的（因为最后一个观测值的后面是没有观测值的）。 |
| 1 | 第一个观测值在 tv 上的取值。 |
| _N | 最后一个观测值在 tv 上的取值。 |

如果执行一组本质上一样的命令，但加上前缀 by kidid:，可以看看前缀 by kidid: 的出现如何影响结果。

```
. sort kidid dt

. by kidid: generate byn = _n

. by kidid: generate byN = _N

. by kidid: generate bytv = tv

. by kidid: generate bytvn = tv[_n]

. by kidid: generate bytvp = tv[_n-1]
(4 missing values generated)

. by kidid: generate bytvs = tv[_n+1]
(4 missing values generated)

. by kidid: generate bytv1 = tv[1]

. by kidid: generate bytvN = tv[_N]

. list kidid tv byn byN bytv bytvn bytvp bytvs bytv1 bytvN, sepby(kidid)
```

| | kidid | tv | byn | byN | bytv | bytvn | bytvp | bytvs | bytv1 | bytvN |
|---|---|---|---|---|---|---|---|---|---|---|
| 1. | 1 | 1 | 1 | 2 | 1 | 1 | . | 3 | 1 | 3 |
| 2. | 1 | 3 | 2 | 2 | 3 | 3 | 1 | . | 1 | 3 |
| 3. | 2 | 8 | 1 | 1 | 8 | 8 | . | . | 8 | 8 |
| 4. | 3 | 2 | 1 | 4 | 2 | 2 | . | 5 | 2 | 6 |
| 5. | 3 | 5 | 2 | 4 | 5 | 5 | 2 | 1 | 2 | 6 |
| 6. | 3 | 1 | 3 | 4 | 1 | 1 | 5 | 6 | 2 | 6 |
| 7. | 3 | 6 | 4 | 4 | 6 | 6 | 1 | . | 2 | 6 |
| 8. | 4 | 7 | 1 | 3 | 7 | 7 | . | 1 | 7 | 4 |
| 9. | 4 | 1 | 2 | 3 | 1 | 1 | 7 | 4 | 7 | 4 |
| 10. | 4 | 4 | 3 | 3 | 4 | 4 | 1 | . | 7 | 4 |

加上前缀 by，下标的意义也就改变了，它反映的是每个 by-group 里的观测值序号（在这个示例中，指的是每个孩子）。因此 tv[1]的意思是（每个孩子）第一个观测值的看电视时间，tv[N]代表（每个孩子中）最后一个观测值的看电视时间，tv[_n-1]代表（每个孩子中）前一个观测值的看电视时间；如果是小组中的第 1 个观测值，那么这个取值就是没有意义的（缺失的）。下面对每个变量给出了更详细的描述：

- 变量 byn 等于每个孩子（每个 kidid）的观测值的序号。byn 在每个新的 kidid 中重新开始计数。
- 变量 byN 等于每个孩子的观测值个数。
- 变量 bytv 只是变量 tv 的一个复本，因此前缀 by 的出现没有任何意义。变量 bytvn 也是如此。
- 变量 bytvp 被指定为 tv[_n-1]，指的是每个孩子的前一个观测值上的取值（而且对每个孩子的第一个观测值而言，bytvp 的取值缺失，因为在它的前面没有其他观测值了）。
- 变量 bytvs 被指定为 tv[_n+1]，指的是每个孩子的后一个观测值的取值（而且对每个孩子的最后一个观测值而言，bytvs 的取值缺失，因为在它的后面没有其他观测值了）。
- 变量 bytv1 指的是每个孩子的第一个观测值的看电视时间。
- 变量 bytvN 指的是每个孩子的最后一个观测值的看电视时间。

看看下面的命令：

```
. use tv1

. sort kidid dt

. bykidid: generate newvar = tv[X]
```

表 7.2 显示了根据 X 的取值而定的 newvar 的不同含义。

**表 7.2** **视 X 取值而定的 newvar 的不同含义**

| X 的取值 | newvar 的含义 |
|---|---|
| _n | 每个孩子的当前观测值在 tv 上的取值（如 tv 的一个复本） |
| _n-1 | 每个孩子的前一个观测值在 tv 上的取值。对于第 1 个观测值来说，它是缺失的（因为第一个观测值前面是没有观测值的）。 |
| _n+1 | 每个孩子的后一个观测值在 tv 上的取值。对于最后一个观测值而言，它是缺失的（因为最后一个观测值的后面是没有观测值的）。 |
| 1 | 每个孩子的第一个观测值在 tv 上的取值。 |
| N | 每个孩子的最后一个观测值在 tv 上的取值。 |

在下面的这些例子中，我们正确地使用了命令 sort，并基于 kidid 和 dt 对数据进行了排序。假设我们只基于 kidid 对数据进行排序，如下面的两个命令所示。

```
. sort kidid

. by kidid: generate bytv1 = tv[1]
```

或者同样地，也可以用 bysort 合并上面的两条命令，如下所示（更多关于 bysort 的信息，请参见 A.3）。

```
. bysort kidid: generate bytv1 = tv[1]
```

采用上面任何一种处理方法，也许是假定让 tv[1]代表每个孩子第一次的看电视时间。然而，变量 tv[1]指的是数据中每个孩子的第一个观测值，却不一定等于每个孩子第一次被观测到的取值。除非我们根据 kidid 和 dt 这两个变量同时对数据进行排序，否则不能确定每个孩子的若干条观测值是如何被排序的。由于在这些示例中了解观测值如何被排序非常重要，所以首先根据变量 kidid 和 dt，用命令 sort 对数据进行排序也非常重要。或者如果你想用命令 bysort，那么可以用下面的语句：

```
. bysort kidid(dt): generate bytv1 = tv[1]
```

这个语句规定，首先根据 kidid 和 dt 对数据进行排序，然后当执行命令 generate 时再加上前缀 by kidid。这样，tv[1]就代表每个孩子第一次被调查时的看电视时间。

这节开始探讨给 Stata 里的观测值加下标时所产生的结果，尤其是当下标和前缀 by 连用时。下一节建立在这一节的基础上，将展示当命令 generate 和前缀 by 连用时，如何在不同的观测值之间进行计算。

## 7.5 组内计算：跨观测值计算

本节是建立在上一节的基础上，介绍如何通过同时使用前缀 by 和命令 generate，实现在每个组内进行不同观测值之间的计算。看一下下面的命令，注意数据根据 kidid 和 dt 做了排序。

```
. use tv1

. sort kidid dt

. by kidid: generate newvar = X
```

下面的表 7.3 中展示了可以替换 X 的表达式以及对应的 newvar 的含义。

**表 7.3　替换 X 的表达式和对应的 newvar 的含义**

| X 的取值 | newvar 的含义 |
|---|---|
| tv − tv[_n−1] | 对于每个孩子，在看电视时间上，当前这个观测值和上一个观测值的差。每个孩子的第一个观测值是缺失的。 |
| tv − tv[_n+1] | 对于每个孩子，在看电视时间上，当前这个观测值和下一个观测值的差。每个孩子的最后一个观测值是缺失的。 |
| tv − tv[1] | 对于每个孩子，在看电视时间上，当前这个观测值和第一个观测值的差。 |
| tv − tv[_N] | 对于每个孩子，在看电视时间上，当前这个观测值和最后一个观测值的差。 |
| (tv[_n−1] + tv + tv[_n+1]) / 3 | 上一个观测值、当前的观测值和下一个观测值的平均。每个孩子的第一个观测值和最后一个观测值都是缺失的。 |

这些运算如下所示。

```
. use tv1

. sort kidid dt

. by kidid: generate tvdfp = tv - tv[_n-1]
(4 missing values generated)

. by kidid: generate tvdfs = tv - tv[_n+1]
(4 missing values generated)

. by kidid: generate tvdff = tv - tv[1]

. by kidid: generate tvdfl = tv - tv[_N]

. by kidid: generate tvavg = (tv[_n-1]) + tv + tv[_n+1]/3
(7 missing values generated)
```

运算结果如下所示。

```
. list kidid dt tv tvdfp tvdfs tvdff tvdfl tvavg, sepby(kidid)
```

| | kidid | dt | tv | tvdfp | tvdfs | tvdff | tvdfl | tvavg |
|---|---|---|---|---|---|---|---|---|
| 1. | 1 | 07jan2002 | 1 | . | -2 | 0 | -2 | . |
| 2. | 1 | 08jan2002 | 3 | 2 | . | 2 | 0 | . |
| 3. | 2 | 16jan2002 | 8 | . | . | 0 | 0 | . |
| 4. | 3 | 18jan2002 | 2 | . | -3 | 0 | -4 | . |
| 5. | 3 | 19jan2002 | 5 | 3 | 4 | 3 | -1 | 2.66666 |
| 6. | 3 | 21jan2002 | 1 | -4 | -5 | -1 | -5 | 4 |
| 7. | 3 | 22jan2002 | 6 | 5 | . | 4 | 0 | . |
| 8. | 4 | 10jan2002 | 7 | . | 6 | 0 | 3 | . |
| 9. | 4 | 11jan2002 | 1 | -6 | -3 | -6 | -3 | 4 |
| 10. | 4 | 13jan2002 | 4 | 3 | . | -3 | 0 | . |

● 变量 tvdfp 等于孩子当前这个观测值的看电视时间与上一个观测值的看电视时间之差。换句话说，是与孩子的上一个观测值相比发生的变化。孩子的第一条观测值在这个变量上是缺失的，因为第一个观测值的前面再没有观测值了。

● 变量 tvdfs 等于孩子当前这个观测值的看电视时间与下一个观测值的看电视时间之差。换句话说，是与孩子的后一个观测值相比发生的变化。孩子的最后一条观测值在这个变量上是缺失的，因为最后一个观测值的后面再没有观测值了。

● 变量 tvdff 等于孩子当前这个观测值的看电视时间与第一个观测值的看电视时间之差。

● 变量 tvdfl 等于孩子当前这个观测值的看电视时间与最后一个观测值的看电视时间之差。

● 最后，变量 tvavg 是上一个观测值、当前的观测值和下一个观测值加在一起再除以 3 得到的平均看电视时间。

本节以及上一节讲了怎样把前缀 by、命令 generate 和变量的下标结合在一起使用，来实现在各组内不同观测值之间进行计算。更多有关下标的内容，请参见 help subscriping。下节将要介绍的是如何累积求和，以及怎样与分组结合起来进行计算。

## 7.6 组内计算：求和

函数 sum()能在观测值间做累积求和（running sums）。看一个简单的示例，用的数据是 tv1. dta。

```
. use tv1

. generate tvsum = sum(tv)
```
[1]

```
. list kidid tv tvsum
```

| | kidid | tv | tvsum |
|---|---|---|---|
| 1. | 1 | 1 | 1 |
| 2. | 1 | 3 | 4 |
| 3. | 2 | 8 | 12 |
| 4. | 3 | 2 | 14 |
| 5. | 3 | 5 | 19 |
| 6. | 3 | 1 | 20 |
| 7. | 3 | 6 | 26 |
| 8. | 4 | 7 | 33 |
| 9. | 4 | 1 | 34 |
| 10. | 4 | 4 | 38 |

如上所示，变量 tvsum 是每条观测值在变量 tv 上的累积求和的结果。我们再把它运用到虚拟变量 vac 上，vac 等于 1 表示孩子在放假，等于 0 表示孩子没有在放假。

```
. generate vacsum = sum(vac)

. list kidid vac vacsum
```

| | kidid | vac | vacsum |
|---|---|---|---|
| 1. | 1 | 1 | 1 |
| 2. | 1 | 1 | 2 |
| 3. | 2 | 1 | 3 |
| 4. | 3 | 0 | 3 |
| 5. | 3 | 1 | 4 |
| 6. | 3 | 1 | 5 |
| 7. | 3 | 0 | 5 |
| 8. | 4 | 0 | 5 |
| 9. | 4 | 0 | 5 |
| 10. | 4 | 0 | 5 |

函数 sum()以同样的方式作用于虚拟变量。变量 vacsum 实际上就是对假期天数的累计。

把这些命令和前缀 by kidid: 合在一起用，看看会发生什么。根据前几节的内容，我们推测，它会对每一个孩子单独进行累积求和。

① sum( )函数在 generate 和 egen 两个命令里的计算法则不同，前者计算的是累积频次，后者计算的是总和。——译者注

```
. use tv1

. sort kidid dt

. by kidid: generate bytvsum = sum(tv)

. by kidid: generate byvacsum = sum(vac)
```

的确，如下所示，变量 bytvsum 是给每一个孩子单独进行的对 tv 的累积求和。同样地，byvacsum 是对每个孩子单独进行的对休假天数的累积求和。

```
. list kidid tv vac bytvsum byvacsum, sepby(kidid)
```

| | kidid | tv | vac | bytvsum | byvacsum |
|---|---|---|---|---|---|
| 1. | 1 | 1 | 1 | 1 | 1 |
| 2. | 1 | 3 | 1 | 4 | 2 |
| 3. | 2 | 8 | 1 | 8 | 1 |
| 4. | 3 | 2 | 0 | 2 | 0 |
| 5. | 3 | 5 | 1 | 7 | 1 |
| 6. | 3 | 1 | 1 | 8 | 2 |
| 7. | 3 | 6 | 0 | 14 | 2 |
| 8. | 4 | 7 | 0 | 7 | 0 |
| 9. | 4 | 1 | 0 | 8 | 0 |
| 10. | 4 | 4 | 0 | 12 | 0 |

看看下面这些不完整的命令，注意数据根据变量 kidid 和 dt 进行了排序。

```
. use tv1

. sort kidid dt

. by kidid: generate newvar = x
```

我们可以用各种包含函数 sum()的表达式来替换 X。下面的表 7.4 展示了可以替换 X 的表达式以及对应的 newvar 的含义。

**表 7.4 替换 X 的表达式和对应的 newvar 的含义**

| X 的取值 | newvar 的含义 |
|---|---|
| sum(tv) | 对于每个孩子，看电视时间的累积求和。 |
| sum(tv)/ _n | 对于每个孩子，看电视时间的动态平均值（running average）。 |
| sum(vac) | 对 vac 的累积求和。由于 vac 是一个 0/1 变量，用来指示孩子是否在放假，所以对 vac 的累积求和实际上就是对孩子处在假期中的天数做动态的计算。 |
| sum(vac)/ _n | 孩子放假天数的动态比例（running proportion）。 |

上述变量都是用下面的 generate 命令生成的。

```
. use tv1

. sort kidid dt

. by kidid: generate tvrunsum = sum(tv)

. by kidid: generate tvrunavg = sum(tv)/_n

. by kidid: generate vacruncnt = sum(vac)

. by kidid: generate vacrunprop = sum(vac)/_n
```

变量 tvrunsum 是每个孩子的看电视时间的累积求和，tvrunavg 是每个孩子的看电视时间的动态平均值。同样地，vacruncnt 是每个孩子的假期天数的累积求和（running count），vacrunprop 是每个孩子的假期天数的动态比例。

```
. list kidid tv* vac*, sepby(kidid) abb(20)
```

| | kidid | tv | tvrunsum | tvrunavg | vac | vacruncnt | vacrunprop |
|---|---|---|---|---|---|---|---|
| 1. | 1 | 1 | 1 | 1 | 1 | 1 | 1 |
| 2. | 1 | 3 | 4 | 2 | 1 | 2 | 1 |
| 3. | 2 | 8 | 8 | 8 | 1 | 1 | 1 |
| 4. | 3 | 2 | 2 | 2 | 0 | 0 | 0 |
| 5. | 3 | 5 | 7 | 3.5 | 1 | 1 | .5 |
| 6. | 3 | 1 | 8 | 2.666667 | 1 | 2 | .6666667 |
| 7. | 3 | 6 | 14 | 3.5 | 0 | 2 | .5 |
| 8. | 4 | 7 | 7 | 7 | 0 | 0 | 0 |
| 9. | 4 | 1 | 8 | 4 | 0 | 0 | 0 |
| 10. | 4 | 4 | 12 | 4 | 0 | 0 | 0 |

本节以及前面的几节介绍的是 Stata 里提供的很多用于进行观测值间运算的工具。下一节要把这些要素联合起来使用，并会展示更多如何联合使用这些工具以完成任务的示例。

## 7.7 组内计算：更多示例

在前几节中，我们就已经看到，同时使用 by 和命令 generate，能帮我们得到很多有用的东西，主要的内容如下：

- 组内观测值的序号，_n。
- 组内观测值的个数，_N。
- 通过下标得到组内任何一个特定观测值的取值（比如，x[1]、x[_n-1]、x[_n+1] 或者 x[_N]）。
- 组内两个或多个观测值之间的计算（比如，x[_n] - x[_n-1]）。
- 用函数 sum()在组内实现累积求和。

可以通过很多独特的方法把这些基本工具联合起来使用。本节将要介绍的是一些把上述工具联合起来使用的示例，本节要用的数据是 tv1. dta。

**组内观测数，仅有一个观测值的组，组内的第一个观测值，组中的最后一个观测值**

使用前缀 by 时，我们已经看到_n 代表的是组内的观测值序号，_N 代表的是组内的观测值总数。生成一个虚拟变量 singleton，1 表示的是_N 为 1，0 则相反。如果_N 等于 1，则说明该组就只有一个观测值。生成一个虚拟变量 first，1 表示每一个孩子的第一个观测值。我们知道某个观测值是这个孩子的第一个观测值，是因为_n 的取值等于 1。最后，生成虚拟变量 last 表示一个孩子的最后一个观测值。我们能够识别出是最后一个观测值，是因为这个孩子当前这个观测值的取值（_n）等于这个孩子观测值的总数（_N）。下面将展示如何进行上述的计算。

```
. use tv1

. sort kidid dt

. by kidid: generate n = _n

. by kidid: generate N = _N

. by kidid: generate singleton = (_N==1)

. by kidid: generate first = (_n==1)

. by kidid: generate last = (_n==_N)
```

命令 generate 生成的变量如下。

```
. list kidid n N singleton first last, sepby(kidid) abb(20)
```

| | kidid | n | N | singleton | first | last |
|---|---|---|---|---|---|---|
| 1. | 1 | 1 | 2 | 0 | 1 | 0 |
| 2. | 1 | 2 | 2 | 0 | 0 | 1 |
| 3. | 2 | 1 | 1 | 1 | 1 | 1 |
| 4. | 3 | 1 | 4 | 0 | 1 | 0 |
| 5. | 3 | 2 | 4 | 0 | 0 | 0 |
| 6. | 3 | 3 | 4 | 0 | 0 | 0 |
| 7. | 3 | 4 | 4 | 0 | 0 | 1 |
| 8. | 4 | 1 | 3 | 0 | 1 | 0 |
| 9. | 4 | 2 | 3 | 0 | 0 | 0 |
| 10. | 4 | 3 | 3 | 0 | 0 | 1 |

## 状态改变：假期开始和假期结束

如果孩子不在放假，则变量 vac 等于 0，如果在放假则为 1。如果你想研究一下假期开始和假期结束是如何影响看电视时间的，这时，可能就需要有两个分别来表示孩子的假期开始与假期结束的变量。假期开始意味着对假期变量（vac）来说，当前的观测值为 1，前一个观测值为 0。同样，假期结束意味着当前的观测取值为 1，但是下一个观测值为 0。如下所示。

```
. use tv1

. sort kidid dt

. by kidid: generate vacstart = (vac==1) & (vac[_n-1]==0)

. by kidid: generate vacend = (vac==1) & (vac[_n+1]==0)

. list kidid vac*, sepby(kidid) abb(20)
```

| | kidid | vac | vacstart | vacend |
|---|---|---|---|---|
| 1. | 1 | 1 | 0 | 0 |
| 2. | 1 | 1 | 0 | 0 |
| 3. | 2 | 1 | 0 | 0 |
| 4. | 3 | 0 | 0 | 0 |
| 5. | 3 | 1 | 1 | 0 |
| 6. | 3 | 1 | 0 | 1 |
| 7. | 3 | 0 | 0 | 0 |
| 8. | 4 | 0 | 0 | 0 |
| 9. | 4 | 0 | 0 | 0 |
| 10. | 4 | 0 | 0 | 0 |

## 填补缺失值

数据 tv2. dta 除了在 tv 和 wt 上有一对缺失值外，其他和 tv1. dta 都一样，如下所示。

```
. use tv2

. sort kidid dt

. list, sepby(kidid)

     +---------------------------------------------+
     | kidid          dt   female   wt   tv   vac |
     |---------------------------------------------|
  1. |     1   07jan2002        1   53    1     1 |
  2. |     1   08jan2002        1   55    3     1 |
     |---------------------------------------------|
  3. |     2   16jan2002        1   58    8     1 |
     |---------------------------------------------|
  4. |     3   18jan2002        0   60    2     0 |
  5. |     3   19jan2002        0    .    .     . |
  6. |     3   21jan2002        0   66    .     1 |
  7. |     3   22jan2002        0   64    6     0 |
     |---------------------------------------------|
  8. |     4   10jan2002        1   62    7     0 |
  9. |     4   11jan2002        1   58    .     . |
 10. |     4   13jan2002        1    .    4     0 |
     +---------------------------------------------+
```

假设现在想用上一个非缺失值来填补 tv 当前这个缺失值。首先，生成一个新变量 tvimp1，让它等于变量 tv。这样，如果 tv 的取值是缺失，就用缺失值前面的那个值来替换这个缺失值。但这样做只完成了对第一个缺失值的填补（比如，对 3 号孩子而言，tv 的第二个缺失值仍然是缺失）。

```
. generate tvimp1 = tv
(3 missing values generated)

. by kidid: replace tvimp1 = tv[_n-1] if missing(tv)
(2 real changes made)

. list kidid tv tvimp1, sepby(kidid)
```

|  | kidid | tv | tvimp1 |
|---|---|---|---|
| 1. | 1 | 1 | 1 |
| 2. | 1 | 3 | 3 |
| 3. | 2 | 8 | 8 |
| 4. | 3 | 2 | 2 |
| 5. | 3 | . | 2 |
| 6. | 3 | . | . |
| 7. | 3 | 6 | 6 |
| 8. | 4 | 7 | 7 |
| 9. | 4 | . | 7 |
| 10. | 4 | 4 | 4 |

如果你想用上面的最后一个有效值来对所有连续的缺失值进行填补，这时，还是先创建一个新的变量（在这个例子中是 tvimp2），让它等于 tv。但在命令 replace 中，变量 tvimp2 出现在等号的左右两边。这样，当出现缺失值时，tvimp2 的取值就会用它的上一个取值替换。对于连续有两个或多个缺失值的情况，第一个缺失值会被前一个观测值中的 tvimp2 有效取值所替代，然后再用它来填补下一个缺失值。

```
. generate tvimp2 = tv
(3 missing values generated)

. by kidid: replace tvimp2 = tv[_n-1] if missing(tvimp2)
(2 real changes made)

. list kidid tv tvimp2, sepby(kidid)
```

|  | kidid | tv | tvimp2 |
|---|---|---|---|
| 1. | 1 | 1 | 1 |
| 2. | 1 | 3 | 3 |
| 3. | 2 | 8 | 8 |
| 4. | 3 | 2 | 2 |
| 5. | 3 | . | 2 |
| 6. | 3 | . | . |
| 7. | 3 | 6 | 6 |
| 8. | 4 | 7 | 7 |
| 9. | 4 | . | 7 |
| 10. | 4 | 4 | 4 |

或者，还可能想要用上一个和下一个有效值的均值来填补当前的缺失值：

```
. generate tvimp3 = tv
(3 missing values generated)

. by kidid: replace tvimp3 = (tv[_n-1]+tv[_n+1])/2 if missing(tvimp3)
(0 real changes made)

. list kidid tv tvimp3, sepby(kidid)
```

| | kidid | tv | tvimp3 |
|---|---|---|---|
| 1. | 1 | 1 | 1 |
| 2. | 1 | 3 | 3 |
| 3. | 2 | 8 | 8 |
| 4. | 3 | 2 | 2 |
| 5. | 3 | . | . |
| 6. | 3 | . | . |
| 7. | 3 | 6 | 6 |
| 8. | 4 | 7 | 7 |
| 9. | 4 | . | 5.5 |
| 10. | 4 | 4 | 4 |

第 4 个孩子在 tv 上的缺失值被成功地替换成 5.5［也就是（7＋4）/2］，但第 3 个孩子的缺失值却没有被替换掉，这是因为有两个连续的缺失值存在（因此插值法的结果还是缺失）。

### 看电视时间的变化

如果想看看一个观测值和下一个观测值在看电视时间上的变化情况，可以生成一个变量，用当前的看电视的时间（tv[_n]）减去前一个看电视时间（tv[_n-1]），用这个变量代表看电视时间的变化，如下所示。

```
. use tv1

. sort kidid dt

. by kidid: generate tvchange = tv[_n] - tv[_n-1]
(4 missing values generated)

. list kidid tv*, sepby(kidid)
```

| | kidid | tv | tvchange |
|---|---|---|---|
| 1. | 1 | 1 | . |
| 2. | 1 | 3 | 2 |
| 3. | 2 | 8 | . |
| 4. | 3 | 2 | . |
| 5. | 3 | 5 | 3 |
| 6. | 3 | 1 | -4 |
| 7. | 3 | 6 | 5 |
| 8. | 4 | 7 | . |
| 9. | 4 | 1 | -6 |
| 10. | 4 | 4 | 3 |

当然，第一个取值会缺失，因为对第一个观测值来说，tv[_n-1]就是 tv[0]，而 tv[0]是一个缺失值。而其他的所有变化值都和我们希望的一致。

如果你想生成一个标识变量，用来记录变化得分小于-2 的观测值（意思是看电视的时间减少了 2 个或更长的时间）。可以这样来做：

```
. generate tvch2 = (tvchange <= -2) if ! missing(tvchange)
(4 missing values generated)

. list kidid tv*, sepby(kidid)
```

| | kidid | tv | tvchange | tvch2 |
|---|---|---|---|---|
| 1. | 1 | 1 | . | . |
| 2. | 1 | 3 | 2 | 0 |
| 3. | 2 | 8 | . | . |
| 4. | 3 | 2 | . | . |
| 5. | 3 | 5 | 3 | 0 |
| 6. | 3 | 1 | -4 | 1 |
| 7. | 3 | 6 | 5 | 0 |
| 8. | 4 | 7 | . | . |
| 9. | 4 | 1 | -6 | 1 |
| 10. | 4 | 4 | 3 | 0 |

如你所见，Stata 提供了一套强大的工具把要素 by 和 generate 一起使用来实现对组内观测值之间的各种计算。更多有关用 by 和 generate 的内容，请参见 help by。

## 7.8 by 命令和 tsset 命令比较

7.5 节中介绍了该怎样用 by 做组内观测值间的运算。以数据 tv1. dta 为例，我们知道了该如何获取前一个观测值看电视的时间，这么操作：

```
. use tv1

. sort kidid dt

. by kidid: generate ltv = tv[_n - 1]
(4 missing values generated)

. list, sepby(kidid)
```

| | kidid | dt | female | wt | tv | vac | ltv |
|---|---|---|---|---|---|---|---|
| 1. | 1 | 07jan2002 | 1 | 53 | 1 | 1 | . |
| 2. | 1 | 08jan2002 | 1 | 55 | 3 | 1 | 1 |
| 3. | 2 | 16jan2002 | 1 | 58 | 8 | 1 | . |
| 4. | 3 | 18jan2002 | 0 | 60 | 2 | 0 | . |
| 5. | 3 | 19jan2002 | 0 | 63 | 5 | 1 | 2 |
| 6. | 3 | 21jan2002 | 0 | 66 | 1 | 1 | 5 |
| 7. | 3 | 22jan2002 | 0 | 64 | 6 | 0 | 1 |
| 8. | 4 | 10jan2002 | 1 | 62 | 7 | 0 | . |
| 9. | 4 | 11jan2002 | 1 | 58 | 1 | 0 | 7 |
| 10. | 4 | 13jan2002 | 1 | 55 | 4 | 0 | 1 |

ltv 的取值等于特定的孩子在前一个观测值中看电视的时间。注意它不必是前一天的看电视时间。例如，对 1 月 21 日的第 6 个观测值来说，ltv 的取值是 5，而 5 对应的是 1 月 19 日 tv 的取值。看一下另外一个执行这种运算的方法。

```
. tsset kidid dt, daily
       panel variable:  kidid (unbalanced)
        time variable:  dt, 07jan2002 to 22jan2002, but with gaps
                delta:  1 day

. generate ltv2 = L.tv
(6 missing values generated)
```

我们用命令 tsset 告诉 Stata 数据是根据 kidid 分组的，并且 dt 代表的是每个观测值对应的日期。选项 daily 规定 dt 代表的是天（而不是周、月或年）。执行完这个命令后，Stata 就知道加了前缀 L.（L 是 lag 中的 l）的变量表示你想要的是前一个时期

(前一天)[①] 上 tv 的取值。我们看看下面的结果。

```
. list kidid dt wt tv ltv ltv2, sepby(kidid)
```

| | kidid | dt | wt | tv | ltv | ltv2 |
|---|---|---|---|---|---|---|
| 1. | 1 | 07jan2002 | 53 | 1 | . | . |
| 2. | 1 | 08jan2002 | 55 | 3 | 1 | 1 |
| 3. | 2 | 16jan2002 | 58 | 8 | . | . |
| 4. | 3 | 18jan2002 | 60 | 2 | . | . |
| 5. | 3 | 19jan2002 | 63 | 5 | 2 | 2 |
| 6. | 3 | 21jan2002 | 66 | 1 | 5 | . |
| 7. | 3 | 22jan2002 | 64 | 6 | 1 | 1 |
| 8. | 4 | 10jan2002 | 62 | 7 | . | . |
| 9. | 4 | 11jan2002 | 58 | 1 | 7 | 7 |
| 10. | 4 | 13jan2002 | 55 | 4 | 1 | . |

注意 ltv（前一个观测值的看电视时间）和 ltv2（前一天的看电视时间）不同的个案。例如在 1 月 21 日这天，它的前一天是 1 月 20 日，数据中没有这一天的 tv 值；这就是为什么这一天 ltv2 的取值为缺失的原因。看看另外一些示例：

```
. generate ftv = F.tv
(6 missing values generated)

. generate dtv = D.tv
(6 missing values generated)

. list kidid dt wt tv ftv dtv, sepby(kidid)
```

| | kidid | dt | wt | tv | ftv | dtv |
|---|---|---|---|---|---|---|
| 1. | 1 | 07jan2002 | 53 | 1 | 3 | . |
| 2. | 1 | 08jan2002 | 55 | 3 | . | 2 |
| 3. | 2 | 16jan2002 | 58 | 8 | . | . |
| 4. | 3 | 18jan2002 | 60 | 2 | 5 | . |
| 5. | 3 | 19jan2002 | 63 | 5 | . | 3 |
| 6. | 3 | 21jan2002 | 66 | 1 | 6 | . |
| 7. | 3 | 22jan2002 | 64 | 6 | . | 5 |
| 8. | 4 | 10jan2002 | 62 | 7 | 1 | . |
| 9. | 4 | 11jan2002 | 58 | 1 | . | -6 |
| 10. | 4 | 13jan2002 | 55 | 4 | . | . |

① 把它和 tv[_n-1]做一下对比，后者代表前一个观测值，而不考虑这前一个观测值是在多久之前发生的。

注意 F. tv（F 是 forward 中的 f）代表下一个时期 tv 的取值，D. tv（D 是 difference）代表 tv 在当下的取值减去它的前一个取值。当指定 F. tv，就好像我们指定了 F1. tv，明确表示我们想往前移动一个时期。你可以规定任何一个想要的时期；例如，F2. tv 指的就是向前两个时期上 tv 的取值。这也同样适用于 L. tv 和 D. tv。

更多关于使用和执行时间序列数据运算的信息，请参见 help tsset。

# 第八章　改变数据形状



在实验结束后再找统计学家，只能让他做事后研究：也许他能说出本次实验失败的原因。

——罗纳德·费歇尔

## 8.1 简介

对于大多数数据而言，数据的形状不是问题。每条观测值占据一行，每个变量占据一列。但有些数据的结构是嵌套式的，这种数据结构可以用很多种方法呈现。例如，当对一个人进行多次测量时，多次测量的结果可以用不同的列来表示（就是宽数据），也可以用不同的行来表示（就是长数据）。

本章考察的是这些可以用不同形状保存的数据。8.2 节先对宽数据和长数据进行了描述，并介绍了在什么情况下可以使用哪一种类型的数据形状。之后的 8.3 节和 8.4 节，介绍的是如何把长数据转换成宽数据。8.5 节和 8.6 节介绍的是如何将宽数据转换成长数据。8.7 节介绍了多层数据的相关内容，可以用这种类型的数据把多个层面上的测量信息（类似于那些用于多层模型中的信息）合并在一起。最后，8.8 节讨论的是 collapsed data 以及如何创建它们。

## 8.2 宽数据和长数据

本节关注的是组织数据的两种形状类型：宽数据和长数据。本节要介绍的是这两种数据形状以及它们各自的优点。

我们先来看一个名为 cardio_wide. dta 的宽数据的例子。

```
. use cardio_wide

. describe

Contains data from cardio_wide.dta
  obs:            6
 vars:           12                          22 Dec 2009 20:43
 size:          120
-------------------------------------------------------------------------------
              storage  display     value
variable name   type   format      label      variable label
-------------------------------------------------------------------------------
id              byte   %3.0f                  ID of person
age             byte   %3.0f                  Age of person
bp1             int    %3.0f                  Blood pressure systolic Trial 1
bp2             int    %3.0f                  Blood pressure systolic Trial 2
bp3             int    %3.0f                  Blood pressure systolic Trial 3
bp4             int    %3.0f                  Blood pressure systolic Trial 4
bp5             int    %3.0f                  Blood pressure systolic Trial 5
pl1             int    %3.0f                  Pulse: Trial 1
```

```
pl2              byte    %3.0f                  Pulse: Trial 2
pl3              int     %3.0f                  Pulse: Trial 3
pl4              int     %3.0f                  Pulse: Trial 4
pl5              byte    %3.0f                  Pulse: Trial 5

Sorted by:

. list
```

| | id | age | bp1 | bp2 | bp3 | bp4 | bp5 | pl1 | pl2 | pl3 | pl4 | pl5 |
|---|---|---|---|---|---|---|---|---|---|---|---|---|
| 1. | 1 | 40 | 115 | 86 | 129 | 105 | 127 | 54 | 87 | 93 | 81 | 92 |
| 2. | 2 | 30 | 123 | 136 | 107 | 111 | 120 | 92 | 88 | 125 | 87 | 58 |
| 3. | 3 | 16 | 124 | 122 | 101 | 109 | 112 | 105 | 97 | 128 | 57 | 68 |
| 4. | 4 | 23 | 105 | 115 | 121 | 129 | 137 | 52 | 79 | 71 | 106 | 39 |
| 5. | 5 | 18 | 116 | 128 | 112 | 125 | 111 | 70 | 64 | 52 | 68 | 59 |
| 6. | 6 | 27 | 108 | 126 | 124 | 131 | 107 | 74 | 78 | 92 | 99 | 80 |

这个数据包含 6 个人的信息，这 6 个人参加了一项有关运动及其对收缩压和脉搏率影响的研究。血压和脉搏率在 5 次试验中分别被测量了 5 次：第 1 次测量是在休息的时候，接着 2 次是在运动中，最后 2 次是运动后恢复的时候。所有人两次试验之间的间隔时间都是 10 分钟。

这个数据中每个人都有一条观测数据，5 次试验的血压测量分别命名为 bp1—bp5。同样地，五次脉搏率测量分别命名为 pl1—pl5。被试的年龄保存在变量 age 里。这样的数据就被称为宽数据，因为随着试验次数的增加，数据会变得越来越宽。

和这个数据相对应的是长数据 cardio_long.dta，如下所示。

```
. use cardio_long

. describe

Contains data from cardio_long.dta
  obs:            30
 vars:             5                      21 Dec 2009 22:08
 size:           210

              storage  display     value
variable name   type   format      label      variable label

id              byte   %3.0f                  ID of person
trial           byte   %9.0g                  Trial number
age             byte   %3.0f                  Age of person
bp              int    %3.0f                  Blood pressure (systolic)
pl              int    %3.0f                  Pulse

Sorted by:  id  trial
```

```
. list
```

| | id | trial | age | bp | pl |
|---|---|---|---|---|---|
| 1. | 1 | 1 | 40 | 115 | 54 |
| 2. | 1 | 2 | 40 | 86 | 87 |
| 3. | 1 | 3 | 40 | 129 | 93 |
| 4. | 1 | 4 | 40 | 105 | 81 |
| 5. | 1 | 5 | 40 | 127 | 92 |
| 6. | 2 | 1 | 30 | 123 | 92 |
| 7. | 2 | 2 | 30 | 136 | 88 |
| 8. | 2 | 3 | 30 | 107 | 125 |
| 9. | 2 | 4 | 30 | 111 | 87 |
| 10. | 2 | 5 | 30 | 120 | 58 |
| 11. | 3 | 1 | 16 | 124 | 105 |
| 12. | 3 | 2 | 16 | 122 | 97 |
| 13. | 3 | 3 | 16 | 101 | 128 |
| 14. | 3 | 4 | 16 | 109 | 57 |
| 15. | 3 | 5 | 16 | 112 | 68 |
| 16. | 4 | 1 | 23 | 105 | 52 |
| 17. | 4 | 2 | 23 | 115 | 79 |
| 18. | 4 | 3 | 23 | 121 | 71 |
| 19. | 4 | 4 | 23 | 129 | 106 |
| 20. | 4 | 5 | 23 | 137 | 39 |
| 21. | 5 | 1 | 18 | 116 | 70 |
| 22. | 5 | 2 | 18 | 128 | 64 |
| 23. | 5 | 3 | 18 | 112 | 52 |
| 24. | 5 | 4 | 18 | 125 | 68 |
| 25. | 5 | 5 | 18 | 111 | 59 |
| 26. | 6 | 1 | 27 | 108 | 74 |
| 27. | 6 | 2 | 27 | 126 | 78 |
| 28. | 6 | 3 | 27 | 124 | 92 |
| 29. | 6 | 4 | 27 | 131 | 99 |
| 30. | 6 | 5 | 27 | 107 | 80 |

可以看到，整个长数据包含的信息和它相对应的宽数据一样，不一样的是，它并不是把每次试验的信息保存成一个新变量，而是保存成一条新的观测值（行）。这样的数据就被叫做长数据，因为每增加一次试验，数据就会变得更长。

注意是怎样使每个人具有相同的试验数量的（5 个）。在这两个例子中，选择用宽数据还是用长数据，取决于你想利用这个数据做什么样的分析。接下来看看可以在宽数据和长数据中做哪些不同类型的分析。如果要获得不同时间点上血压测量之间的关系，用 cardio_wide. dta 更容易实现。

```
. use cardio_wide

. correlate bp1 bp2 bp3 bp4 bp5
(obs=6)

             |      bp1      bp2      bp3      bp4      bp5
-------------+---------------------------------------------
         bp1 |   1.0000
         bp2 |   0.2427   1.0000
         bp3 |  -0.7662  -0.6657   1.0000
         bp4 |  -0.7644   0.3980   0.2644   1.0000
         bp5 |  -0.3643  -0.4984   0.3694  -0.0966   1.0000
```

相反，如果要得到每个时间点上血压和脉搏之间的关系，用 caodio_long. dta 就更简单些。这种做法可以扩展到任何一种对不同时间点数据的分析，而不仅仅是相关。

```
. use cardio_long

. bysort trial: correlate bp pl

------------------------------------------------------
-> trial = 1
(obs=6)

             |       bp       pl
-------------+------------------
          bp |   1.0000
          pl |   0.7958   1.0000

------------------------------------------------------
-> trial = 2
(obs=6)

             |       bp       pl
-------------+------------------
          bp |   1.0000
          pl |  -0.1985   1.0000

------------------------------------------------------
-> trial = 3
(obs=6)

             |       bp       pl
-------------+------------------
          bp |   1.0000
          pl |  -0.4790   1.0000
```

```
-> trial = 4
(obs=6)

             |       bp        pl
-------------+------------------
          bp |   1.0000
          pl |   0.5639   1.0000


-> trial = 5
(obs=6)

             |       bp        pl
-------------+------------------
          bp |   1.0000
          pl |  -0.3911   1.0000
```

宽数据适用于对不同试验中的多次观测值进行多变量分析，如 mvreg 和 factor。例如，如果我们有更多的观测案例，要在宽数据中用命令 mvreg 来考察年龄对五次血压测量的影响。

```
. use cardio_wide

. mvreg bp1 bp2 bp3 bp4 bp5 = age
```

（输出结果略）

长数据格式就要用一套 xt 命令。例如，打开数据 cardio_long.dta，运行一个随机效应回归模型，用年龄来预测血压。

```
. use cardio_long

. xtset id trial
       panel variable:  id (strongly balanced)
        time variable:  trial, 1 to 5
                delta:  1 unit

. xtreg bp age
```

（输出结果略）

对于这种长格式的数据，也可以用命令 xtline 画出不同时点的数据图。

```
. xtline bp, overlay
```

我们可以从数据管理的角度来对比一下这两种格式的数据。假设我们正在录入数据，并且有很多个人层面的变量（不仅是年龄，还有个人的性别、身高、体重、受教育程度、民族等）。如果用宽数据格式，这些信息只需要录入一次即可。但是如果用的是长数据格式，这些信息就需要被输入 5 次，以对应 5 次的试验。在这种情况下，宽数据格式就会更有优势（也可参见 8.7，介绍的是另一种用多层次结构来处理这种情况的方法）。

同样地，假设我们想把 cardio_wide.dta 与其他个体层面的数据合并起来。当合并这类数据时，用宽数据更容易做匹配，因为在宽数据中，每个人对应着一条观测值，相比而言，长数据中每个人会对应多条观测值。

现在，我们看看当涉及对多次实验数据进行运算时，长和宽两种形式数据的区别。假设我们想把脉搏这个变量重新进行编码，如果脉搏在 90 以下，则编为 0，如果等于 90 或超过了 90，则编为 1。如果用长数据，只需执行一个 recode 命令，如下所示：

```
. use cardio_long

. recode pl (min/89=0) (90/max=1), generate(plhi)
(30 differences between pl and plhi)

. list id trial pl* in 1/10
```

| | id | trial | pl | plhi |
|---|---|---|---|---|
| 1. | 1 | 1 | 54 | 0 |
| 2. | 1 | 2 | 87 | 0 |
| 3. | 1 | 3 | 93 | 1 |
| 4. | 1 | 4 | 81 | 0 |
| 5. | 1 | 5 | 92 | 1 |
| 6. | 2 | 1 | 92 | 1 |
| 7. | 2 | 2 | 88 | 0 |
| 8. | 2 | 3 | 125 | 1 |
| 9. | 2 | 4 | 87 | 0 |
| 10. | 2 | 5 | 58 | 0 |

相反，如果用宽数据，就需要对每次试验的结果重复地做重新编码的工作。显然，长数据会让这类重新编码的工作变得更容易，因为执行一个 recode 命令就能完成对所有试验结果的重新编码；但是在宽数据中，则需要对每次试验的结果都执行一次 recode 命令。(9.8 节要讲的就是如何用循环 foreach 来减少这种重复。)

```
. use cardio_wide, clear

. recode pl1(min/99=0) (100/max=1), generate(plhi1)
(6 differences between pl1 and plhi1)

. recode pl2(min/99=0) (100/max=1), generate(plhi2)
(6 differences between pl2 and plhi2)
```

```
. recode pl3(min/99=0) (100/max=1), generate(plhi3)
(6 differences between pl3 and plhi3)

. recode pl4(min/99=0) (100/max=1), generate(plhi4)
(6 differences between pl4 and plhi4)

. recode pl5(min/99=0) (100/max=1), generate(plhi5)
(6 differences between pl5 and plhi5)

. list id pl*, noobs
```

| id | pl1 | pl2 | pl3 | pl4 | pl5 | plhi1 | plhi2 | plhi3 | plhi4 | plhi5 |
|---|---|---|---|---|---|---|---|---|---|---|
| 1 | 54 | 87 | 93 | 81 | 92 | 0 | 0 | 0 | 0 | 0 |
| 2 | 92 | 88 | 125 | 87 | 58 | 0 | 0 | 1 | 0 | 0 |
| 3 | 105 | 97 | 128 | 57 | 68 | 1 | 0 | 1 | 0 | 0 |
| 4 | 52 | 79 | 71 | 106 | 39 | 0 | 0 | 0 | 1 | 0 |
| 5 | 70 | 64 | 52 | 68 | 59 | 0 | 0 | 0 | 0 | 0 |
| 6 | 74 | 78 | 92 | 99 | 80 | 0 | 0 | 0 | 0 | 0 |

下面用宽数据来计算脉搏率的总平均值。同时用命令 egen 和函数 rowmean()就可以算出这 5 次脉搏的均值。

```
. use cardio_wide, clear

. egen pl_avg = rowmean(pl*)

. list id pl*
```

| | id | pl1 | pl2 | pl3 | pl4 | pl5 | pl_avg |
|---|---|---|---|---|---|---|---|
| 1. | 1 | 54 | 87 | 93 | 81 | 92 | 81.4 |
| 2. | 2 | 92 | 88 | 125 | 87 | 58 | 90 |
| 3. | 3 | 105 | 97 | 128 | 57 | 68 | 91 |
| 4. | 4 | 52 | 79 | 71 | 106 | 39 | 69.4 |
| 5. | 5 | 70 | 64 | 52 | 68 | 59 | 62.6 |
| 6. | 6 | 74 | 78 | 92 | 99 | 80 | 84.6 |

用长数据同样也很容易做这样的计算。这里要同时使用命令 egen、函数 mean()和前缀 bysort id:以计算不同 id 水平上的均值。(更多有关前缀 by 和命令 egen 联用的内容，请参见 7.3。)

```
. use cardio_long, clear

. bysort id: egen pl_avg = mean(pl)

. list id trial pl* in 1/10
```

|  | id | trial | pl | pl_avg |
|---|---|---|---|---|
| 1. | 1 | 1 | 54 | 81.4 |
| 2. | 1 | 2 | 87 | 81.4 |
| 3. | 1 | 3 | 93 | 81.4 |
| 4. | 1 | 4 | 81 | 81.4 |
| 5. | 1 | 5 | 92 | 81.4 |
| 6. | 2 | 1 | 92 | 90 |
| 7. | 2 | 2 | 88 | 90 |
| 8. | 2 | 3 | 125 | 90 |
| 9. | 2 | 4 | 87 | 90 |
| 10. | 2 | 5 | 58 | 90 |

最后，我们比较一下在做不同时间点间的计算时，用宽数据和长数据的特点。宽数据可以用来计算相邻试验间脉搏率的变化。这种计算本身简单且易懂，但是需要对不同的试验多次重复计算（9.9 节将介绍如何用循环 foreatch 来解决这类问题）。

```
. use cardio_wide, clear

. generate pldiff2 = pl2 - pl1

. generate pldiff3 = pl3- pl2

. generate pldiff4 = pl4 - pl3

. generate pldiff5 = pl5 - pl4
```

下面我们看到的就是原始变量以及每两个相邻试验之间脉搏率上的差异。

```
. list pl*
```

|  | pl1 | pl2 | pl3 | pl4 | pl5 | pldiff2 | pldiff3 | pldiff4 | pldiff5 |
|---|---|---|---|---|---|---|---|---|---|
| 1. | 54 | 87 | 93 | 81 | 92 | 33 | 6 | -12 | 11 |
| 2. | 92 | 88 | 125 | 87 | 58 | -4 | 37 | -38 | -29 |
| 3. | 105 | 97 | 128 | 57 | 68 | -8 | 31 | -71 | 11 |
| 4. | 52 | 79 | 71 | 106 | 39 | 27 | -8 | 35 | -67 |
| 5. | 70 | 64 | 52 | 68 | 59 | -6 | -12 | 16 | -9 |
| 6. | 74 | 78 | 92 | 99 | 80 | 4 | 14 | 7 | -19 |

在长数据中，就需要利用分组的逻辑（如 7.5 节中所述）。在命令 generate 的前面加上前缀 by id:，就每个个体计算当前试验的脉搏率（pl）减去前一次试验中的脉搏率（pl[_n-1]）。这么做需要的命令更少，但理解起来稍微有点复杂。

```
. use cardio_long, clear

. sort id trial

. by id: generate pldiff = pl - pl[_n-1]
(6 missing values generated)

. list id trial pl* in 1/10
```

| | id | trial | pl | pldiff |
|---|---|---|---|---|
| 1. | 1 | 1 | 54 | . |
| 2. | 1 | 2 | 87 | 33 |
| 3. | 1 | 3 | 93 | 6 |
| 4. | 1 | 4 | 81 | -12 |
| 5. | 1 | 5 | 92 | 11 |
| 6. | 2 | 1 | 92 | . |
| 7. | 2 | 2 | 88 | -4 |
| 8. | 2 | 3 | 125 | 37 |
| 9. | 2 | 4 | 87 | -38 |
| 10. | 2 | 5 | 58 | -29 |

如上所示，在这个示例数据中，每个人在时间点的数量（试验次数）上都相当，且每两个时间点之间都是等距的（10 分钟）。在这种情况下，选择宽数据还是长数据就取决于你想执行的分析任务的类型，或者你想处理特定数据管理任务的方式。

设想有一个关于住院的数据，在这个数据中你测量了每个人每次住院的血压。一个人可能有 1 或 2 次住院记录，她也可能有很多次的住院记录，还可能有 2 个人有 200 次甚至更多的住院记录。如果把这样的数据保存成宽数据，它就会变得非常庞大，因为数据的宽度取决于最大的住院次数。例如，如果其中有一个人有 210 次住院记录，那么我们就不得不给数据中的每个人都创建 bp1—bp210 个变量，即使对多数人来说大多数的变量取值都将是缺失。并且，如果有一个有更多住院记录的人新加入到这个数据当中，那么这个数据将需要进一步加宽以满足保存这个新人数据的要求。

和把这个数据存成长数据的情形做一下比较吧，长数据中每次住院就会对应一条观测值。一个有 1 次住院经历的人就只有 1 个观测值（用来记录血压），如果一个人住了 210 次院，他一个人就会有 210 条观测值（每次住院对应一个血压）。如果想加入一个有更多次住院经历的人，那么数据的结构可以保持不变——仅是简单地给数据多增加一些观测值就可以了。一般而言，当每个人的观测值的数量变动很大或无法预测时，长数据格式可能会比宽数据格式更具优势。

相类似地，如果多条观测值在不同时间点之间是不等距的（且你又很关心不同观测值之间的时长），长数据可能就比宽数据好得多。例如，假设你正在收集数据来研究体重随着时间而减少的问题。你计划每七天测量一次个人的体重，但是在实际操作中，两次体重测量之间的时间差并不固定。对这样的数据来说，我强烈推荐用长数据格式来保存数据，如下面的数据 weights_long.dta 所示。

```
. use weights_long, clear

. list, sepby(id)
```

| | id | days | wt |
|---|---|---|---|
| 1. | 1 | 7 | 166 |
| 2. | 1 | 14 | 163 |
| 3. | 1 | 21 | 164 |
| 4. | 1 | 28 | 162 |
| 5. | 2 | 9 | 188 |
| 6. | 2 | 13 | 184 |
| 7. | 2 | 22 | 185 |
| 8. | 2 | 27 | 182 |
| 9. | 3 | 6 | 158 |
| 10. | 3 | 12 | 155 |
| 11. | 3 | 31 | 157 |
| 12. | 4 | 8 | 192 |
| 13. | 4 | 17 | 190 |
| 14. | 4 | 22 | 191 |
| 15. | 4 | 30 | 193 |
| 16. | 5 | 5 | 145 |
| 17. | 5 | 11 | 142 |
| 18. | 5 | 20 | 140 |
| 19. | 5 | 26 | 137 |

我们把对体重的每次测量都作为一条观测值，每条观测值里都记录了个人的 id 变量，记录的时间（days）和个人的体重（wt）。可以用命令 xtset 以及 xtreg 或 xtline 来分析这样的长数据，考察随着时间变化体重减轻的状况，如下所示。

```
. use weights_long

. xtset id days
     panel variable:  id (unbalanced)
      time variable:  days, 5 to 31, but with gaps
              delta:  1 unit

. xtreg wt days
```

(输出结果略)

```
. xtline wt, overlay
```

(输出结果略)

我经常会看到有人在把数据录成宽数据时遇到麻烦，如下面的数据 weights_wide.dta 所示。

```
. use weights_wide

. list
```

| | id | days1 | wt1 | days2 | wt2 | days3 | wt3 | days4 | wt4 |
|---|---|---|---|---|---|---|---|---|---|
| 1. | 1 | 7 | 166 | 14 | 163 | 21 | 164 | 28 | 162 |
| 2. | 2 | 9 | 188 | 13 | 184 | 22 | 185 | 27 | 182 |
| 3. | 3 | 6 | 158 | 12 | 155 | 31 | 157 | . | . |
| 4. | 4 | 8 | 192 | 17 | 190 | 22 | 191 | 30 | 193 |
| 5. | 5 | 5 | 145 | 11 | 142 | 20 | 140 | 26 | 137 |

变量 days1—days4 代表每次测量时的天数（从研究开始），wt1—wt4 代表那天的体重。有些人（如第 1 个人）每次都准确地在规定的日期来测，但是有些人（如第 4 个人）总不按照每 7 天的时间间隔来测，第 3 个人错过了本该在第 21 天做的体重测量，因此这个人的第 3 次体重测量和其他人的第 4 次体重测量（在时间上）更匹配。长数据结构就会避免这类问题，生成的数据也适合用 xt 类命令做分析。

本节介绍了存储数据的长格式和宽格式。有些情况下，当时间间隔相等且每个人都有数量相等（近似相等）的观测值时，可以根据自己的分析需要和数据管理偏好来选择宽数据或长数据。在这样的情况下，命令 reshape 能够帮你轻松地从长转成宽（参见 8.3 和 8.4 节）或从宽转成长（参见 8.5 和 8.6 节）。但是当每个人的观测值数量不同（如在住院那个例子中描述的）或者对于不同的人，观测值之间的时间间隔不同（如在体重减轻那个例子中描述的）时，我强烈推荐选择长格式并一直用长格式来组织你的数据。

# 8.3 长数据转换成宽数据

8.2 节描述了宽数据和长数据，并介绍了在哪些情况下宽数据可能会比长数据更适用。本节要介绍的是如何用命令 reshape 把你的数据从长数据格式转换成宽数据格式。在介绍如何把长数据转换成宽数据前，我们先来简单地看一下 cardio_long. dta 中的前 10 个条观测值。

```
. use cardio_long

. describe

Contains data from cardio_long.dta
  obs:            30
 vars:             5                          21 Dec 2009 22:08
 size:           210
-------------------------------------------------------------------------------
              storage  display     value
variable name   type   format      label      variable label
-------------------------------------------------------------------------------
id              byte   %3.0f                  ID of person
trial           byte   %9.0g                  Trial number
age             byte   %3.0f                  Age of person
bp              int    %3.0f                  Blood pressure (systolic)
pl              int    %3.0f                  Pulse
-------------------------------------------------------------------------------
Sorted by:  id  trial

. list in 1/10

     +------------------------------+
     | id   trial   age    bp    pl |
     |------------------------------|
  1. |  1       1    40   115    54 |
  2. |  1       2    40    86    87 |
  3. |  1       3    40   129    93 |
  4. |  1       4    40   105    81 |
  5. |  1       5    40   127    92 |
     |------------------------------|
  6. |  2       1    30   123    92 |
  7. |  2       2    30   136    88 |
  8. |  2       3    30   107   125 |
  9. |  2       4    30   111    87 |
 10. |  2       5    30   120    58 |
     +------------------------------+
```

这个数据中包含每个人在5次试验中的血压（bp）和脉搏（pl）的观测值。我们可以把这个数据转换成宽数据，如下所示。

```
. reshape wide bp pl, i(id) j(trial)
(note: j = 1 2 3 4 5)

Data                                long   ->   wide
-----------------------------------------------------------------------------
Number of obs.                        30   ->      6
Number of variables                    5   ->     12
j variable (5 values)              trial   ->   (dropped)
xij variables:
                                      bp   ->   bp1 bp2 ... bp5
                                      pl   ->   pl1 pl2 ... pl5
-----------------------------------------------------------------------------
```

在命令 reshape 的后面，我们还指定了3条信息。第一，对同一人的同一特征的多次测量（如 bp、pl），指定变量名。注意 age 不包括在这个变量列表中，因为对于每个人来说，age 是一个不变的常量。第二，用选项 i(id) 来指定在宽数据中用以识别每个人的变量；在宽数据中，用变量 id 来识别每条观测值。第三，用选项 j(trial) 指定对每个人的多次观测值生成新变量；在宽数据中，用 trial 的取值作为 bp 和 pl 多次观测值的后缀。转换好的宽数据如下所示。

```
. describe

Contains data
  obs:             6
 vars:            12
 size:           132
-------------------------------------------------------------------
              storage  display     value
variable name   type   format      label      variable label
-------------------------------------------------------------------
id              byte   %3.0f                  ID of person
bp1             int    %3.0f                  1 bp
pl1             int    %3.0f                  1 pl
bp2             int    %3.0f                  2 bp
pl2             int    %3.0f                  2 pl
bp3             int    %3.0f                  3 bp
pl3             int    %3.0f                  3 pl
bp4             int    %3.0f                  4 bp
pl4             int    %3.0f                  4 pl
bp5             int    %3.0f                  5 bp
pl5             int    %3.0f                  5 pl
age             byte   %3.0f                  Age of person
-------------------------------------------------------------------
Sorted by:  id
     Note:  dataset has changed since last saved
```

```
. list
```

| | id | bp1 | pl1 | bp2 | pl2 | bp3 | pl3 | bp4 | pl4 | bp5 | pl5 | age |
|---|---|---|---|---|---|---|---|---|---|---|---|---|
| 1. | 1 | 115 | 54 | 86 | 87 | 129 | 93 | 105 | 81 | 127 | 92 | 40 |
| 2. | 2 | 123 | 92 | 136 | 88 | 107 | 125 | 111 | 87 | 120 | 58 | 30 |
| 3. | 3 | 124 | 105 | 122 | 97 | 101 | 128 | 109 | 57 | 112 | 68 | 16 |
| 4. | 4 | 105 | 52 | 115 | 79 | 121 | 71 | 129 | 106 | 137 | 39 | 23 |
| 5. | 5 | 116 | 70 | 128 | 64 | 112 | 52 | 125 | 68 | 111 | 59 | 18 |
| 6. | 6 | 108 | 74 | 126 | 78 | 124 | 92 | 131 | 99 | 107 | 80 | 27 |

用命令 reshape long 很容易就能把这个宽数据再转回长数据。

```
. reshape long
(note: j = 1 2 3 4 5)

Data                               wide   ->   long
-----------------------------------------------------------
Number of obs.                        6   ->     30
Number of variables                  12   ->      5
j variable (5 values)                     ->   trial
xij variables:
                        bp1 bp2 ... bp5   ->   bp
                        pl1 pl2 ... pl5   ->   pl
-----------------------------------------------------------
```

如下所示，当把这个宽数据再转回长数据后，它和原来的长数据几乎一样，变量名、标签和取值都相同。唯一不同的是变量的顺序：现在 age 位于数据的最后。

```
. describe

Contains data
  obs:            30
 vars:             5
 size:           210
------------------------------------------------------------------------
              storage  display     value
variable name   type   format      label      variable label
------------------------------------------------------------------------
id              byte   %3.0f                  ID of person
trial           byte   %9.0g                  Trial number
bp              int    %3.0f                  Blood pressure (systolic)
pl              int    %3.0f                  Pulse
age             byte   %3.0f                  Age of person
------------------------------------------------------------------------
Sorted by:  id  trial
     Note:  dataset has changed since last saved
```

```
. list in 1/10
```

| | id | trial | bp | pl | age |
|---|---|---|---|---|---|
| 1. | 1 | 1 | 115 | 54 | 40 |
| 2. | 1 | 2 | 86 | 87 | 40 |
| 3. | 1 | 3 | 129 | 93 | 40 |
| 4. | 1 | 4 | 105 | 81 | 40 |
| 5. | 1 | 5 | 127 | 92 | 40 |
| 6. | 2 | 1 | 123 | 92 | 30 |
| 7. | 2 | 2 | 136 | 88 | 30 |
| 8. | 2 | 3 | 107 | 125 | 30 |
| 9. | 2 | 4 | 111 | 87 | 30 |
| 10. | 2 | 5 | 120 | 58 | 30 |

在很多甚至大多数的情况下，上述内容已经包含了你需要掌握的所有把长数据转换成宽数据的知识。但也可能会出现一些复杂的情况，下节中将会讨论。

## 8.4 长数据转宽数据时的问题

本节的重点是在把数据从长数据格式转换成宽数据时可能会遇到的一些问题。先看一下数据 cardio_long2. dta。注意 age 在第 3 次试验中的取值是 44，而不是 40。

```
. use cardio_long2

. list in 1/10
```

| | id | trial | age | bp | pl |
|---|---|---|---|---|---|
| 1. | 1 | 1 | 40 | 115 | 54 |
| 2. | 1 | 2 | 40 | 86 | 87 |
| 3. | 1 | 3 | 44 | 129 | 93 |
| 4. | 1 | 4 | 40 | 105 | 81 |
| 5. | 1 | 5 | 40 | 127 | 92 |
| 6. | 2 | 1 | 30 | 123 | 92 |
| 7. | 2 | 2 | 30 | 136 | 88 |
| 8. | 2 | 3 | 30 | 107 | 125 |
| 9. | 2 | 4 | 30 | 111 | 87 |
| 10. | 2 | 5 | 30 | 120 | 58 |

我们看看当试图把这个数据转换成宽数据时会发生什么。

```
. reshape wide bp pl, i(id) j(trial)
(note: j = 1 2 3 4 5)
age not constant within id
Type "reshape error" for a listing of the problem observations.
r(9);
```

这个错误信息告诉我们变量 age 对每个人（id）来说应该都一样，但是 age 在同一个 id 中的取值却出现了不一致（不同）的情况。尽管我们已经知道问题出在哪，但我们在这里还是用命令 reshape error 来看看问题所在。

```
. reshape error
(note: j = 1 2 3 4 5)

i (id) indicates the top-level grouping such as subject id.
j (trial) indicates the subgrouping such as time.
xij variables are bp pl.
Thus, the following variable(s) should be constant within i:
    age

age not constant within i (id) for 1 value of i:

     +------------------+
     | id   trial   age |
     |------------------|
  1. |  1       1    40 |
  2. |  1       2    40 |
  3. |  1       3    44 |
  4. |  1       4    40 |
  5. |  1       5    40 |
     +------------------+

(data now sorted by id trial)
```

命令 reshape error 的结果不仅告诉我们，变量 age 随着时间的变化而发生了改变，它还向我们展示了长数据中有问题的观测值，以帮助我们更好地诊断和解决问题。这里我们要确定对所有 id 为 1 的所有观测值 age 都是 40 岁。

如果我们在命令 reshape wide 中，忘记加入了其中一个随时间而变的变量时，同样的错误信息也会出现。用原始数据 cardio_long. dta，我们再试着把这个数据转成宽数据，但这次只提及变量 bp（假定我们忘记了变量 pl）。命令 reshape wide 就会认定 pl 在每个 id 中都是一个不变的常量（但实际上不是这样的）并给出了一条错误信息，如下所示。

```
. use cardio_long

. reshape wide bp, i(id) j(trial)
(note: j = 1 2 3 4 5)
pl not constant within id
Type "reshape error" for a listing of the problem observations.
r(9);
```

在这个示例中，解决的方法很简单，把 pl 加入命令中，然后运行一次这个命令。

```
. reshape wide bp pl, i(id) j(trial)
(note: j = 1 2 3 4 5)

Data                               long   ->   wide
-----------------------------------------------------------------------------
Number of obs.                       30   ->      6
Number of variables                   5   ->     12
j variable (5 values)             trial   ->   (dropped)
xij variables:
                                     bp   ->   bp1 bp2 ... bp5
                                     pl   ->   pl1 pl2 ... pl5
-----------------------------------------------------------------------------
```

更多关于把数据从长转成宽的知识，请参见 help reshape。

## 8.5 宽数据转换成长数据

本节介绍的是怎样用命令 reshape 把一个宽数据转换成长数据。用数据 cardio_wide.dta 来介绍这种方法（如下所示）。

```
. use cardio_wide

. describe

Contains data from cardio_wide.dta
  obs:             6
 vars:            12                          22 Dec 2009 20:43
 size:           120
-------------------------------------------------------------------------------
              storage  display     value
variable name   type   format      label      variable label
-------------------------------------------------------------------------------
id              byte   %3.0f                  ID of person
age             byte   %3.0f                  Age of person
bp1             int    %3.0f                  Blood pressure systolic Trial 1
bp2             int    %3.0f                  Blood pressure systolic Trial 2
bp3             int    %3.0f                  Blood pressure systolic Trial 3
bp4             int    %3.0f                  Blood pressure systolic Trial 4
bp5             int    %3.0f                  Blood pressure systolic Trial 5
pl1             int    %3.0f                  Pulse: Trial 1
pl2             byte   %3.0f                  Pulse: Trial 2
pl3             int    %3.0f                  Pulse: Trial 3
pl4             int    %3.0f                  Pulse: Trial 4
pl5             byte   %3.0f                  Pulse: Trial 5
-------------------------------------------------------------------------------
Sorted by:
```

```
. list

     +-----------------------------------------------------------------+
     | id   age   bp1   bp2   bp3   bp4   bp5   pl1   pl2   pl3   pl4   pl5 |
     |-----------------------------------------------------------------|
  1. |  1    40   115    86   129   105   127    54    87    93    81    92 |
  2. |  2    30   123   136   107   111   120    92    88   125    87    58 |
  3. |  3    16   124   122   101   109   112   105    97   128    57    68 |
  4. |  4    23   105   115   121   129   137    52    79    71   106    39 |
  5. |  5    18   116   128   112   125   111    70    64    52    68    59 |
     |-----------------------------------------------------------------|
  6. |  6    27   108   126   124   131   107    74    78    92    99    80 |
     +-----------------------------------------------------------------+
```

这个数据中包含了 6 条观测值，变量包括 ID 变量（id）、个人的年龄（age）、血压的 5 次测量值（bp1—bp5）和脉搏的 5 次测量值（pl1—pl5）。下面我们来看一下怎样把这个数据转换成长数据。

```
. reshape long bp pl, i(id) j(trialnum)
(note: j = 1 2 3 4 5)

Data                               wide   ->   long
-----------------------------------------------------------------------
Number of obs.                        6   ->     30
Number of variables                  12   ->      5
j variable (5 values)                     ->   trialnum
xij variables:
                        bp1 bp2 ... bp5   ->   bp
                        pl1 pl2 ... pl5   ->   pl
-----------------------------------------------------------------------
```

和长转宽时一样，在命令 reshape long 中指定了 3 块信息。第一，给要转换成长数据的变量指定前缀（也就是 bp、pl）。第二，规定选项 i(id)，其中 id 是用来识别宽数据中观测值的变量。第三，指定了选项 j(trialnum)，为在长数据中用于区分每个人的多次观测值的变量指定一个我们想要的变量名。在本例中，将其命名为 trialnum，但你也可以为这个变量起任何你喜欢的名字。下面来看一下转换成的长数据长什么样子，我们只列出了前 10 条观测值。

```
. describe

Contains data
  obs:            30
 vars:             5
 size:           210
-----------------------------------------------------------------------
              storage  display     value
variable name   type   format      label      variable label
-----------------------------------------------------------------------
id              byte   %3.0f                  ID of person
trialnum        byte   %9.0g
age             byte   %3.0f                  Age of person
```

```
bp              int     %3.0f
pl              int     %3.0f
--------------------------------------------------------------
Sorted by:  id  trialnum
     Note:  dataset has changed since last saved

. list in 1/10

     +-------------------------------+
     | id   trialnum   age    bp   pl |
     |-------------------------------|
  1. |  1          1    40   115   54 |
  2. |  1          2    40    86   87 |
  3. |  1          3    40   129   93 |
  4. |  1          4    40   105   81 |
  5. |  1          5    40   127   92 |
     |-------------------------------|
  6. |  2          1    30   123   92 |
  7. |  2          2    30   136   88 |
  8. |  2          3    30   107  125 |
  9. |  2          4    30   111   87 |
 10. |  2          5    30   120   58 |
     +-------------------------------+
```

在这个长数据中，把每个人的每一次测量都当作一条观测值。每条观测值包含一个代表试验序号的变量（trialnum）、个人的年龄（age）、该次血压测量值（bp）以及该次脉搏测量值（pl）。

. 如果想要这个数据再转回宽数据，可以用命令 reshape wide 来实现，如下所示。

```
. reshape wide
(note: j = 1 2 3 4 5)

Data                               long   ->   wide
-----------------------------------------------------------------------------
Number of obs.                       30   ->      6
Number of variables                   5   ->     12
j variable (5 values)          trialnum   ->   (dropped)
xij variables:
                                     bp   ->   bp1 bp2 ... bp5
                                     pl   ->   pl1 pl2 ... pl5
-----------------------------------------------------------------------------
```

除了变量标签用更一般的标签替换了，这个数据的其他部分也同原始的宽数据一样。

```
. describe

Contains data
  obs:            6
 vars:           12
 size:          132

------------------------------------------------------------------
              storage  display     value
variable name   type   format      label      variable label
------------------------------------------------------------------
id              byte   %3.0f                  ID of person
bp1             int    %3.0f                  1 bp
pl1             int    %3.0f                  1 pl
bp2             int    %3.0f                  2 bp
pl2             int    %3.0f                  2 pl
bp3             int    %3.0f                  3 bp
pl3             int    %3.0f                  3 pl
bp4             int    %3.0f                  4 bp
pl4             int    %3.0f                  4 pl
bp5             int    %3.0f                  5 bp
pl5             int    %3.0f                  5 pl
age             byte   %3.0f                  Age of person
------------------------------------------------------------------
Sorted by: id
     Note:  dataset has changed since last saved

. list

     +------------------------------------------------------------------+
     | id   bp1   pl1   bp2   pl2   bp3   pl3   bp4   pl4   bp5   pl5   age |
     |------------------------------------------------------------------|
  1. |  1   115    54    86    87   129    93   105    81   127    92    40 |
  2. |  2   123    92   136    88   107   125   111    87   120    58    30 |
  3. |  3   124   105   122    97   101   128   109    57   112    68    16 |
  4. |  4   105    52   115    79   121    71   129   106   137    39    23 |
  5. |  5   116    70   128    64   112    52   125    68   111    59    18 |
     |------------------------------------------------------------------|
  6. |  6   108    74   126    78   124    92   131    99   107    80    27 |
     +------------------------------------------------------------------+
```

本节讲的是把数据由宽转长的基础知识。更多有关在转换过程中可能遇到的情况，请参见 8.6 节。

## 8.6 宽数据转长数据时的问题

本节要讲的是在把宽数据转成长数据时可能会遇到的一些问题。还是从数据

cardio_wide. dta开始，在前一节中用到过这个数据。

```
. use cardio_wide
```

我们把它从宽数据转成长数据，但故意不指定脉搏测量值的前缀（即 pl。正如你看到的，命令 reshape long 把变量 pl1—pl5 当成了随时间变化而不变的变量。和变量 age 一样，对于同一个人的每次观测值，这 5 个脉搏值都重复了一遍。

```
. reshape long bp, i(id) j(trialnum)
(note: j = 1 2 3 4 5)

Data                               wide   ->   long
-----------------------------------------------------------
Number of obs.                        6   ->     30
Number of variables                  12   ->      9
j variable (5 values)                     ->   trialnum
xij variables:
                         bp1 bp2 ... bp5   ->   bp
-----------------------------------------------------------

. list in 1/10
```

| | id | trialnum | age | bp | pl1 | pl2 | pl3 | pl4 | pl5 |
|---|---|---|---|---|---|---|---|---|---|
| 1. | 1 | 1 | 40 | 115 | 54 | 87 | 93 | 81 | 92 |
| 2. | 1 | 2 | 40 | 86 | 54 | 87 | 93 | 81 | 92 |
| 3. | 1 | 3 | 40 | 129 | 54 | 87 | 93 | 81 | 92 |
| 4. | 1 | 4 | 40 | 105 | 54 | 87 | 93 | 81 | 92 |
| 5. | 1 | 5 | 40 | 127 | 54 | 87 | 93 | 81 | 92 |
| 6. | 2 | 1 | 30 | 123 | 92 | 88 | 125 | 87 | 58 |
| 7. | 2 | 2 | 30 | 136 | 92 | 88 | 125 | 87 | 58 |
| 8. | 2 | 3 | 30 | 107 | 92 | 88 | 125 | 87 | 58 |
| 9. | 2 | 4 | 30 | 111 | 92 | 88 | 125 | 87 | 58 |
| 10. | 2 | 5 | 30 | 120 | 92 | 88 | 125 | 87 | 58 |

当然，对这个问题的解决方法就是加入被忽略的变量 pl。

```
. use cardio_wide

. reshape long bp pl, i(id) j(trialnum)
```

（输出结果略）

再来看看 cardio_wide. dta 的一个变体，数据 cardio_wide2. dta。

```
. use cardio_wide2, clear

. describe

Contains data from cardio_wide2.dta
  obs:             6
 vars:            12                          31 Dec 2009 15:46
 size:           120
---------------------------------------------------------------------------
              storage  display     value
variable name   type   format      label      variable label
---------------------------------------------------------------------------
id              byte   %3.0f                  ID of person
age             byte   %3.0f                  Age of person
t1bp            int    %3.0f                  Blood pressure systolic Trial 1
t2bp            int    %3.0f                  Blood pressure systolic Trial 2
t3bp            int    %3.0f                  Blood pressure systolic Trial 3
t4bp            int    %3.0f                  Blood pressure systolic Trial 4
t5bp            int    %3.0f                  Blood pressure systolic Trial 5
t1pl            int    %3.0f                  Pulse: Trial 1
t2pl            byte   %3.0f                  Pulse: Trial 2
t3pl            int    %3.0f                  Pulse: Trial 3
t4pl            int    %3.0f                  Pulse: Trial 4
t5pl            byte   %3.0f                  Pulse: Trial 5
---------------------------------------------------------------------------
Sorted by:

. list *bp *pl
```

| | t1bp | t2bp | t3bp | t4bp | t5bp | t1pl | t2pl | t3pl | t4pl | t5pl |
|---|---|---|---|---|---|---|---|---|---|---|
| 1. | 115 | 86 | 129 | 105 | 127 | 54 | 87 | 93 | 81 | 92 |
| 2. | 123 | 136 | 107 | 111 | 120 | 92 | 88 | 125 | 87 | 58 |
| 3. | 124 | 122 | 101 | 109 | 112 | 105 | 97 | 128 | 57 | 68 |
| 4. | 105 | 115 | 121 | 129 | 137 | 52 | 79 | 71 | 106 | 39 |
| 5. | 116 | 128 | 112 | 125 | 111 | 70 | 64 | 52 | 68 | 59 |
| 6. | 108 | 126 | 124 | 131 | 107 | 74 | 78 | 92 | 99 | 80 |

如你所见，血压观测值不是以 bp1—bp5 的方式命名，而是被命名为 t1bp（time 1 blood pressure）到 t5bp。对脉搏变量的命名遵循的是同样的结构，t1pl—t5pl。

命令 reshape long 同样也能处理像这样的变量名，但必需用符号@来指明数字 1—5 出现在变量名中的位置。如下所示，用 t@bp 来表示与 trialnum 有关的数字位于 t 和 bp 之间。对于脉搏测量值采用同样的处理方式，即指定 t@pl。

```
. reshape long t@bp t@pl, i(id) j(trialnum)
(note: j = 1 2 3 4 5)
```

```
Data                               wide   ->   long
-----------------------------------------------------
Number of obs.                        6   ->     30
Number of variables                  12   ->      5
j variable (5 values)                     ->   trialnum
xij variables:
                    t1bp t2bp ... t5bp    ->   tbp
                    t1pl t2pl ... t5pl    ->   tpl
-----------------------------------------------------
```

在生成的长数据中，变量被命名为 tbp 和 tpl。

```
. describe

Contains data
  obs:          30
 vars:           5
 size:         210
-------------------------------------------------------------------
              storage  display     value
variable name   type   format      label      variable label
-------------------------------------------------------------------
id              byte   %3.0f                  ID of person
trialnum        byte   %9.0g
age             byte   %3.0f                  Age of person
tbp             int    %3.0f
tpl             int    %3.0f
-------------------------------------------------------------------
Sorted by:  id  trialnum
     Note:  dataset has changed since last saved

. list in 1/10
```

| | id | trialnum | age | tbp | tpl |
|---|---|---|---|---|---|
| 1. | 1 | 1 | 40 | 115 | 54 |
| 2. | 1 | 2 | 40 | 86 | 87 |
| 3. | 1 | 3 | 40 | 129 | 93 |
| 4. | 1 | 4 | 40 | 105 | 81 |
| 5. | 1 | 5 | 40 | 127 | 92 |
| 6. | 2 | 1 | 30 | 123 | 92 |
| 7. | 2 | 2 | 30 | 136 | 88 |
| 8. | 2 | 3 | 30 | 107 | 125 |
| 9. | 2 | 4 | 30 | 111 | 87 |
| 10. | 2 | 5 | 30 | 120 | 58 |

再来看看 cardio_wide. dta 的另一个变体 cardio_wide3. dta。在这个数据中，有一个名为 bp2005 的变量，它代表的是 2005 年医生测量的个人血压值，同样，pl2005 是

医生在 2005 年测量的脉搏率。

```
. use cardio_wide3, clear

. clist bp* pl*, noobs

bp1  bp2  bp3  bp4  bp5      bp2005  pl1  pl2  pl3  pl4  pl5   pl2005
115   86  129  105  127         112   54   87   93   81   92       81
123  136  107  111  120         119   92   88  125   87   58       90
124  122  101  109  112         113  105   97  128   57   68       91
105  115  121  129  137         121   52   79   71  106   39       69
116  128  112  125  111         118   70   64   52   68   59       62
108  126  124  131  107         119   74   78   92   99   80       84
```

虽然命令 reshape long 很智能，但它只能准确执行你告诉它的东西（但这可能并不是你的真正意图）。在本例中，当你试图把上述数据转换成长数据时，Stata 会把 2005 年的血压和脉搏率当成另一个试验的观测值（类似于第 2005 次的测量值）。

```
. reshape long bp pl, i(id) j(trialnum)
(note: j = 1 2 3 4 5 2005)

Data                                     wide   ->   long
-----------------------------------------------------------------
Number of obs.                              6   ->     36
Number of variables                        14   ->      5
j variable (6 values)                           ->   trialnum
xij variables:
                          bp1 bp2 ... bp2005   ->   bp
                          pl1 pl2 ... pl2005   ->   pl
-----------------------------------------------------------------

. list in 1/12, sepby(id)

     +--------------------------------+
     | id   trialnum   age   bp    pl |
     |--------------------------------|
  1. |  1          1    40   115   54 |
  2. |  1          2    40    86   87 |
  3. |  1          3    40   129   93 |
  4. |  1          4    40   105   81 |
  5. |  1          5    40   127   92 |
  6. |  1       2005    40   112   81 |
     |--------------------------------|
  7. |  2          1    30   123   92 |
  8. |  2          2    30   136   88 |
  9. |  2          3    30   107  125 |
 10. |  2          4    30   111   87 |
 11. |  2          5    30   120   58 |
 12. |  2       2005    30   119   90 |
     +--------------------------------+
```

我们想做的是把 bp2005 和 pl2005 和 age 一样当成常量来处理，在同一个人的多次试验中并不改变。可以用命令 rename 给这两个变量重新命名，或者也可以用选项 j(trialnum 1 2 3 4 5)① 把 trialnum 的取值范围规定为从 1 到 5。这样用命令 reshape long 就能够只改变名为 bp1—bp5 和 pl1—pl5 的变量的数据形状，把剩下的所有其他的变量都当做时间常量来处理。

```
. use cardio_wide3, clear

. reshape long bp pl, i(id) j(trialnum 1-5)

Data                               wide   ->   long
-----------------------------------------------------------------------------
Number of obs.                        6   ->   30
Number of variables                  14   ->   7
j variable (5 values)                     ->   trialnum
xij variables:
                            bp1 bp2 ... bp5   ->   bp
                            pl1 pl2 ... pl5   ->   pl
-----------------------------------------------------------------------------
```

现在生成的这个数据才是我们想要的。

```
. list in 1/10, sepby(id)
```

| | id | trialnum | age | bp | bp2005 | pl | pl2005 |
|---|---|---|---|---|---|---|---|
| 1. | 1 | 1 | 40 | 115 | 112 | 54 | 81 |
| 2. | 1 | 2 | 40 | 86 | 112 | 87 | 81 |
| 3. | 1 | 3 | 40 | 129 | 112 | 93 | 81 |
| 4. | 1 | 4 | 40 | 105 | 112 | 81 | 81 |
| 5. | 1 | 5 | 40 | 127 | 112 | 92 | 81 |
| 6. | 2 | 1 | 30 | 123 | 119 | 92 | 90 |
| 7. | 2 | 2 | 30 | 136 | 119 | 88 | 90 |
| 8. | 2 | 3 | 30 | 107 | 119 | 125 | 90 |
| 9. | 2 | 4 | 30 | 111 | 119 | 87 | 90 |
| 10. | 2 | 5 | 30 | 120 | 119 | 58 | 90 |

这节讲的是把宽数据转成长数据时可能遇到的大部分复杂棘手的情况。更多知识，请参见 help reshape。

**小窍门！没有 ID 变量的情况**

假设你的数据中缺少一个能够识别每条观测值的 ID 变量。当你把数据由宽转长

① 也可以用西文破折号缩写成 j(trialnum 1 - 5)。

时，需要指定一个用来识别每个宽数据中观测值的变量。如果没有这样的变量，用下面的方法就能轻松创建一个：

```
. generate  id = _n
```

然后就可以在命令 reshape long 中用选项 i(id)。

# 8.7 多层次数据

8.2 节的最后用了一个含有随时间变化的体重测量值的减肥的例子。每两次测量之间的时间计划是 7 天，但是实际更灵活一些。由于两次体重测量的时间间隔不等，所以我推荐用长格式来存储这个数据。接下来用的是 weights_long.dta 的一个变体，数据 weights_long2.dta。其中包含了个人的更多信息，如他/她的性别、年龄、种族和受教育程度。

```
. use weights_long2.dta, clear

. list, sepby(id)
```

| | id | female | age | race | ed | days | wt |
|---|---|---|---|---|---|---|---|
| 1. | 1 | 1 | 22 | 1 | 9 | 7 | 166 |
| 2. | 1 | 1 | 22 | 1 | 9 | 14 | 163 |
| 3. | 1 | 1 | 22 | 1 | 9 | 21 | 164 |
| 4. | 1 | 1 | 22 | 1 | 9 | 28 | 162 |
| 5. | 2 | 0 | 43 | 2 | 13 | 9 | 188 |
| 6. | 2 | 0 | 43 | 2 | 13 | 13 | 184 |
| 7. | 2 | 0 | 43 | 2 | 13 | 22 | 185 |
| 8. | 2 | 0 | 43 | 2 | 13 | 27 | 182 |
| 9. | 3 | 0 | 63 | 3 | 11 | 6 | 158 |
| 10. | 3 | 0 | 63 | 3 | 11 | 12 | 155 |
| 11. | 3 | 0 | 63 | 3 | 11 | 31 | 157 |
| 12. | 4 | 1 | 26 | 2 | 15 | 8 | 192 |
| 13. | 4 | 1 | 26 | 2 | 15 | 17 | 190 |
| 14. | 4 | 1 | 26 | 2 | 15 | 22 | 191 |
| 15. | 4 | 1 | 26 | 2 | 15 | 30 | 193 |
| 16. | 5 | 1 | 29 | 1 | 12 | 5 | 145 |
| 17. | 5 | 1 | 29 | 1 | 12 | 11 | 142 |
| 18. | 5 | 1 | 29 | 1 | 12 | 20 | 140 |
| 19. | 5 | 1 | 29 | 1 | 12 | 26 | 137 |

如果你是自己录入这种类型的数据，就会注意到需要多次录入关于个人的信息，这不仅增大了工作量，而且还增加了录入错误发生的可能性。例如，同一个人，可能在一条观测值中被录成女性，但在另一条观测值中却被录成男性。

借用多层模型中的术语，这个数据中包含了两个不同层面的信息，个人层面（层2）和个人内部的时间层面（层1）。变量 female、age、race 和 ed 都是个人层面（层2）的变量，而变量 days 和 wt 则是时间层面（层1）的变量。

在这种情况下，建立两个数据集——一个层2（个人）的数据和一个层1（时间）的数据——会使得数据录入和核查变得简单很多。然后可以把这两个数据通过1：m合并到一起,生成一个合并的多层次数据。下面看一下怎么做。

首先看到的是保存在 weights_level2. dta 中的个人层面（层2）的数据。

```
. use weights_level2

. list
```

| | id | female | age | race | ed |
|---|---|---|---|---|---|
| 1. | 1 | 1 | 22 | 1 | 9 |
| 2. | 2 | 0 | 43 | 2 | 13 |
| 3. | 3 | 0 | 63 | 3 | 11 |
| 4. | 4 | 1 | 26 | 2 | 15 |
| 5. | 5 | 1 | 29 | 1 | 12 |

层1（即 days 和 wt）数据保存在 weights_level1. dta 中。

```
. use weights_level1

. list, sepby(id)
```

| | id | days | wt |
|---|---|---|---|
| 1. | 1 | 7 | 166 |
| 2. | 1 | 14 | 163 |
| 3. | 1 | 21 | 164 |
| 4. | 1 | 28 | 162 |
| 5. | 2 | 9 | 188 |
| 6. | 2 | 13 | 184 |
| 7. | 2 | 22 | 185 |
| 8. | 2 | 27 | 182 |
| 9. | 3 | 6 | 158 |
| 10. | 3 | 12 | 155 |
| 11. | 3 | 31 | 157 |

```
12.  |   4       8   192  |
13.  |   4      17   190  |
14.  |   4      22   191  |
15.  |   4      30   193  |
     |--------------------|
16.  |   5       5   145  |
17.  |   5      11   142  |
18.  |   5      20   140  |
19.  |   5      26   137  |
```

现在，我们可以做一个 1：m 合并，把这两个数据合并起来（更多关于 1：m 合并的内容，请参见 6.5 节）。

```
. use weights_level2

. merge 1:m id using weights_level1

    Result                           # of obs.
    -----------------------------------------
    not matched                             0
    matched                                19  (_merge==3)
    -----------------------------------------
```

现在我们就有一个把个人层面和时间层面的数据合并到一起的多层数据，如下所示。

```
. sort id days

. list, sepby(id)
```

| | id | female | age | race | ed | days | wt | _merge |
|---|---|---|---|---|---|---|---|---|
| 1. | 1 | 1 | 22 | 1 | 9 | 7 | 166 | matched (3) |
| 2. | 1 | 1 | 22 | 1 | 9 | 14 | 163 | matched (3) |
| 3. | 1 | 1 | 22 | 1 | 9 | 21 | 164 | matched (3) |
| 4. | 1 | 1 | 22 | 1 | 9 | 28 | 162 | matched (3) |
| 5. | 2 | 0 | 43 | 2 | 13 | 9 | 188 | matched (3) |
| 6. | 2 | 0 | 43 | 2 | 13 | 13 | 184 | matched (3) |
| 7. | 2 | 0 | 43 | 2 | 13 | 22 | 185 | matched (3) |
| 8. | 2 | 0 | 43 | 2 | 13 | 27 | 182 | matched (3) |
| 9. | 3 | 0 | 63 | 3 | 11 | 6 | 158 | matched (3) |
| 10. | 3 | 0 | 63 | 3 | 11 | 12 | 155 | matched (3) |
| 11. | 3 | 0 | 63 | 3 | 11 | 31 | 157 | matched (3) |

```
12.  4   1   26   2   15    8   192   matched (3)
13.  4   1   26   2   15   17   190   matched (3)
14.  4   1   26   2   15   22   191   matched (3)
15.  4   1   26   2   15   30   193   matched (3)

16.  5   1   29   1   12    5   145   matched (3)
17.  5   1   29   1   12   11   142   matched (3)
18.  5   1   29   1   12   20   140   matched (3)
19.  5   1   29   1   12   26   137   matched (3)
```

对这个数据，现在就可以用 xtmixed 等命令来研究层 1 中的变量（如 days）以及层 2 中变量（如 age）的影响。

```
. xtmixed wt days age || id:
```

*（输出结果略）*

尽管这里介绍的这个示例是将时间作为一个层 1 变量，将个人作为一个层 2 变量，但同样的原则也适用于任何两个层次结构的数据，如学生（层 1）嵌套在学校里（层 2）。

如果数据有三个层次，例如，学生（层 1）嵌套在学校（层 2）里，学校又嵌套在其所在的地区（层 3）中，这时候该怎么办呢？在这种情况下，建议创建三个数据：district. dta（层 3）、school. dta（层 2）和 student. dta（层 1）。用地区 ID 把地区和学校联系起来，用学校 ID 把学校和学生联系起来。这样就可以把这 3 个数据合并起来了，如下所示。

```
. use districts
. merge 1:m districtid using schools, generate(merge1)
. merge 1:m schoolid using students, generate(merge)
```

多层次数据结构主要依赖对 1：m 数据合并方法的使用。更多有关 1：m 合并的知识，请参见 6.5 节。

## 8.8 展开数据

本章最后一节要讨论的是如何展开数据。例如，用的数据是 cardio_long. dta，这个数据在本章前面的几节中用过。这个数据中每个人都有多条观测值，包括了他们在多次试验中的血压测量值和脉搏测量值。

```
. use cardio_long

. list, sepby(id)
```

| | id | trial | age | bp | pl |
|---|---|---|---|---|---|
| 1. | 1 | 1 | 40 | 115 | 54 |
| 2. | 1 | 2 | 40 | 86 | 87 |
| 3. | 1 | 3 | 40 | 129 | 93 |
| 4. | 1 | 4 | 40 | 105 | 81 |
| 5. | 1 | 5 | 40 | 127 | 92 |
| 6. | 2 | 1 | 30 | 123 | 92 |
| 7. | 2 | 2 | 30 | 136 | 88 |
| 8. | 2 | 3 | 30 | 107 | 125 |
| 9. | 2 | 4 | 30 | 111 | 87 |
| 10. | 2 | 5 | 30 | 120 | 58 |
| 11. | 3 | 1 | 16 | 124 | 105 |
| 12. | 3 | 2 | 16 | 122 | 97 |
| 13. | 3 | 3 | 16 | 101 | 128 |
| 14. | 3 | 4 | 16 | 109 | 57 |
| 15. | 3 | 5 | 16 | 112 | 68 |
| 16. | 4 | 1 | 23 | 105 | 52 |
| 17. | 4 | 2 | 23 | 115 | 79 |
| 18. | 4 | 3 | 23 | 121 | 71 |
| 19. | 4 | 4 | 23 | 129 | 106 |
| 20. | 4 | 5 | 23 | 137 | 39 |
| 21. | 5 | 1 | 18 | 116 | 70 |
| 22. | 5 | 2 | 18 | 128 | 64 |
| 23. | 5 | 3 | 18 | 112 | 52 |
| 24. | 5 | 4 | 18 | 125 | 68 |
| 25. | 5 | 5 | 18 | 111 | 59 |
| 26. | 6 | 1 | 27 | 108 | 74 |
| 27. | 6 | 2 | 27 | 126 | 78 |
| 28. | 6 | 3 | 27 | 124 | 92 |
| 29. | 6 | 4 | 27 | 131 | 99 |
| 30. | 6 | 5 | 27 | 107 | 80 |

如果想在每个人的多次观测值上展开数据，对每个人生成多次观测的血压值的均值和脉搏的均值，可以用命令 collapse 来实现，如下所示。

```
. collapse bp pl, by(id)

. list
```

| | id | bp | pl |
|---|---|---|---|
| 1. | 1 | 112 | 81 |
| 2. | 2 | 119 | 90 |
| 3. | 3 | 114 | 91 |
| 4. | 4 | 121 | 69 |
| 5. | 5 | 118 | 63 |
| 6. | 6 | 119 | 85 |

现在内存中的数据已经被这个新数据替换掉了。在这个新数据里，现在的 bp 是每个人多次血压测量的均值，pl 是每个人多次脉搏测量的均值。

除非另有指定，否则命令 collapse 计算出的都是指定变量的均值。但命令 collapse 并不只限于计算均值。可以手动指定想计算的其他统计量。在下面的例子中，我们就指定要计算 bp 和 pl 的最小值和最大值，做法是在圆括号中指定关键词是 min 和 max。注意，等号的右边是原始变量名，等号的左边才是新的变量名。

```
. use cardio_long2, clear

. collapse (min) bpmin=bp plmin=pl (max) bpmax=bp plmax=pl, by(id)

. list
```

| | id | bpmin | plmin | bpmax | plmax |
|---|---|---|---|---|---|
| 1. | 1 | 86 | 54 | 129 | 93 |
| 2. | 2 | 107 | 58 | 136 | 125 |
| 3. | 3 | 101 | 57 | 124 | 128 |
| 4. | 4 | 105 | 39 | 137 | 106 |
| 5. | 5 | 111 | 52 | 128 | 70 |
| 6. | 6 | 107 | 74 | 131 | 99 |

下面是另外一个例子，展示了如何计算血压和脉搏得分的均值和标准差。

```
. use cardio_long, clear

. collapse (mean) bpmean=bp plmean=pl (sd) sdbp=bp msdpl=pl, by(i)

. list
```

| | id | bpmean | plmean | sdbp | msdpl |
|---|---|---|---|---|---|
| 1. | 1 | 112 | 81 | 18 | 16 |
| 2. | 2 | 119 | 90 | 11 | 24 |
| 3. | 3 | 114 | 91 | 10 | 29 |
| 4. | 4 | 121 | 69 | 12 | 26 |
| 5. | 5 | 118 | 63 | 8 | 7 |
| 6. | 6 | 119 | 85 | 11 | 10 |

除了 mean、sd、min 和 max 外，命令 collapse 还支持很多其他的统计量。它还可以算出中位数（median）、总量（sum）、非缺失观测值的个数（count）等。参见 help collapse，可获得一个完整的列表以及其他更详细的信息。

# 第九章　数据管理编程



如此昂贵且前沿的东西为什么如此无用，这一点困扰了我很长一段时间。有一天我突然明白了计算机是一台笨拙的机器，具有从事令人难以置信的聪明工作的能力，计算机程序员则是一些聪明的人，具有从事令人难以置信的笨拙工作的能力。一言概之，二者是完美组合。

——比尔·布莱森

# 9.1 简介

programming 可能是一个容易令人产生误解的词汇。在这里我用它来描述由一系列命令组成的新程序，它可以被用于简单地重复执行一个给定的任务。照此而论，这章就是关于如何创建一系列可以用来重复处理数据管理和数据分析任务的 Stata 命令。可能你会说，你已经知道了如何用 Stata 做数据管理和数据分析。为什么还要花费时间来学习编程呢？我在 UCLA 的同事，Phil Ender，曾经说过一句我非常喜欢的至理名言："捷径尤长，荆途尤短。"（There is the short road that is long and the long road that is short.）在学习编程和应用编程上面投入时间，看起来好像是花费了额外的时间，但是到了研究项目的最后，你就会发现这就是"long road that is short"的一部分。

9.2—9.5 节关注的是在你的研究项目中如何运用长期战略来节省时间和努力。9.2 节描述了数据管理的长期目标，投入一定的时间来规划长期目标的益处，即使是在短期时限的中期这样做也是有益的。9.3 节讨论的是如何把 Stata 的命令合并在 do-files 中，以便轻松重复数据管理和数据分析任务。这节还介绍了如何把命令窗口中的结果保存成一个 log 文件，用它来保存 Stata 命令及其输出结果。9.4 节介绍了如何用命令 assert 来实现数据核查过程的自动化。这种自动化的操作能够帮助我们减少检查的工作量：如检查表格中超出范围的取值或不可能的数据取值。然后，把前 2 节中的概念一起引入到 9.5 节中，在这一节中展示了如何把很多 do-files 合并成一个 do-file，这个 do-file 可以让你的数据管理、数据检查和数据分析实现自动化。

9.6 节讲解了 Stata 编程中的一个最基本、最重要的概念，即 Stata 中的宏（macro）概念，在 9.7 节中会对其做进一步的拓展和详细的讲解。当你把宏和其他的命令联合起来一起使用时，Stata 宏的真正强大之处就显现出来。例如，在 9.8 节中展示了如何在一系列变量中执行重复任务，通过把命令 foreach 和宏一起使用实现对变量的循环。9.9 节继续这节的内容，介绍了怎样用 Stata 里的宏来实现对数字的循环，当只有变量名中的数字有变化时，它能助你重复执行任务。然后 9.10 节展示了命令 foreach 怎样实现对任意随机变量串间的循环，扩大了用循环实现自动处理的范围。

9.11 节介绍了很多 Stata 命令生成的"被保存的结果"，这些结果是一些变量，它们代表的是命令输出结果中的相关数值。9.12 节讲的是如何获取这些被保存的结果，并把它们保存成 Stata 中的一个数据。

9.13 节把这章中的很多内容都合并在一起，这节介绍的是怎样写 Stata 程序。这些程序把 do-files 和 Stata 宏联合起来创建和执行一系列的命令，根据你在程序中加入的信息（变量），程序会有不同的运行结果。

## 9.2 对数据管理长期目标的建议

电视剧《宋飞正传》里有这么一集：Jerry 熬夜聚会，当被问及这样做明天可能产生的后果时，他说："让明天那个家伙处理它吧。"当然，在这个笑话里，Jerry 否认了一个明显的事实是：他就是"明天那个家伙"。同样地，这个道理也适用于研究项目。此类项目的目标是混合的，有短期目标，也有长期目标，而且这两类目标有时候并不一致。当短期目标是快速完成一个分析时，就可能跟该项目的长远目标发生冲突：做好文件记录，在 6 个月后对审稿人的评论做出反馈时能够获得可重复的结果。处理审稿人的评论意见就类似"明天那个人"或"明天那个女孩"的问题。这节给出了很多建议，可以帮助你把精力放在数据管理的一些长期目标上。本章接下来的几节中会讲解如何实施这些建议。

### 评论者意见

假设你正在为一本研究出版物分析数据。尽管短期目标是生成用在出版物手稿中的分析结果，但是真正的目标是让那份手稿出版。这就意味着要对来自评论者的意见做出回应，这样也许就需要进一步的数据管理和数据分析。通过用 do-file 和 log 文件（9.3 节会讲到），就能够得到 do-files 中有关数据管理和分析的所有步骤的记录以及分析结果的记录，它们都在 log 文件中。而且，通过把你所有的单个 do-files 合并成一个主 do-file（9.5 节会讲到），你整个的数据管理和数据分析过程就会非常清晰，且会实现完全自动化。这个主 do-file 让你能够轻松复制你的原始结果并针对评论者的意见做出修改。

### 检查你的 do-files

谈到草稿，想一下为了准确和排除错误，我们花费在回顾审查和检查上的时间和努力。我们重新读这些草稿，对它们进行拼写检查，让朋友审查它们。就像我们用各种不同的方法来检查和复核我们的草稿，我推荐对你的 do-file 做同样的事情。即使你已经重新看了一遍你的 do-file，已经仔细检查过它，我还是建议你把自己的 do-file 给你的朋友或同事看看，并让他或她来检查一下草稿，就像你在征求一份关于草稿的友好评论一样。你的朋友可能会指出一些潜在的错误，审查你的 do-file，以便让它更清晰。如果一个陌生人能够看明白你的 do-file，那么你会更加相信将来某一天当你需要重新看它的时候，你也能看懂它。

### 文件备份

如果将来你不能读懂 do-files，或者它们不清楚，那么这样的 do-file 还不能算是精确的 do-files。为了解决这个问题，我建议给你的项目创建记录文件。当我们做一个项目时，我想我们都有这样的感觉：我们会记住文件名是什么、为什么我们选择用这种方式来生成一个变量，而不是用另一种方法，等等。一个好的研究项目在将来是可以再回去对评论者的意见做出回应的，或者为了写新的东西而返回去。数据未来的用处取决于你是否已经保存了那些随着时间的流逝可能会忘记的关键信息。当然，给数据加标签（第四章讲过）是一个开始，但是可以在 do-file、日志、流程图等中给标签加上注释。选择什么类型的系统来保存你的 do-file 和你的项目，远不如为自己选择一些有用的东西并坚持做下去更重要。

### 编写在未来的版本中能用的 do-files

Stata 是一个动态程序，每次发布不仅会增加重要的新性能，而且通常会包括一些针对某些命令工作方式的变化。不管 Stata 将来会发生什么变化，为确保你的 do-file 同样有效，应该在每个 do-file 的开头加上命令 version（9.3 节会讲到）。例如，在你的 do-file 顶部加上 version 11.0 意味着在这个 do-file 中的所有命令都将遵循在 Stata 11.0 中有效的语句和规则来运行，即使你用的是一个更新版本的 Stata。

### 把中期工作从后期工作中分开

在做项日时，你可能会把你的 do-files 和数据保存成另外一个版本。也许你想给 do-file 做一些重要的修改，并把它保存成一个新的文件，以防不需要这些变化。同样地，也许你对数据做了同样的事情，做出修改后保存成一个新的数据。从短期来看，这个策略是有益的，让你能够返回到之前的版本中，以防你的工作让事情变得更差而不是更好。从某种程度上说，随着发展，这些中间版本无法满足你的需要，它们的出现变成了一种烦恼而不是帮助，尤其是如果后期你已经分不清哪个文件才是最新版。不需要把这些中期文件都删除，简单的做法是把它们移到一个独立的文件夹中，创建这个文件夹并指定它用于这些文件[①]。无论你选择什么系统，都要定期采取措施来删除文件的死板本（dead version），以防将来可能发生你分不清某个文件的老版本和最新版的情况。

---

① 或者你可以用版本控制软件，追踪文件的不同版本。

### 制定常规程序

当我还是个十几岁的少年时，我经常在家里找不到钥匙。当我回到家时，我就把钥匙放在我第一个打开的地方。要离开家时，我又不得不仔细想想我把它们放在了哪里。最后我学会了每次回家都把钥匙放在同样的地方。就像最终给我的钥匙发展出一个固定的路径一样，我们都应该为我们的数据管理发展出一套固定的程序。尽管每个项目都不一样，但是项目之间通常包含很多相同的特性。当你发现正在做的事情在以前的项目中也做过，也许你会想能否采用以前用过的同样的程序。制定这样的常规程序意味着你不仅知道将来该如何处理某问题，也能推测过去是如何处理这个问题的。

### 数据备份

好吧，每个人都告诉你要这样：给你的数据备份！没有备份，因为硬盘崩溃、被盗、火灾、地震或者其他烦人的事情，你的 do-files 和数据可能会全部丢失。有很多方法可以给数据备份：外部硬盘、CD/DVDs、网络存储乃至网络自动备份服务。当你想了成千上百个小时数据可能会丢时，拿出一点时间，想出一个存储策略并坚持它，只有这样做了才有意义。

> **建议！远程存储备份**
>
> 假设你定期备份你的文件，但是这些备份都存储在你电脑旁边（如一张 CD，DVD 或者一个外部硬盘）。你的原始数据和这些备份可能会一起因为盗窃、火灾或地震而丢失。用网络存储备份或者把备份的 CD/DVD 放在不同的地方，有助于保护你的数据不受这样的威胁。

### 保护你的参与者

到目前为止，所有的关注都集中在保存和保护你的数据，但是我们还没有讲一个更加重要的问题，保护研究中的参与者。问问自己，你的数据中是否含有机密信息。如果有，就应该考虑一下你应该承担的和数据安全有关的责任。如果你的数据中包含这类信息，如社保号码、电话号码或其他很容易直接和个人联系起来的信息，这时候就更要注意。考虑一下你是否需要采取措施把数据中的识别信息去掉（通过去除一些可能能识别出参与者的变量），或者给你的数据加密，这样只有那些知道密码的人才能解开这个数据。如果数据被侵害，不仅会伤害到你的参与者，而且会给以后的调查执行带来严重的影响。

### 小结

当做一个研究项目时，短期目标很容易实现，这些短期的目标有容易让你忘记、忽视最终长远目标的危险。太过关注这类短期目标的快速实现可能会导致：无法重复分析（因为没有把 do-files 保存成文件），需要重新追踪的错误结果（因为没有检测过 do 文件，而且文件中有错误），由于硬盘崩溃导致数据全丢（因为备份没有被执行），等等。这节提供的建议就像是给你的研究项目上保险一样，试图保护你的研究项目免遭种种危害。和任何一种保单一样，这是包含一些代价的，但是考虑一下这些代价对你投入在项目中的上百个小时的保障。有时投入在这些保险中的努力看起来似乎是一种浪费，但直到当你要用保单时，才会发现之前所有的努力都得到了很好的回报。

## 9.3 执行 do 文件和制作日志文件

全书到目前为止，都只是通过在 Stata 的命令窗口输入命令的方式来使用命令，这样做一次只能发布一条命令。如果把这种方法作为数据管理和数据分析的唯一方法，就会产生一些问题。你在命令窗口发布了所有的命令，但是你做的这些并不会有记录。你不会记得你是怎样给一个特定的变量重新编码，也不会记得如何把特定的数据合并在一起。或者想象一下：你发现原始数据被污染了。这时就需要手动重新输入所有的命令，包括读入数据、给数据加标签、生成变量等。这种事情经常发生，请你一定要相信我。

反之，你可以把这些用来读入数据、给数据加标签、生成变量等命令保存到一个叫 do-file 的文件中。当你执行这个 do-file 时，它里面的所有命令都会被方便快捷地执行。本节要展示的就是如何生成 do-files，以及如何建立用来保存 do-files 运行结果的 log 文件，log 文件会保存 do-file 运行的结果，给你提供一个好的关于数据管理和数据分析的记录。下面是一个关于 do-file 的小示例，这个 do-file 的名字是 example1. do。

```
. type example1.do
use wws2, clear
summarize age wage hours
tabulate married
```

我们可以通过输入 do example1. do 来执行包含在这里面的所有命令。首先打开数据 wws2. dta，之后执行命令 summarize 和 tabulate，然后这个程序就运行结束了。通过用 do-file，只需要输入一条命令，就可以方便地运行同样的一系列命令，在这个示例中，这条命令就是 do example1。

```
. do example1

. use wws2, clear
(Working Women Survey w/fixes)

. summarize age wage hours

    Variable |       Obs        Mean    Std. Dev.       Min        Max
-------------+--------------------------------------------------------
         age |      2246    36.22707    5.337859         21         48
        wage |      2244    7.796781     5.82459          0   40.74659
       hours |      2242    37.21811    10.50914          1         80

. tabulate married

    married |      Freq.     Percent        Cum.
------------+-----------------------------------
          0 |        804       35.80       35.80
          1 |      1,442       64.20      100.00
------------+-----------------------------------
      Total |      2,246      100.00

.
end of do-file
```

你可以用命令 doedit 来创建自己的 do-files，这个命令会打开 Stata 的 do 文件编辑器（Do-file Editor)。它和你可能用过的其他文本编辑器一样（如 Notepad)，但是 do 文件编辑器具有语法高亮显示、书签等功能，并且能够直接运行在 do 文件编辑器里的 Stata 命令。你可以输入 doedit 自己试试，键入 example1. do 中显示的命令。然后把这个文件保存为 myexample. do。这时输入 do myexample，Stata 就会运行它。或者，也可以点击 Execute 这个图标来执行 do 文件编辑器里的命令。更多关于 do 文件编辑器用法的内容，请参见 help doedit，另外一定要看看手册 *Getting Started with Stata* 中有关 do 文件编辑器的学习指南。

再回到 example1. do 中，关于 do-file，有一件事困扰着我们：它不能用一种长久的方式把结果保存下来。一旦关掉 Stata，结果窗口的内容就会消失。下面的 example2. do 是一个改进版本，它会把结果保存在一个 Stata 的 log 文件中。

```
. type example2.do
log using example2
use wws2, clear
summarize age wage hours
tabulate married
log close
```

执行 example2. do 时，首先会打开一个 log 文件，并会把结果保存在 example2. smcl① 里。在主要的命令运行结束后，命令 log close 就会关闭 log 文件，这样我们就可以查看 log 中的内容。下面运行一下 example2. do。

```
. do example2
```

*(输出结果略)*

用命令 type 查看一下保存在 exapmle2. smcl 中的结果。② 它向我们展示了以 SMCL 编码为格式的结果，这样的结果看起来更舒服些。

```
. type example2.smcl
------------------------------------------------------------------------------
      name:  <unnamed>
       log:  C:\data\example2.smcl
  log type:  smcl
 opened on:  16 Dec 2009, 15:00:42

. use wws2, clear
(Working Women Survey w/fixes)

. summarize age wage hours

    Variable |       Obs        Mean    Std. Dev.       Min        Max
-------------+--------------------------------------------------------
         age |      2246    36.22707    5.337859         21         48
        wage |      2244    7.796781     5.82459          0   40.74659
       hours |      2242    37.21811    10.50914          1         80

. tabulate married

    married |      Freq.     Percent        Cum.
------------+-----------------------------------
          0 |        804       35.80       35.80
          1 |      1,442       64.20      100.00
------------+-----------------------------------
      Total |      2,246      100.00

. log close
      name:  <unnamed>
       log:  C:\data\example2.smcl
  log type:  smcl
 closed on:  16 Dec 2009, 15:00:42
------------------------------------------------------------------------------
```

① smcl 代表 Stata Markup and Control Language。它是一种标记语言，就像 HTML 一样，它可以控制输出结果的显示方式，如让输出结果是粗体、斜体或带下划线的。SMCL 同样支持链接。

② 你也可以用 Stata View 窗口来查看这些文件，例如，输入 view example2. smcl。

但是，如果用另一个编辑程序或者用 Stata 的 do 文件编辑器来查看这个文件，就会看到文件中所有的 SMCL 编码。可以用命令 type 和选项 asis 来查看这个包含 SMCL 编码的文件。

```
. type example2.smcl, asis
{smcl}
{com}{sf}{ul off}{txt}{.-}
      name:  {res}<unnamed>
       {txt}log:  {res}C:\Users\leana\Documents\example2.smcl
  {txt}log type:  {res}smcl
 {txt}opened on:  {res}17 Dec 2015, 21:25:35
{txt}
{com}. use wws2, clear
{txt}(Working Women Survey w/fixes)

{com}. summarize age wage hours

{txt}    Variable {c |}       Obs        Mean    Std. Dev.       Min        Max
{hline 13}{c +}{hline 56}
{space 9}age {c |}{res}      2246    36.22707    5.337859        21         48
{txt}{space 8}wage {c |}{res}      2244    7.796781     5.82459         0   40.74659
{txt}{space 7}hours {c |}{res}      2242    37.21811    10.50914         1         80
{txt}
{com}. tabulate married

    {txt}married {c |}      Freq.     Percent        Cum.
{hline 12}{c +}{hline 35}
          0 {c |}{res}        804       35.80       35.80
{txt}          1 {c |}{res}      1,442       64.20      100.00
{txt}{hline 12}{c +}{hline 35}
      Total {c |}{res}      2,246      100.00
{txt}
{com}. log close
      {txt}name:  {res}<unnamed>
       {txt}log:  {res}C:\Users\leana\Documents\example2.smcl
  {txt}log type:  {res}smcl
 {txt}closed on:  {res}17 Dec 2015, 21:25:36
{txt}{.-}
{smcl}
{txt}{sf}{ul off}
```

假设想创建一个不包含 SMCL 语言的 log 文件，只包含一般的文本。如在下面的 example3. do 中所示，可以用命令 translate 把 example3. smcl 转换成 example3. log。指定 . log 为扩展名就是告诉命令 translate，我们想让 example3. log 变成一个纯文本文件。

```
. type example3.do
log using example3
use wws2, clear
```

```
summarize age wage hours
tabulate married
log close
translate example3.smcl example3.log
```

现在，运行这个 do 文件并检查 example3. do。

```
. do example3
```

（输出结果略）

```
. type example3.log
-----------------------------------------------------------------------------
      name:  <unnamed>
       log:  C:\data\example3.log
  log type:  text
 opened on:  16 Nov 2009, 15:00:42
. use wws2, clear
(Working Women Survey w/fixes)
. summarize age wage hours
    Variable |       Obs        Mean    Std. Dev.       Min        Max
-------------+--------------------------------------------------------
         age |      2246    36.22707    5.337859         21         48
        wage |      2244    7.796781     5.82459          0   40.74659
       hours |      2242    37.21811    10.50914          1         80
. tabulate married
   Is woman |
  currently |
   married? |      Freq.     Percent        Cum.
------------+-----------------------------------
          0 |        804       35.80       35.80
          1 |      1,442       64.20      100.00
------------+-----------------------------------
      Total |      2,246      100.00
. log close
      name:  <unnamed>
       log:  C:\data\example3.log
  log type:  text
 closed on:  16 Nov 2009, 15:00:42
-----------------------------------------------------------------------------
```

尽管这个结果看起来不如 example3. smcl 格式更加赏心悦目，但很容易把这样的结果粘贴到一个 word 编辑程序中。但是，如果用一种固定宽度的字体（如 Courier），结果看起来就会更好看些。如果你用的是比例字体，如 Arial 或 Times Roma，列与列之间就会不整齐。

**注意！用 log using 直接创建纯文本 log**

Stata 的默认模式是：命令 log using 是用来创建一个扩展名是 . smcl 的 log 文件的。如 example3. do 所示，可以用命令 translate 把一个 . smcl 的文件转换成一个纯文本的 log 文件。反之，也可以通过输入 log using example3. log，直接创建一个纯文本文件。扩展名 . log 会自动生成一个纯文本文件。指定扩展名 . log 的另一种方法是用命令 log 的选项 text，如在 log using example3，text 中所示。因为这两种方法都能自动创建一个纯文本的 log 文件，所以可以不用命令 translate。

如果想再次运行 example3. do 这个文件。在电脑上重新运行一次，得到的却是下面的这个错误信息：

```
. do example3

. log using example3
file C:\Users\leana\Documents\example3.smcl already exists
r(602);

end of do-file

r(602);
```

这个错误和下面这类错误很像：当你想用命令 save 来覆盖已经存在的 . dta 文件时，就会出现错误。这时，需要加入选项 replace 让 Stata 知道覆盖既存文件没问题。同样地，如果想运行这些命令，并覆盖既存的 log 文件，也需要在命令 log using 和 translate 中加入选项 replace。在 example4. do 中（如下所示），把选项 replace 加到命令 log using 中，以告诉 Stata 可以覆盖 example4. smcl。同样地，把选项 replace 加到命令 translate 中也是指明可以覆盖 example4. log。

```
. findit r(602)

. type example4.do
log using example4, replace
use wws2, clear
summarize age wage hours
tabulate married
log close
translate example4.smcl example4.log, replace
```

现在运行 example4. do；它每次运行时，都会把 example4. smcl 和 example4. log 覆盖掉（如果它们存在的话）。

```
. do example4
```

（*输出结果略*）

这个看起来能作为 do-file 的一个完美范本，但是存在一个问题。假设在 do-file 里存在一个错误。Stata 就会暂停 do-file 的运行，且 log 文件会保持打开状态（因为程序永远不会到命令 log close，也就不可能关闭 log 文件）。如果我们想再次运行 do-file（在没有关闭 log 文件时），命令 log using 就会给出这样一个错误提示：

```
. do example4.do

. log using example4
log file already open
r(604);
```

为解决这个问题，可以在 example5. do 的最上面加入命令 capture log close。无论 log 是开着还是关着，这个命令都会关闭 log，。

```
. type example5.do
capture log close
log using example5, replace
use wws2, clear
summarize age wage hours
tabulate married
log close
translate example5.smcl example5.log, replace
```

这样就可以一遍又一遍地运行 example5. do，在需要时，它会关掉 log 文件，并覆盖既存的 log 文件。

下面看一个 do-file 框架的示例，这个例子以 example5. do 为基础。这里面加入了注释以描述命令，但实际上没必要加入这些注释。(更多关于用不同的方法给 Stata 里的 do-file 添加注释的内容，请参见 A. 4 节。) do-file 后面的是对新加入的命令的一个解释。

```
capture log close              // Close the log in case it was open
log using myfile, replace      // Open the log (change myfile to the name for your log)
version 11.0                   // Set the version of STATA you are using
set more off                   // Run program without showing –more-
clear all                      // Remove any prior data from memory
set memory 200m                // Set size of memory as needed
* your commands here
log close                      // Close the log when you are done
                               // Optional: convert myfile.smcl to myfile.log
translate myfile.smcl myfile.log, replace
```

和前面看到的一样，do-file 从关闭 log 和建立 log 文件的命令开始。

命令 version 告诉 Stata，根据指定，用那些适用于 Stata 版本的规则来运行这个程序。即使是在未来的几年后，当你想要用 Stata 14. 0 运行这个程序时，命令 verstion 11. 0 仍然会要求用 Stata 11. 0 下的语法来运行这个 do-file。

命令 set more off 禁止－more－这个信息出现，这个信息提示：在每次输出全屏时，按下任何一个键才能进入下一页。通过插入这个命令，程序就会一直运行到底，而不会再出现按－more－的提示。

命令 clear all 会清除所有的数据（以及很多其他的东西），它会给你一个全新的、干净的屏幕来运行你的 do filc。

命令 set memory* 用来分配足够的空间以便你能够把数据读入内存之中。如果你的数据比已经分配的内存要大，那么 Stata 就会给你一个 r(901)的错误提示，告诉你没有足够的空间来增加更多的观测值了。通过在 do-file 中发布命令 set memory，可以确保为你的数据分配足够的内存。

在此之后就可以插入自己的命令了，最后以命令 log close 关闭 log 来结束这个 do-file。如你所想，也可以加入命令 translate 把 myfile. smcl 转换成 myfile. log。

当你发展出一套适合自己的编写程序模式时，就能够创建自己的 do-file 框架，其中可以包含那些你想在 do-file 的最开始就使用的命令。

更多关于 do-files 的内容，请参见 help do。另外，更多关于 do 文件编辑器的信息，请参见 help doedit。下一节建立在这一节的基础上，介绍的是如何用 do-files 实现数据核查过程的自动化。

## 9.4 数据检验的自动化

数据管理的第一个重要内容就是数据核查。纵观全书，我不仅尽力强调应该怎样执行一个任务，也强调怎样具体地核查那些任务是否被正确地执行了。本节通过展示在 do-files 中如何实现数据核查过程自动化，进而把这样的数据核查向前推进一步。让我们通过创建一个小的 do-file 来介绍一下这个过程，先读入原始数据 wws. csv 并检查数据中的部分变量。

```
. insheet using wws.csv
(30 vars, 2246 obs)
```

检查变量 race。这个变量应该有 1、2、3 三个取值。

```
. tabulate race
```

| race | Freq. | Percent | Cum. |
|---|---|---|---|
| 1 | 1,636 | 72.84 | 72.84 |
| 2 | 583 | 25.96 | 98.80 |
| 3 | 26 | 1.16 | 99.96 |
| 4 | 1 | 0.04 | 100.00 |
| Total | 2,246 | 100.00 | |

命令 tabulate 显示其中有一名女性在 race 上的取值为 4，对 race 来说，4 不是一个有效值。如果把这个命令嵌入 do-file 中，就很有可能会忽视这个错误。用这种方式来检查数据，意味着我们需要仔细阅读 log 文件中的输出结果来查找问题。

Stata 还有另外一种核查此类问题的方法：用命令 assert。在命令 assert 的后面需要提供一个逻辑表达式，在你的数据中这个逻辑表达式应该总为真。例如，函数 inlist (race,1,2,3)，如果变量 race 的取值为 1、2 或 3，这个函数就为真，否则就为假。如果表达式为假，那么命令 assert 就会告诉我们核查条件为假的观测值的编号，同时命令会返回一个错误提示。下面用命令 assert 查看一下 race 的编码是否正确（也就是说，race 的编码是 1、2 或 3）。(更多有关 Stata 逻辑表达式的内容，请参见 A. 6。)

```
. assert inlist(race,1,2,3)
1 contradiction in 2246 observations
assertion is false
r(9);
```

现在来看看在 do-file 中它是怎么运作的。假设有一个名为 wwscheck1. do 的 do-file，其内容如下[①]：

```
. type wwscheck1.do
*first attempt at wwscheck1.do
insheet using wws.csv, clear
assert inlist(race, 1, 2, 3)
```

当输入 do wsscheck1 时，会得到如下结果：

```
. do wwscheck1

. *first attempt at wwscheck1.do
. insheet using wws.csv, clear
(30 vars, 2246 obs)


. assert inlist(race, 1, 2, 3)
1 contradiction in 2246 observations
assertion is false
r(9);

end of do-file

r(9);
```

命令 assert 中止了 do-file 的运行，给了我们迎头一棒：结果告诉我们 race 的取值在 1、2、3 之外的情况。即便我们有可能忽视命令 tabulate 输出的 race 的无效值，但很难忽略被命令 assert 识别出的错误。命令 assert 告诉我们有一个观测值没有通过核查，但是我们并不知道具体是哪一条观测值没有通过核查。通过下面的命令 list 可以列出 race 的取值不是 1、2 或 3 的观测个案，也就是要限定观测值!inlist (race,1,2,3)。

---

① 为简明起见，这章中作为示例的 do-files 都省略了用来创建 log、分配内存等的命令。在实际操作中，你会想把这些被省略的命令包括进来，作为你的 do-files 的一部分。

```
. list idcode race age married if ! inlist(race, 1, 2, 3)

      +----------------------------------+
      | idcode   race   age   married    |
      |----------------------------------|
2013. |    543      4    39         0    |
      +----------------------------------+
```

这名女性的 idcode 是 543，年龄是 39 岁，未婚。设想我们找到她填答的调查问卷，发现 race 的取值是 1。这样在 wws. csv 中就有一个数据被录错了。可能你想通过改变原始数据来修复这个问题，但如果这样做，实际上是掩饰了我们做的修改。我建议把这个修正过程放到我们的 do-file 中，如下所示。

```
. type wwscheck1.do
*second attempt at wwscheck1.do
insheet using wws.csv, clear
replace race = 1 if idcode == 543
assert inlist(race, 1, 2, 3)
```

执行完这个 do-file 后（如下所示），这个错误就会改正过来。因为这个文件可以完整地运行，所以可以认为我们设定的条件全部被满足了，数据通过了我们的核查。

```
. do wwscheck1

. *second attempt at wwscheck1.do
. insheet using wws.csv, clear
(30 vars, 2246 obs)

. replace race = 1 if idcode == 543
(1 real change made)


. assert inlist(race, 1, 2, 3)

.
end of do-file
```

再用这个 do-file 检查变量 age。基于对这个样本的了解，age 的取值范围应该在 21 岁到 50 岁（不超过 50 岁）。把这个条件加到 wwscheck1. do 中，把它放在对 race 的核查条件的后面。

```
. type wwscheck1.do
* third attempt at wwscheck1.do
insheet using wws.csv, clear

* correct race and then check race
replace race = 1 if idcode == 543
assert inlist(race, 1, 2, 3)

* check age
assert (age >= 21) & (age <= 50)
```

运行这个 do-file，对 race 的核查通过了，但是对 age 的核查没有通过。

```
. do wwscheck1

. * third attempt at wwscheck1.do
. insheet using wws.csv, clear
(30 vars, 2246 obs)

.
. * correct race and then check race
. replace race = 1 if idcode == 543
(1 real change made)

. assert inlist(race, 1, 2, 3)

.
. * check age
. assert (age >= 21) & (age <= 50)
2 contradictions in 2246 observations
assertion is false
r(9);

end of do-file

r(9);
```

下面列出对 age 的设定条件为假的观测值。

```
. list idcode age if ! ((age >= 21) & (age <= 50))
```

| | idcode | age |
|---|---|---|
| 2205. | 80 | 54 |
| 2219. | 51 | 83 |

同样回去查看一下调查问卷，发现 idcode 为 51 的女性应该是 38 岁，idcode 为 80 的女性年龄应该是 45 岁。把它们改过来，然后重新执行一次对 race 和 age 的检查。

```
. type wwscheck1.do
* fourth attempt at wwscheck1.do
insheet using wws.csv, clear

* correct race and then check race
replace race = 1 if idcode == 543
assert inlist(race, 1, 2, 3)

* correct age and then check age
replace age = 38 if idcode == 51
replace age = 45 if idcode == 80
assert (age >= 21) & (age <= 50)
```

运行这个更新过的 do-file，它一直运行到底（如下所示），这表明 race 和 age 都符合设定的核查条件。

```
. do wwscheck1

. * fourth attempt at wwscheck1.do
. insheet using wws.csv, clear
(30 vars, 2246 obs)

.
. * correct race and then check race
. replace race = 1 if idcode == 543
(1 real change made)

. assert inlist(race, 1, 2, 3)

.
. * correct age and then check age
. replace age = 38 if idcode == 51
(1 real change made)

. replace age = 45 if idcode == 80
(1 real change made)


. assert (age >= 21) & (age <= 50)

.
end of do-file
```

如你所见，这个程序把数据核查（我们必须执行的一个过程）和通过命令 assert 自动化重复检查的方法结合起来。这个程序的优势就是实现了核查过程的自动化。如果你预计可能还会收到更新版本的原始数据，这种自动化的核查程序就更有用。与其一遍又一遍地手动核查各变量是否超出了取值范围，不如重新运行含有 assert 命令的 do-file。任何不满足预设核查条件的观测值都会让 do-file 中止运行，并会清楚地为你指出数据中的问题所在。

关于命令 assert 的更多内容，请参见 help assert。如果需要比 assert 更全面的工具来清理和检查数据，建议研究一下 ckvar 程序包。用命令 findit ckvar 可以找到并下载这套由用户自己编写的程序包。

下节将介绍怎样把 do-file 和进一步实现数据清理和数据分析的自动化结合起来。

## 9.5 合并 do 文件

上节讲的是如何用 do-file 以一种简单且可重复的方式把命令合并起来，以及如何把结果保存在 log 文件中，怎样用命令 assert 实现数据核查的自动化。这节要介绍的是怎样把多个 do-files 合并为一个主 do-file，利用这个主 do-file，只需一个简单的命令就能完整执行整个数据管理和数据分析。

我们来看一个小的数据分析项目。这个项目的原始数据保存在 wws. csv 中。需要把这个原始数据读入 Stata 里，并对它进行核查、修正以及贴标签等工作，然后才可以进行分析。整个过程只需要发布一个命令即可执行，即 do mastermini。这个 do-file 如下所示。

```
. type mastermini.do
do mkwwsmini
do anwwsmini
```

从输出结果可以看到这个 do-file 首先执行 mkwwsmini. do，包括读入原始数据、检查变量、保存为 wwsmini. dta。mk 是 make 的缩写，因此这个程序“生成”(makes) 数据 wwsmini. dta。然后运行 anwwsmini. do。an 代表 analyze，因此这个程序是用来“分析”(analyzes) wwsmini. dta 的。

图 9.1 展示了从原始数据到最终分析的整个过程。在这个图中，数据用椭圆形表示，do-files 用长方形代表，log 文件用斜体字表示。这个流程图展示了从原始资料(原始数据) 到达最终目的 (最终分析) 的过程。

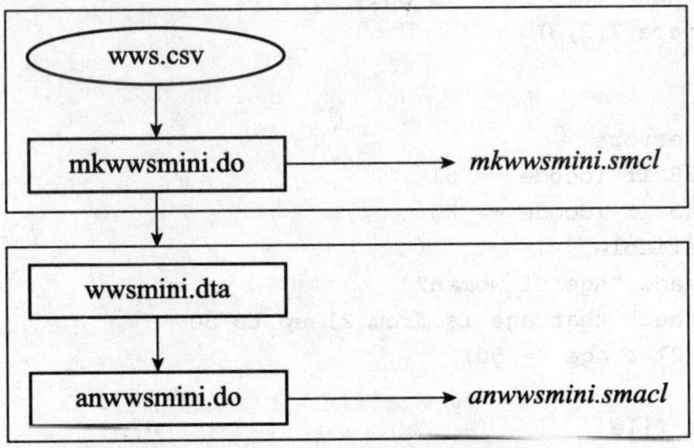


**图 9.1 wwsmini 项目的流程图**

在这个示例中，原始资料就是原始数据 wws. csv，用 mkwwsmini. do 处理数据文件并生成一个名为 wwsmini. dta 的 Stata 数据。同时生成 log 文件 mkwwsmini. smcl。

可以通过检查这个 log 文件来确认生成 wwsmini. dta 的过程是有效且正确的。接着，用 anwwsmini. do 来处理 wwsmini. dta，并同时生成 anwwsmini. smcl，这个文件中包含分析结果。

让我们再仔细地看一看 mkwwsmini. do 这个文件。该程序读入原始数据 wws. csv，这个数据在 9.4 节用过，该程序里包含 9.4 节中的数据核查和数据修正命令。注释包括给每段程序添加的标签（如[A]）。使用这些注释和使用脚注很像，它是对这段程序给出的解释和说明。不推荐在程序中加入这样的注释，因为随着程序的变化和改善，可能需要不断地更新这些标签。

```
. type mkwwsmini.do
capture log close
log using mkwwsmini, replace
version 11.0
set more off
clear all
set memory 200m
* [A] Read in the raw data file
insheet using wws.csv

* [B] race
* [B1] correct error
replace race = 1 if idcode == 543
* [B2] label variable and values
label variable race "race of woman"
label define racelab 1 "White" 2 "Black" 3 "Other"

label values race racelab
* [B3] double check that race is only 1, 2 or 3
assert inlist(race,1,2,3)

* [C] age
* [C1] correct errors
replace age = 38 if idcode == 51
replace age = 45 if idcode == 80
* [C2] label variable
label variable age "Age of woman"
* [C3] double check that age is from 21 up to 50
assert (age >= 21 & age <= 50)

* [D] save data file
save wwsmini, replace

log close
```

do-file 从打开一个 log 文件开始，指定 version，设定关掉 more，清理内存并分配足够的内存空间。这些都是基于 9.3 节中已经介绍的 do-file 的基本框架。接着是[A]部分读入数据 wws. csv。

[B]部分是关于变量 race 的。[B1]部分纠正了之前发现的错误，也就是 idcode 为 543 的被访者的 race 的 1 被错编为 4。[B2]部分为 race 变量贴上了变量标签和值标签。然后[B3]确认了 race 只有三个取值 1、2 或 3。

[C]部分是有关变量 age 的。[C1]部分纠正了我们在 9.4 节中发现的错误，[C2]部分给 age 贴上了标签。然后[C3]部分通过核查 age 的取值范围是 21 到 50（包括 21 和 50）来确认 age 取值的正确性。

最后，[D]部分保存数据，并将其命名为 wwsmini. dta，然后关闭 log 文件。

下面是分析这个数据的程序：

```
. type anwwsmini.do
capture log close
log using anwwsmini, replace
set more off
version 11.0
clear all
set memory 200m

* [A] read the data
use wwsmini

* [B] run regression predicting age from race
regress age i.race

log close
```

注意用来做分析的 do-file 也是从打开一个 log 文件开始，指定 version，设定关闭 more，清理内存并分配出足够的内存空间。然后读入数据（[A]部分），接着运行一个回归分析（[B]部分）。最后，关闭 log 文件。

而上述所有这些步骤用一个简单的命令就可以执行：

```
. do anwwsmini
```

（输出结果略）

运行 mastermini. do 这个 do-file 就会读入原始数据，修正数据中的错误，给数据加标签，核查数据，保存数据并分析数据。我们可以看到上述这个策略有下面这些好处：

1. 假设有人告诉你 wws. csv 中有错误，并给了你一个修正版的数据。这时你只需要 use 这个修正版，然后输入 do mastermini，用一条命令就能复制整个分析过程。

2. 用 mkwwsmini. do 能自动核查出数据中的错误。如果有人给了一个新的数据，需要重新进行数据核查，以防新的文件中有错误。

3. wssmini. dta 文件是用来做分析的数据，可以对这个数据交互分析，这时只需把新的分析命令加入到 anwwsmini. do 中即可。你只需要再把整个过程重新运行一遍，你引入的任何新的分析都会被自动地执行。

4. 比上述这些更重要的是，这样的策略使得从原始数据到最终分析的整个过程都非常清楚明了，而且可以被完美复制。如果任何人要咨询你是如何做的分析，哪怕是其中的任何一个部分，你都可以通过查阅这些 do-files 中的相关步骤，来准确描述你都做了些什么。这样，你就不必依赖于自己的记忆或寄希望于以某种确定的方式做事情。

尽管这只是一个小小的项目，但希望本节已经讲清楚如何使用这种方法，以及如何能让这种方法在更大且更复杂的项目中变得更加实用。

下节将要介绍的是 Stata 中的宏，它在 do-file 中非常实用并且能够帮助我们节省时间。

## 9.6 介绍 Stata 中的宏

在编写 do-file 时，有时会发现需要反复地涉及同一组变量。比如，需要用同样一组预测变量对一系列不同的因变量进行回归。并且，如果修改了一个模型里的预测变量，对其他的所有模型就也要做同样的改动。下面展示了一个小例子，在这个例子中，运行 2 个 regress 命令，每次都用 age 和 married 作为预测变量。

```
. use wws2
. regress wage age married
. regress hours age married
```

设想一下，如果这里不是 2 个 regress 命令，而是有 10 个甚至更多个这样的 regress 命令。这样一旦想增加或删除某个预测变量，就要对每个 regress 命令都做出修改。下面就介绍一下如何使用宏（macro），它能够帮助你很好地完成这类任务。命令 local preds age married 就创建了一个名为 preds 的宏，其中包含 age 和 married。下面再运行 regress 命令时，用`preds'来代替 age 和 married，重新运行命令。

```
. use wws2
(Working Women Survey w/fixes)

. local preds age married

. regress wage `preds'

      Source |       SS       df       MS              Number of obs =    2244
-------------+------------------------------           F(  2,  2241) =    1.63
       Model |  110.417562     2  55.2087812           Prob > F      =  0.1965
    Residual |   75985.248  2241  33.9068487           R-squared     =  0.0015
-------------+------------------------------           Adj R-squared =  0.0006
       Total |  76095.6655  2243  33.9258429           Root MSE      =   5.823

------------------------------------------------------------------------------
        wage |      Coef.   Std. Err.      t    P>|t|     [95% Conf. Interval]
-------------+----------------------------------------------------------------
         age |  -.0043748   .0230504    -0.19   0.849    -.0495772    .0408276
     married |  -.4619568    .256554    -1.80   0.072    -.9650651    .0411515
       _cons |   8.251724   .8662637     9.53   0.000      6.55296    9.950487
------------------------------------------------------------------------------
```

用来括住 preds 的左右两个单引号是要求 Stata 用名为 preds 的局域宏（local macro）中的内容替换掉`preds'，即 age 和 married。可以直接把局域宏 preds 中的内容显示出来：

```
. display "The content of preds is `preds' "
The content of preds is
```

> **注意！这两个引号在哪儿？**
>
> 在输入`preds'时，你可能会因为找不到正确的引号而犯难。首先，我把`称为左引号。在美式键盘中，它通常和波浪符（~）在同一个键上，一般位于 Tab 键的上面。我把'称为右引号，在键盘中它位于双引号（"）的下面。宏名中的左右两个引号让宏的起止边界很清楚。

这时，如果想更改预测变量，只需要修改一次定义了包含预测变量的宏命令 local preds 就可以。下面在预测变量列表中加入 currexp。这样，跟着的 regress 命令就会以 age married currexpt 作为预测变量列表。

```
. local preds age married currexp

. regress wage `preds'

. regress hours `preds'
```

还可以用宏来指定命令 regress 的选项。下面的局域宏 regopts 中包含了 noheader

beta，每条 regress 命令都通过在逗号后面用 regopts 来指定这些选项。如你所见，运行结果显示的是没有表头以及标准化系数的回归分析结果。

```
. local preds age married currexp

. local regopts noheader beta

. regress wage `preds´, `regopts´
```

| wage | Coef. | Std. Err. | t | P>\|t\| | Beta |
|---|---|---|---|---|---|
| age | -.0364191 | .0231681 | -1.57 | 0.116 | -.0332582 |
| married | -.4257074 | .2541613 | -1.67 | 0.094 | -.0350016 |
| currexp | .1986906 | .0244371 | 8.13 | 0.000 | .1719589 |
| _cons | 8.384738 | .8600406 | 9.75 | 0.000 | . |

```
. regress hours `preds´, `regopts´
```

| hours | Coef. | Std. Err. | t | P>\|t\| | Beta |
|---|---|---|---|---|---|
| age | -.1289253 | .0412795 | -3.12 | 0.002 | -.0655535 |
| married | -3.199432 | .4532619 | -7.06 | 0.000 | -.1463295 |
| currexp | .3181376 | .0435678 | 7.30 | 0.000 | .153215 |
| _cons | 42.31729 | 1.531802 | 27.63 | 0.000 | . |

如果想得到带稳健标准误的回归分析结果，只需要把 vce(robust)加入到指定选项列表的宏 regopts 中，所有的回归结果显示的都将是稳健标准误。

```
. local preds age married currexp

. local regopts noheader beta vce(robust)

. regress wage `preds´, `regopts´
. regress hours `preds´, `regopts´
```

宏的优势并不只限于分析命令。想对 do-file 做出任何整体调整时，都可以考虑是否可以使用局域宏。它就类似打开一个控制了一组灯光的开关。如 9.4 节中的示例，命令 assert 通过检查是否满足一些核查条件来实现自动核查数据。比如，你可以用命令 assert 看看 married 是否真的只有 0 和 1 两种取值。

```
. assert married == 0 | married == 1
```

因为命令结果为空，所以核查条件为真。另外，你可能还想确认调查对象现在是否已婚（即，if married = =1)，在变量 nevermarried 上的取值总是 0。可以这样来做：

```
. assert nevermarried == 0 if married == 1
2 contradictions in 1442 observations
assertion is false
r(9);

end of do-file

r(9);
```

结果显示，在 1 442 名已婚女性中，有两名妇女的核查条件为错。这个命令不仅告诉我们这个核查条件没有被满足，还返回了一个错误编码［即 r(9)］。如果这个命令在一个 do-file 中，这个 do-file 就会被中止运行。为避免在一个不满足的核查条件上中止 do-file，可以加上选项 rc0。[①] 如下所示。

```
. assert nevermarried ==0 if married == 1, rc0
2 contradictions in 1442 observations
assertion is false
```

在这种情况下，do-file 会继续运行，可以通过在 log 文件中搜索单词“false”，再一次确认多个不满足核查条件的地方。有时需要在 do-file 中用 rc0，这样就会同时发现数据中的多个错误。但是大多数情况下，只要核查条件不满足，就想让程序停下来，而不是事后再来查找这些不满足核查条件的情况。

由于对改变命令 assert 的行为没有做全部设置，所以可以创建一个能够决定命令 assert 的行为宏。在下面这个示例中，将用局域宏 myrc 来确定当遇到一个为假的核查条件时，程序应该继续运行还是应该停止运行。将 myrc 设定为 rc0，每一条 assert 命令的后面都跟着一个选项 `myrc'。在这种情况下，即使出现了假的 assertion，do-file 还会继续运行。

```
. local myrc rc0

. assert nevermarried == 0 if married == 1, `myrc'
2 contradictions in 1442 observations
assertion is false

. assert married == 0 | married == 1, `myrc'
```

相反地，在下面这个例子中，给 myrc 分配的取值是空，如果核查条件为假，那么这个 do-file 就会中止。第二个核查条件永远不会被检查到，因为对第一个条件核查的失败中止了 do-file。

① 它表示“return code zero”。如果命令返回一个 0 编码，就意味着运行错误为 0，Stata 会继续运行这个 do-file。

```
. local myrc

. assert nevermarried == 0 if married == 1, `myrc'
2 contradictions in 1442 observations
assertion is false
r(9);
```

但是，这就提出了一个问题，我继续把 myrc 当成一个局域宏的理由是什么。我这么做是因为还有一种叫做全局宏的东西存在。局域宏只能在当前的 do-file 中指定，当这个 do-file 运行结束后，这个局域宏就不存在了。而且，如果第一个 do-file 调出第二个 do-file，那么在第一个 do-file 中创建的局域宏也不会适用于第二个 do-file。如 9.5 节中讲到的，如果想创建一系列用来进行数据清理和数据分析的 do-files，如果想控制命令 assert 在整个 do-files 链中的行为，需要使用一个全局宏，因为全局宏会一直存在，且会作用于所有的 do-files，直到退出 Stata 编程它才会消失。下面的例子是关于如何用全局宏来重复上面那个例子。

```
. global rcopt rc0

. assert nevermarried == 0 if married == 1, $rcopt
2 contradictions in 1442 observations
assertion is false

. assert married == 0 | married == 1, $rcopt
```

命令 global rcopt rc0 生成一个名为 rcopt 的全局宏，它的取值是 rc0。在一个全局宏的前面加上一个美元符，即 $ rcopt，就能获取全局宏的内容。对比一下获取局域宏内容的方法，获取局域宏的内容是把局域宏的内容放在两个引号中，例如，`myrc'。正如在 9.5 节中讲到的一样，可以把所有的 do-files 都合并到一个主 do-file 里，这样就可以用这个主 do-file 来控制里面的所有 do-files 的行为。例如，假设有这样一个 master. do 文件：

```
. global rcopt rc0
. do checkdata
. do modifydata
. do analyzedata
```

对所有类似 checkdata. do 这样的 do-files 来说，都可以在其中任何的 assert 命令后面使用 $ rc0。如果这些 do-files 中的所有 assert 命令都加上了 $ rc0，那么命令 global rcopt rc0 就会控制这些 do-files 中的所有 assert 命令的行为。

本节中的示例介绍的是一些可以用宏来改变一系列 Stata 命令的行为的方法。如前所述，Stata 里的宏就像一个总开关，可以通过旋转它来控制一组灯。下面这节还会进一步扩展本节的内容，介绍更多如何使用 Stata 宏的知识。

## 9.7 使用 Stata 中的宏

本节建立在上一节基础上，关注的是使用宏的基本原则。接下来的几节介绍的都是如何在 Stata 中使用宏的几种实际情况。

看看这个简单的示例，在这个例子中命令 local 给宏 h 分配了 Hello。下一个命令 local 给宏 w 分配了 word。命令 display 显示了这些宏包含的内容。

```
. local h Hello

. local w world

. display "The macro h contains `h´ and the macro w contains `w´"
The macro h contains Hello and the macro w contains world
```

可以把局域宏 h 和 w 合并成一个宏 both，如下所示，宏 both 中包含了 Hello word。

```
. local both `h´ `w´

. display "The macro both contains `both'"
The macro both contains Hello world
```

也可以给宏分配一个空字符（即什么都没有），如下所示。在前面，局域宏 both 包含 Hello world，但现在它的内容为空。这样做可以清除一个宏的内容。

```
. local both

. display "The macro both now contains `both´"
The macro both now contains
```

假设宏 myvars 里包含两个变量的名字，age 和 yrschool。（顺便提一下，Stata 并不知道也不关心它们是变量的名字。）

```
. local myvars age yrschool
```

例如，可以运行一个用了这个宏的回归，用宏里包含的变量来预测 wage。

```
. use wws2
(Working Women Survey w/fixes)

. regress wage `myvars´
```

下面把另一个变量名 hours 加入宏 myvars 里，生成一个新的宏 myvars2。前面宏`myvars'的取值是 age yrschool，现在宏 myvars2 的取值包括 age yrschool hours，如下

所示。用包含这些变量名的局域宏 myvars2 做预测 wage 的回归如下：

```
. local myvars2 `myvars´ hours

. display "The macro myvars2 contains`myvars2´"
The macro myvar2 contains age yrschool hours

. regress wage `myvars2´
```

（输出结果略）

同理，用上面的逻辑，可以把单词 hours 加给宏 myvars，以替换 myvars 的已存取值，如下所示。

```
. local myvars `myvars´ hours

. display "The macro myvars now contains `myvars´"
The macro myvars now contains age yrschool hours
```

到目前为止，这些示例已经解释了包含字母或字符的宏。接下来看看下面这个示例：

```
. local x 2+2

. display "The macro x contains `x´"
The macro x contains 2+2
```

尽管我们都想知道它的取值是多少（即加在一起是多少），并认为宏 x 应该等于 4，但是在这里宏 x 被按原义处理了，显示为 2+2。这和下面的示例刚好相反。

```
. local y = 2+2

. display "The macro y contains `y´"
The macro y contains 4
```

通过加入一个等号，让 Stata 求出表达式右边的值。结果宏 y 显示为 4。等号告诉 Stata 求出表达式的值并保存这个结果。

再看看另一个例子。

```
. local a 5

. local b 10

. local c = `a´ + `b´

. display "The macro c contains `c´"
The macro c contains 15
```

在这个例子中，指定局域宏 c 的取值为 a（也就是 5）加上 b（也就是 10）后的值，结果为 15。这表明可以用宏进行数学运算。事实上，在生成新变量时，可以用局域宏进行同样的运算。可以用运算符加号（+）、减号（-）、乘号（*）、除号（/）以及乘方（^），还可以用括号来控制（或标明）运算顺序，也可以用函数，如 exp()、ln() 和 aqrt()；参见 A.7。下面通过一些运算符和函数，创建一个无意义的变量 d。

```
. local d = ( sqrt(`a´) - ln(`b´))/2

. display "The value of d is `d´"
The value of d is -.033258557747128
```

如果想把现存局域宏 a 的取值加上 1，可以这么做，如下所示。在等号的右边是一个表达式a´ + 1。因为 a 的取值是 5，所以就变成 5+1。因此发布这个命令后，a 的取值就变成了 6。

```
. local a = `a´ + 1

. display "The macro a now contains `a´"
The macro a now contains 6
```

到目前为止，用等号的示例都集中在数值表达式上。在给宏分配取值时，也可以在等号的右边指定一个字符表达式。[①] 例如，如果想用命令 upper()把宏 myvars 的内容都转换成大写字母，可以这么做，如下所示。

```
. local myvarsup = upper("`myvars´")

. display "myvarsup is `myvarsup´"
myvarsup is AGE YRSCHOOL HOURS
```

用等号 Stata 求出等号右边的内容，结果 myvarsup 的取值就是 AGE YRSCHOOL HOURS。

尽管我们可以讨论更多关于 Stata 宏用法的方法，但本节是想为接下来的几节打下坚实的基础。下一节要介绍的是如何把宏和循环 foreach 结合起来用，从而为需要重复执行的命令提供捷径。更多有关 Stata 宏的内容，请参见 help macro。

## 9.8 通过变量循环实现命令的重复执行

本节要介绍的是如何用 foreach 循环在一系列指定的变量中，重复执行一个或多个命令。例如，如果想运行 6 个不同的回归分析，用变量 age 和 married 来预测结果变量 wage、hours、prevexp、currexp、yrschool 以及 uniondues。可以像下面这样输入 6 条命令。

---

① 但是要注意，表达式结果的长度不能超过 244 个字符。

```
. regress wage age married
. regress hours age married
. regress prevexp age married
. regress currexp age married
. regress yrschool age married
. regress uniondues age married
```

或者，也可以像下面这样用一个 foreach 循环，这样做可以节省输入的工作量和时间。

```
. foreach y of varlist wage hours prevexp currexp yrschool uniondues {
.     regress `y′ age married
. }
```

上面的命令 foreach 把关键词 varlist 后面的每个变量都循环（迭代）使用了一遍。第一次迭代，给局域宏 y 分配的是 wage，两个花括号（{ 和 }）中间的命令被执行了一次。相当于执行命令 regress wage age married。第二次迭代，分配给局域宏的是下一个变量名（hours），同样执行了一次花括号中的命令，相当于执行命令 regress hours age married。这个过程会在 varlist 后面其他剩下的变量中重复进行。

接下来运行上面的 foreach 循环命令，为节省篇幅，这里只显示循环中的第一次和最后一次迭代的输出结果。注意，Stata 在 foreach 循环执行的 log 中插入了数字。在写这些命令时并不需要输入这些数字；Stata 显示这些数字是为了指出哪些是嵌套在 foreach 循环中的命令，并强调第 2 行和第 3 行由 foreach 循环控制。

```
. use wws2
(Working Women Survey w/fixes)

. foreach y of varlist wage hours prevexp currexp yrschool uniondues {
  2.   regress `y′ age married
  3. }

      Source |       SS       df       MS              Number of obs =    2244
-------------+------------------------------           F(  2,  2241) =    1.63
       Model |  110.417562     2  55.2087812           Prob > F      =  0.1965
    Residual |   75985.248  2241  33.9068487           R-squared     =  0.0015
-------------+------------------------------           Adj R-squared =  0.0006
       Total |  76095.6655  2243  33.9258429           Root MSE      =   5.823

------------------------------------------------------------------------------
        wage |      Coef.   Std. Err.      t    P>|t|     [95% Conf. Interval]
-------------+----------------------------------------------------------------
         age |  -.0043748   .0230504    -0.19   0.849    -.0495772    .0408276
     married |  -.4619568    .256554    -1.80   0.072    -.9650651    .0411515
       _cons |   8.251724   .8662637     9.53   0.000      6.55296    9.950487
------------------------------------------------------------------------------
```

*为节省篇幅省略了 hours 的输出结果*
*为节省篇幅省略了 prevexp 的输出结果*
*为节省篇幅省略了 currexp 的输出结果*
*为节省篇幅省略了 yrschool 的输出结果*

```
      Source |       SS       df       MS              Number of obs =    2242
-------------+------------------------------           F(  2,  2239) =    3.84
       Model |  623.75874      2  311.87937           Prob > F      =  0.0217
    Residual | 182070.734   2239  81.3178804           R-squared     =  0.0034
-------------+------------------------------           Adj R-squared =  0.0025
       Total | 182694.493   2241  81.523647           Root MSE      =  9.0176

------------------------------------------------------------------------------
   uniondues |      Coef.   Std. Err.      t    P>|t|     [95% Conf. Interval]
-------------+----------------------------------------------------------------
         age |   -.003459   .0356981    -0.10   0.923    -.0734639    .0665458
     married |  -1.100682   .3974222    -2.77   0.006    -1.880036   -.3213274
       _cons |   6.434747   1.341576     4.80   0.000     3.803884     9.06561
------------------------------------------------------------------------------
```

如果想用（来自一个预测变量列表中的）每个预测变量对每个结果变量（来自一个结果列表中的）进行回归，可以同时用 2 个 foreach 循环，一个用于结果变量，另一个用于预测变量。下面显示有 6 个结果变量（wage、hours、prevexp、currexpt、yrschool 和 uniondues）和 4 个预测变量（age、married、south 和 metro）。

```
. use wws2
(Working Women Survey w/fixes)

. foreach y of varlist wage hours prevexp currexp yrschool uniondues {
  2.         foreach x of varlist age married south metro {
  3.                 regress `y' `x'
  4.         }
  5. }
```

命令 regress 会在这两个嵌套的 foreach 循环中重复运行，如下所示。

```
. regress wage age
. regress wage married
. regress wage south
. regress wage metro
. regress hours age
. regress hours married
. regress hours south
. regress hours metro
```

*为节省篇幅省略了关于 prevexp，currexp，yrschool 的命令。*

```
. regress uniondues  age
. regress uniondues  married
. regress uniondues  south
. regress uniondues  metro
```

在第一个 foreach 循环中，每个变量都会和第二个循环中的每个变量进行组合，对于每对组合，命令 regress 都会运行一次。第一个循环包含 6 个变量，第二个循环包含了 4 个变量，这将产生 24 次迭代（也就是说要运行 24 次 regress 命令）。这样会减少很多输入工作。

到目前为止，所有的例子介绍的都是用 foreach 来执行一系列的 regress 命令。接下来把注意力转移到用 foreach 做数据管理上来。下面的示例用的数据是 cardio1. dta，如下所示。

```
. use cardio1

. describe

Contains data from cardio1.dta
  obs:             5
 vars:            12                          22 Dec 2009 19:50
 size:           100
-------------------------------------------------------------------------------
              storage  display     value
variable name   type   format      label      variable label
-------------------------------------------------------------------------------
id              byte   %3.0f                  Identification variable
age             byte   %3.0f                  Age of person
bp1             int    %3.0f                  Systolic BP: Trial 1
bp2             int    %3.0f                  Systolic BP: Trial 2
bp3             int    %3.0f                  Systolic BP: Trial 3
bp4             int    %3.0f                  Systolic BP: Trial 4
bp5             int    %3.0f                  Systolic BP: Trial 5
pl1             int    %3.0f                  Pulse: Trial 1
pl2             byte   %3.0f                  Pulse: Trial 2
pl3             int    %3.0f                  Pulse: Trial 3
pl4             int    %3.0f                  Pulse: Trial 4
pl5             byte   %3.0f                  Pulse: Trial 5
-------------------------------------------------------------------------------
Sorted by:
```

这个数据包含对收缩压的五次测量值，名为 bp1—bp5 的变量，以及 5 次脉搏率测量值，名为 pl1—pl5 的变量。如果想生成一个虚拟变量，用来表示血压测量值是否过高（130 或更高），可以用一系列 recode 命令来完成这个任务，如下所示。这样需要生成 5 个名为 hibp1-hibp5 的变量，如果血压等于 129 或更低，它们的取值为 0，如果血压等于 130 或更高，它们的取值为 1。

```
recode bp1 (min/129=0) (130/max=1), generate(hibp1)
recode bp2 (min/129=0) (130/max=1), generate(hibp2)
recode bp3 (min/129=0) (130/max=1), generate(hibp3)
recode bp4 (min/129=0) (130/max=1), generate(hibp4)
recode bp5 (min/129=0) (130/max=1), generate(hibp5)
```

可以用一个 foreach 循环来替代这种做法，如下所示。对比一下上面的 recode 命令和下面的这个命令，注意这里用'v'代替了 bp1—bp5。

```
. foreach v of varlist bp1 bp2 bp3 bp4 bp5 {
.      recode `v' (min/129=0) (130/max=1), generate(hi`v')
.}
```

在这个循环的第一次迭代中，'v'的值是 bp1；因此

```
.recode `v' (min/129=0) (130/max=1), generate(hi`v')
```

将会被下面的命令替换：

```
.recode bp1  (min/129=0) (130/max=1), generate(hibp1)
```

这个过程同样会对 bp2、bp3、bp4 和 bp5 分别重复一遍。下面我们看到的是运行完这个 foreach 循环后列出的变量情况。

```
. list id bp1 bp2 bp3 bp4 bp5 hibp1 hibp2 hibp3 hibp4 hibp5, noobs
```

| id | bp1 | bp2 | bp3 | bp4 | bp5 | hibp1 | hibp2 | hibp3 | hibp4 | hibp5 |
|---|---|---|---|---|---|---|---|---|---|---|
| 1 | 115 | 86 | 129 | 105 | 127 | 0 | 0 | 0 | 0 | 0 |
| 2 | 123 | 136 | 107 | 111 | 120 | 0 | 1 | 0 | 0 | 0 |
| 3 | 124 | 122 | 101 | 109 | 112 | 0 | 0 | 0 | 0 | 0 |
| 4 | 105 | 115 | 121 | 129 | 137 | 0 | 0 | 0 | 0 | 1 |
| 5 | 116 | 128 | 112 | 125 | 111 | 0 | 0 | 0 | 0 | 0 |

如果想给脉搏值生成同样的虚拟变量，表示脉搏测量值是否过高（将 90 或更高定义为过高），不用 recode 命令生成这些变量，而是用 generate 命令来做，如下所示。(更多关于这条指令逻辑的内容，请参见 A.6。)

```
. foreach v of varlist pl1-pl5 {
.      generate hi`v' = (`v' >= 90) if ! missing(`v')
. }
```

循环 foreach 利用变量 pl1—pl5 在位置上彼此相邻，把这一系列变量用 pl1—pl5 指代（参见 A.11 节）。执行第一次迭代，'v的值是 pl1，命令 generate 就变成：

```
.generate hipl1 = (pl1 >= 90) if ! missing(pl1)
```

表示如果 pl1 大于或等于 90，生成的新变量 hipl1 取值为 1，如果 pl1 小于或等于 89，hipl1 的取值则为 0，如果 pl1 缺失，那么 hipl1 也是缺失。之后这个循环还会在 pl2—pl5 中被重复运行。结果如下所示。

```
. list id pl* hipl*, noobs
```

| id | pl1 | pl2 | pl3 | pl4 | pl5 | hipl1 | hipl2 | hipl3 | hipl4 | hipl5 |
|---|---|---|---|---|---|---|---|---|---|---|
| 1 | 54 | 87 | 93 | 81 | 92 | 0 | 0 | 1 | 0 | 1 |
| 2 | 92 | 88 | 125 | 87 | 58 | 1 | 0 | 1 | 0 | 0 |
| 3 | 105 | 97 | 128 | 57 | 68 | 1 | 1 | 1 | 0 | 0 |
| 4 | 52 | 79 | 71 | 106 | 39 | 0 | 0 | 0 | 1 | 0 |
| 5 | 70 | 64 | 52 | 68 | 59 | 0 | 0 | 0 | 0 | 0 |

现在把 foreach 循环与我们在 9.7 节中学到的如何给 Stata 中的宏添加内容结合起来用，这将扩展 foreach 循环的功能。这么做可以运行一系列的 regress 命令，且每次只添加一个预测变量。如果想执行一系列如下所示的 regress 命令：

```
. regress wage age
. regress wage age yrschool
. regress wage age yrschool hours
```

注意结果变量一样，而且每次只增加一个预测变量。由于只有 3 个预测变量，工作量还不是很大，但是随着预测变量的增多，输入的工作量也随之增大。每次命令都要纳入前一次命令中的所有变量并还要增加一个新的预测变量。第二次命令要把 yrschool 加在 age 后面，第三次命令要把 hours 加在 age yrschool 后面。这里也可以只用一个 foreach 循环来做，而不必手动输入每条 regress 命令，如下所示：

```
. use wws2
(Working Women Survey w/fixes)

. local myvars

. foreach v of varlist age yrschool hours {
  2.        local myvars `myvars' `v'
  3.        regress wage `myvars', noheader
  4. }
```

循环 foreach 每次重复其中的一个变量，而在 foreach 循环中嵌套命令 local 是为了把每次增加的变量累积起来。这样做的结果是每次执行命令 regress 后，它不仅包含 foreach 循环中的当前变量，还把之前的所有变量也包括进去。

下面运行这些命令。它在第一次运行回归时用 age 作为预测变量，第二次用 age yrscholl 作为预测变量，第三次用 age yrschoo hours 作为预测变量。

```
. local myvars

. foreach v of varlist age yrschool hours {
  2.        local myvars `myvars' `v'
  3.        regress wage `myvars', noheader
```

```
4. }
```

| wage | Coef. | Std. Err. | t | P>\|t\| | [95% Conf. Interval] | |
|---|---|---|---|---|---|---|
| age | -.0027502 | .0230443 | -0.12 | 0.905 | -.0479406 | .0424401 |
| _cons | 7.896423 | .8439127 | 9.36 | 0.000 | 6.241491 | 9.551355 |

| wage | Coef. | Std. Err. | t | P>\|t\| | [95% Conf. Interval] | |
|---|---|---|---|---|---|---|
| age | .0033213 | .0218308 | 0.15 | 0.879 | -.0394894 | .046132 |
| yrschool | .7806215 | .0481182 | 16.22 | 0.000 | .6862606 | .8749824 |
| _cons | -2.572595 | 1.026822 | -2.51 | 0.012 | -4.586219 | -.5589714 |

| wage | Coef. | Std. Err. | t | P>\|t\| | [95% Conf. Interval] | |
|---|---|---|---|---|---|---|
| age | .0096621 | .021655 | 0.45 | 0.656 | -.032804 | .0521282 |
| yrschool | .7534783 | .0479363 | 15.72 | 0.000 | .6594738 | .8474827 |
| hours | .0736386 | .0110344 | 6.67 | 0.000 | .0519999 | .0952773 |
| _cons | -5.179999 | 1.088302 | -4.76 | 0.000 | -7.314189 | -3.04581 |

再仔细地过一遍，注意一下 foreach 循环中每次迭代时宏的取值。

首先，对命令：

```
use wws2
local myvars
foreach v of varlist age yrschool hours {
    local myvars `myvars´ `v´
    regress wage `myvars´, noheader
}
```

在读入 wws2. dta 后，创建了局域宏 myvars；现在它还是空的。所以当第一次执行 foreach 后面的命令 local 时，宏 myvars 是空的，而宏 v 中包含 age，因此命令

```
local myvars `myvars´ `v´
```

等价于

```
local myvars age
```

再下一行是 regress 命令，如下所示

```
regress wage `myvars´, no header
```

等价于

```
regress wage age, no header
```

输出结果如下所示：

| wage | Coef. | Std. Err. | t | P>\|t\| | [95% Conf. Interval] | |
|---|---|---|---|---|---|---|
| age | -.0027502 | .0230443 | -0.12 | 0.905 | -.0479406 | .0424401 |
| _cons | 7.896423 | .8439127 | 9.36 | 0.000 | 6.241491 | 9.551355 |

现在重复 foreach 循环。当第二次迭代时，myvars 中已经包含了 age，v 包含的是 yrschool。因此执行命令 local

```
local myvars `myvars´ `v´
```

就等于是在执行

```
local myvars age yrschool
```

接着执行命令 regress，如下所示：

```
regress wage `myvars´, no header
```

等价于执行

```
local myvars `myvars´ `v´
```

运行结果如下所示：

| wage | Coef. | Std. Err. | t | P>\|t\| | [95% Conf. Interval] | |
|---|---|---|---|---|---|---|
| age | .0033213 | .0218308 | 0.15 | 0.879 | -.0394894 | .046132 |
| yrschool | .7806215 | .0481182 | 16.22 | 0.000 | .6862606 | .8749824 |
| _cons | -2.572595 | 1.026822 | -2.51 | 0.012 | -4.586219 | -.5589714 |

对于 foreach 循环的第三次迭代，宏 myvars 中已经包含了 age yrschool，而宏 v 中包含 hours。命令

```
local myvars `myvars´ `v´
```

等价于

```
local myvars age yrschool hours
```

接着执行命令 regress，如下所示：

```
regress wage `myvars´, no header
```

等价于执行

```
regress wage age yrschool hours, no header
```

运行结果如下所示：

| wage | Coef. | Std. Err. | t | P>\|t\| | [95% Conf. Interval] | |
|---|---|---|---|---|---|---|
| age | .0096621 | .021655 | 0.45 | 0.656 | -.032804 | .0521282 |
| yrschool | .7534783 | .0479363 | 15.72 | 0.000 | .6594738 | .8474827 |
| hours | .0736386 | .0110344 | 6.67 | 0.000 | .0519999 | .0952773 |
| _cons | -5.179999 | 1.088302 | -4.76 | 0.000 | -7.314189 | -3.04581 |

现在 foreach 循环就运行结束。如果只有 3 个变量，可以手动输入三个 regress 命令。但是当变量数量很多时，用 foreach 循环就会更加方便。如果使用的变量可能会发生变化，foreach 循环会更有用，你不必为了因要增加或删除其中一个变量而重新输入这么多的 regress 命令而烦恼了。

下节扩展了对命令 foreach 的讨论，介绍了如何在数字上实现循环。

## 9.9 通过数字循环实现命令的重复执行

上节讲的是如何用命令 foreach 在一组变量中重复执行像 recode 或 generate 这样的命令。本节对这些示例加以扩展。先来看看 gaswide. dta。

```
. use gaswide

. list
```

| | ctry | gas1974 | gas1975 | gas1976 | inf1974 | inf1975 | inf1976 |
|---|---|---|---|---|---|---|---|
| 1. | 1 | 0.78 | 0.83 | 0.99 | 2.64 | 2.80 | 3.10 |
| 2. | 2 | 0.69 | 0.69 | 0.89 | 2.30 | 2.30 | 2.58 |
| 3. | 3 | 0.42 | 0.48 | 0.59 | 2.28 | 2.44 | 2.64 |
| 4. | 4 | 0.82 | 0.94 | 1.09 | 2.28 | 2.36 | 3.00 |

这个文件里包含的是四个国家的数据，包括从 1974 年到 1976 年每加仑汽油的价格，以及与此相对应的通货膨胀系数。可以用通货膨胀系数计算出用当前美元来表示的汽油价格。如果想生成一个变量 gascur1974 来表示对应的、当前的汽油价格，可以这样做来创建一个新变量 gascur1974：

```
. generate gascur1974 = gas1974 * inf1974
```

可以对 1975 年和 1976 年重复执行这个命令，如下所示。

```
. generate gascur1975 = gas1975 * inf1975

. generate gascur1976 = gas1976 * inf1976
```

但是如果有很多年的数据，比如：假设有 20 年的数据需要做，这样一遍遍重复输入就会变得非常麻烦。再仔细查看一下这些 generate 命令，就会发现其中除年份从 1974 变为 1975 再变为 1976 之外，其他所有的东西都一样。把这个和前一节中的示例做一下对比，上节的示例中是每条命令中的完整的变量名发生了变化。但是，在当前这种情况下，只要对 1974、1975 和 1976 这几个年数做循环即可。

下面就是一个关于如何对数字列表（注意这里指定的关键词是 numlist）用 foreach 循环的示例，其中的数字列表是 1974/1976，展开就是 1974 1975 1976。

```
. foreach yr of numlist 1974/1976 {
  2.     generate gascur`yr' = gas`yr' * inf`yr'
  3. }
```

所以第一次执行这个循环时，'yr'被替换成 1974，即等价于下面这个命令

```
. generate gascur1974 = gas1974 * inf1974
```

第二次迭代时，'yr'被替换成 1975，最后一次迭代时，'yr'被替换成 1976。生成的变量如下所示。

```
. list ctry gascur1974 gascur1975 gascur1976, abb(10)
```

| | ctry | gascur1974 | gascur1975 | gascur1976 |
|---|---|---|---|---|
| 1. | 1 | 2.0592 | 2.324 | 3.069 |
| 2. | 2 | 1.587 | 1.587 | 2.2962 |
| 3. | 3 | .9575999 | 1.1712 | 1.5576 |
| 4. | 4 | 1.8696 | 2.2184 | 3.27 |

**小窍门！宽变长——生成变量——长变宽**

在上述策略中，都是单独用 generate 命令来创建每年汽油对应于当下的价格。设想一下，还可以这样做，首先把数据转换成长格式，这样每个国家的每一年都会对应一个观测值。然后只需要用一个命令就能生成汽油对应于当前的价格了。最后再将数据转换回原来的宽格式。下面是这个例子中用到的命令：

```
. use gaswide

. reshape long gas inf, i(ctry) j(time)
```

```
. generate gascur = gas*inf

. reshape wide gas inf gascur, i(ctry) j(time)
```

你可以从这两种方法中挑选一个自己更喜欢的方法。

如果想生成一个表示汽油价格环比变化的新变量。以 1975（和 1974 年相比）年为例，可以这样做：

```
. generate gaschg1975 = 100 *( (gas1975 - gas1974)/gas1974)
```

假设有 20 个这样的年份数据。与将上面的这个命令重复和修改 19 次相比，使用一个 foreach 循环仍是一个简单并快捷的方式。注意这里不仅需要一个代表当前年份的变量（如 1975），还需要一个代表上一年份的变量（如 1974）。利用在 9.7 节中学到的有关宏的知识，用命令 local 来生成宏 lastyr，其值等于现在的年份减去 1。

```
. generate gaschg1975 = 100 *( (gas1975 - gas1974)/gas1974)

.
. foreach yr of numlist 1975/1976 {
  2.       local lastyr = `yr' - 1
  3.       generate gaschg`yr' = 100 * ((gas`yr' - gas`lastyr')/gas`lastyr')
  4.  }
```

命令 foreach 在 1975 与 1976 之间进行循环。名为 yr 的宏代表的是当前年份。然后用命令 local 生成宏 lastyr，等于 yr 减去 1。第一次迭代时，yr 用 1975 替代，lastyr 的值为 1974，这样的话命令 generate 就相当于

```
. generate gaschg1975 = 100 *( (gas1975 - gas1974)/gas1974)
```

执行完这整组命令之后，就能得到如下的结果。

```
. list ctry gas1974 gas1975 gas1976 gaschg1975 gaschg1976, abb(10)
```

| | ctry | gas1974 | gas1975 | gas1976 | gaschg1975 | gaschg1976 |
|---|---|---|---|---|---|---|
| 1. | 1 | 0.78 | 0.83 | 0.99 | 6.410258 | 19.27711 |
| 2. | 2 | 0.69 | 0.69 | 0.89 | 0 | 28.98551 |
| 3. | 3 | 0.42 | 0.48 | 0.59 | 14.28572 | 22.91666 |
| 4. | 4 | 0.82 | 0.94 | 1.09 | 14.63415 | 15.95745 |

本节介绍的是把命令 foreach 和关键词 numlist 结合起来，以实现在一系列数字中的循环。下节会介绍一些示例，都是关于如何用 foreach 实现在任意列表中的循环。更多内容，请参见 help foreach。

## 9.10 任何数据管理都能用循环实现命令的重复执行

前面两节已经介绍了怎样用 foreach 实现变量之间和数字之间的循环。我们还要讨论一下循环在数据管理中的其他用法，这些方法会让数据管理的任务变得简单易行。假设有几个逗号分隔的数据文件，想把它们读入 Stata 中。例如，我们有如下的三个文件。

```
. dir br_*.csv
   0.1k  11/13/15 23:27  br_clarence.csv
   0.1k  11/13/15 23:27  br_isaac.csv
   0.1k  11/13/15 23:27  br_sally.csv
```

它们分别包含了 3 个不同评论家的书评信息：Clarence、Isaac 和 Sally。下面我们看看来自 Clarence 的书评。

```
. type br_clarence.csv
booknum,book,rating
1,"A Fistful of Significance",5
2,"For Whom the Null Hypothesis is Rejected",10
3,"Journey to the Center of the Normal Curve",6
```

这个文件中包含书的编号、书名以及对书的评价（以 1～10 的测度衡量）。假设我们想把这些文件读入 Stata，并把它们分别存成 Stata 格式的数据文件，可以手动来实现，如下所示：

```
insheet using br_clarence.csv, clear
save br_clarence

insheet using br_isaac.csv, clear
save br_isaac

insheet using br_sally.csv, clear
save br_sally
```

由于只有 3 个逗号分隔文件，这样做还可以。但是如果有很多这样的文件，重复这些命令就非常繁琐。

是不是可以考虑用 foreach 来实现这个任务。除了评论家的名字不一样外，这些命令中所有其他的东西也都一样。由于评论家名字的列表只是一个任意列表（它不是一个变量列表也不是一个数字列表），这时我们可以给命令 foreach 指定允许提供任意列表的限定符 in，如下所示。

```
. foreach revname in clarence isaac sally {
  2.   insheet using `revname'.csv, clear
  3.   save br_`revname'
  4. }
```

在循环的第一次迭代中，把每个带'revname'的地方都替换成 clarence，实际上等价于下面这些命令：

```
. insheet using br_clarence.csv, clear
. save br_clarence
```

在第二次迭代中会发生同样的转换过程，这次是将带'revname'的地方都换成 isaac。在第三次迭代中，将'revname'换成 sally。执行完这个循环后，还是用命令 dir 来查看一下对应的三个评论家的三个数据。

```
. dir br_*.dta
  0.8k  11/14/15 16:22  br_clarence.dta
  0.8k  11/14/15 16:22  br_isaac.dta
  0.8k  11/14/15 16:22  br_sally.dta
```

还可以检查一下这些数据中的信息，例如对于来自 Clarence 的数据，我们看到它和之前的那个逗号分隔文件中的信息是相对应的。

```
. use br_clarence

. list
```

| | booknum | book | rating |
|---|---|---|---|
| 1. | 1 | A Fistful of Significance | 5 |
| 2. | 2 | For Whom the Null Hypothesis is Rejected | 10 |
| 3. | 3 | Journey to the Center of the Normal Curve | 6 |

使用 foreach 和关键词 in 可以实现在任意列表中的循环。更多信息，请参见 help foreach。

## 9.11 获取 Stata 命令保存的结果

几乎所有的 Stata 命令都能在结果窗口中生成某种输出结果。另外，很多命令还会生成保存结果，它们中会包含一些和命令结果有关的信息。本节要介绍的就是如何获取和使用这些保存结果。

让我们用 wws2. dta 为例，发布命令 summarize。

```
. use wws2
(Working Women Survey w/fixes)

. summarize wage

    Variable |       Obs        Mean    Std. Dev.       Min        Max
-------------+--------------------------------------------------------
        wage |      2244    7.796781     5.82459          0   40.74659
```

假设要得到 wage 的变异系数。即使用选项 detail，变异系数也不会出现在显示结果中。我们需要用样本标准差除以样本均值，然后乘以 100 来得到这个值。可以在命令 display 中输入相关数值进行计算，如下所示。

```
. display ( 5.82459 / 7.796781 ) * 100
74.705061
```

也可以不用手动输入均值和标准差，而是用命令 summarize 的保存结果来获得均值和标准差的数值。命令 return list 显示的是在执行完命令 summarize 后可以获得的保存结果。

```
. summarize wage

    Variable |       Obs        Mean    Std. Dev.       Min        Max
-------------+--------------------------------------------------------
        wage |      2244    7.796781     5.82459          0   40.74659

. return list

scalars:
                  r(N) =  2244
              r(sum_w) =  2244
               r(mean) =  7.796780732119998
                r(Var) =  33.92584286115162
                 r(sd) =  5.824589501514388
                r(min) =  0
                r(max) =  40.74658966064453
                r(sum) =  17495.97596287727
```

像 summarize 这样的一般命令，其保存结果都以 r(something)来命名。例如，我们能看到命令 summarize 运行完成后，保存结果包括了均值 r(mean)和标准差 r(sd)。可以直接用这些保存结果来计算变异值，如下所示。

```
. display (r(sd)/r(mean)) * 100
74.705057
```

保存结果只是暂时的。当运行下一条同样能生成保存结果的命令时，此前的保存结果就会被覆盖。对于每个命令而言，help 文件和参考手册中的条目都会指明其是否能生成保存结果并会给出这些保存结果的名字和相关描述。

我们来看另一个例子。有时我们想将变量对中，这时需要对每一个变量抽取它的均值。利用保存结果，可以用下面的命令来将变量 wage 对中。

```
. summarize wage

    Variable |       Obs        Mean    Std. Dev.       Min        Max
-------------+--------------------------------------------------------
        wage |      2244    7.796781     5.82459          0   40.74659

. generate cwage = wage - r(mean)
(2 missing values generated)
```

假设要对数据中的很多变量都进行对中处理，可以把 foreach 和 summarize 的保存结果结合起来用，来生成一系列中心化的变量，下面以变量 age、yrschool、hours 和 currexp 为例。由于并不需要看到命令 summarize 的输出结果，因此在 summarize 命令前加上 quietly 告诉 Stata 不必输出结果以节省空间。

```
. foreach myvar of varlist age yrschool hours currexp {
  2.        quietly summarize `myvar'
  3.        generate c`myvar' = `myvar' - r(mean)
  4. }
(4 missing values generated)
(4 missing values generated)
(15 missing values generated)
```

检查一下对中的结果，对已中心化的变量做描述统计分析，检查它们的均值是否真的近似为 0 了。

```
. summarize cage-ccurrexp

    Variable |       Obs        Mean    Std. Dev.       Min        Max
-------------+--------------------------------------------------------
        cage |      2246   -5.31e-08    5.337859  -15.22707   11.77293
   cyrschool |      2242   -2.09e-08    2.422114  -5.138269   4.861731
      chours |      2242   -9.40e-08    10.50914  -36.21811   42.78189
    ccurrexp |      2231    8.06e-08    5.048073  -5.185567   20.81443
```

估计命令（如 regress）同样也可以生成反映估计结果的保存结果。同样地，你能获得这些保存结果并用于做进一步的计算。例如，假设要运行 2 个不同的回归模型，并得到 R-squared 值的差异。

首先，运行回归分析，如下所示。

```
. regress hours currexp prevexp

      Source |       SS       df       MS              Number of obs =    2227
-------------+------------------------------           F(  2,  2224) =   40.49
       Model |  8590.92673     2  4295.46336           Prob > F      =  0.0000
    Residual |  235929.028  2224  106.083196           R-squared     =  0.0351
-------------+------------------------------           Adj R-squared =  0.0343
       Total |  244519.955  2226  109.847239           Root MSE      =    10.3

------------------------------------------------------------------------------
       hours |      Coef.   Std. Err.      t    P>|t|     [95% Conf. Interval]
-------------+----------------------------------------------------------------
     currexp |   .4386054   .0494109     8.88   0.000     .3417092    .5355017
     prevexp |   .3108159   .0556315     5.59   0.000     .2017209     .419911
       _cons |   33.07441   .5582478    59.25   0.000     31.97967    34.16916
------------------------------------------------------------------------------
```

因为这是一个估计命令，所以保存结果需要用命令 ereturn list（e 代表 estimation）来显示。

```
. ereturn list

scalars:
                  e(N) =  2227
               e(df_m) =  2
               e(df_r) =  2224
                  e(F) =  40.49145875964813
                 e(r2) =  .0351338471551247
               e(rmse) =  10.29966971356573
                e(mss) =  8590.926728739782
                e(rss) =  235929.0283678002
               e(r2_a) =  .0342661617658756
                 e(ll) =  -8352.088143338988
               e(ll_0) =  -8391.9134607163
               e(rank) =  3

macros:
            e(cmdline) : "regress hours currexp prevexp"
              e(title) : "Linear regression"
          e(marginsok) : "XB default"
                e(vce) : "ols"
             e(depvar) : "hours"
                e(cmd) : "regress"
         e(properties) : "b V"
            e(predict) : "regres_p"
              e(model) : "ols"
          e(estat_cmd) : "regress_estat"
```

```
matrices:
                  e(b) :  1 x 3
                  e(V) :  3 x 3

functions:
             e(sample)
```

注意估计命令的保存结果全部都被命名为 e(something)；例如，样本规模是 e(N)，F 统计值是 e(F)，残差自由度是 e(df_r)，R-squared 是 e(r2)。

同样，这些保存结果会一直保存到执行了下一条估计命令。这里把这个模型的 R-squared 值保存为一个局域宏 rsq1。

```
. local rsq1 = e(r2)
```

运行另一个模型，在模型里加入另一个预测变量 age。

```
. regress hours currexp prevexp age

      Source |       SS       df       MS              Number of obs =    2227
-------------+------------------------------           F(  3,  2223) =   34.44
       Model |  10860.1551     3  3620.0517            Prob > F      =  0.0000
    Residual |   233659.8  2223  105.110121            R-squared     =  0.0444
-------------+------------------------------           Adj R-squared =  0.0431
       Total |  244519.955  2226  109.847239           Root MSE      =  10.252

------------------------------------------------------------------------------
       hours |      Coef.   Std. Err.      t    P>|t|     [95% Conf. Interval]
-------------+----------------------------------------------------------------
     currexp |   .5045227   .0511889     9.86   0.000     .4041397    .6049057
     prevexp |   .3861528   .0577007     6.69   0.000     .2729999    .4993056
         age |  -.1999601   .0430355    -4.65   0.000     -.284354   -.1155662
       _cons |   39.52059   1.494495    26.44   0.000     36.58984    42.45134
------------------------------------------------------------------------------
```

把这个模型的 R-squared 保存成另一个局域宏 rsq2。

```
. local rsq2 = e(r2)
```

现在可以计算两个模型里 R-squared 的变化，如下所示。

```
. local rsqchange = `rsq2' - `rsq1'

. display "R-squared for model 1 is `rsq1'"
R-squared for model 1 is .0351338471551247

. display "Change in R-squared is `rsqchange'"
Change in R-squared is .009280340188597
```

几乎所有的 Stata 命令都能生成保存结果。所有能够生成保存结果的命令，在它们的 help 文件中都会有一个叫 *Saved result* 的部分，其中会列出保存结果的名字和相关描述。你可以把这些保存结果用于其他的工作中，或者在你的 do-files 或 ado-files 里使用它们。另外，下节还将介绍抓取保存结果并保存成 Stata 数据文件的相关内容。

## 9.12　把 estimation 命令的结果保存为数据

上一节介绍了如何用 Stata 命令生成保存结果，并用这些值做运算。但有时你可能想把一条命令的结果存成一个 Stata 数据，然后再对这些结果做更进一步的处理。本节要介绍的就是如何用命令 statsby 保存一个命令的结果。下面是对数据 wws2. dta 做的回归分析。

```
. use wws2
(Working Women Survey w/fixes)

. regress hours currexp prevexp

      Source |       SS       df       MS              Number of obs =    2227
-------------+------------------------------           F(  2,  2224) =   40.49
       Model |  8590.92673     2  4295.46336           Prob > F      =  0.0000
    Residual |  235929.028  2224  106.083196           R-squared     =  0.0351
-------------+------------------------------           Adj R-squared =  0.0343
       Total |  244519.955  2226  109.847239           Root MSE      =    10.3

------------------------------------------------------------------------------
       hours |      Coef.   Std. Err.      t    P>|t|     [95% Conf. Interval]
-------------+----------------------------------------------------------------
     currexp |   .4386054   .0494109     8.88   0.000     .3417092    .5355017
     prevexp |   .3108159   .0556315     5.59   0.000     .2017209     .419911
       _cons |   33.07441   .5582478    59.25   0.000     31.97967    34.16916
------------------------------------------------------------------------------
```

下面用 statsby 来运行同样的命令。注意把命令 regress 放在冒号的后面，冒号前面是命令 statsby。

```
. statsby: regress hours currexp prevexp
(running regress on estimation sample)

      command:  regress hours currexp prevexp
           by:  <none>

Statsby groups
----+--- 1 ---+--- 2 ---+--- 3 ---+--- 4 ---+--- 5
.
```

命令 list 显示当前数据已经被包含回归系数的变量替换了，这些回归系数来自上面的 regress 命令。

```
. list, abb(20)
```

| | _b_currexp | _b_prevexp | _b_cons |
|---|---|---|---|
| 1. | .4386055 | .3108159 | 33.07441 |

除了回归系数，还可以选择保存其他的统计量。在下面这个例子中，我们还保存了标准误。注意_b 表示要保存回归系数，_se 表示要保存标准误。

```
. use wws2
(Working Women Survey w/fixes)

. statsby _b _se: regress hours currexp prevexp
(running regress on estimation sample)

      command:  regress hours currexp prevexp
           by:  <none>

Statsby groups
───┼─── 1 ───┼─── 2 ───┼─── 3 ───┼─── 4 ───┼─── 5
```

现在这个数据里包含的变量就既有这个回归的系数，又有标准误了。

```
. list, abb(20) noobs
```

| _b_currexp | _b_prevexp | _b_cons | _se_currexp | _se_prevexp | _se_cons |
|---|---|---|---|---|---|
| .4386055 | .3108159 | 33.07441 | .0494109 | .0556315 | .5582478 |

Stata 能保存的不仅仅是回归系数和标准误。在 9.11 中将会看到，命令 ereturn list 列出了由估计命令生成的保存结果。命令 statsby 也能将这些值都保存起来。我们看到残差自由度被存成 e(df_r)。下面将会把残差自由度存到 Stata 的数据文件中，将其命名为 dfr（Stata 转换成变量_eq2_dfr）。如果我们不给它命名，默认给它的命名是 eq2_stat_1。

```
. use wws2, clear
(Working Women Survey w/fixes)

. statsby _b _se dfr=e(df_r): regress hours currexp prevexp
(running regress on estimation sample)

      command:  regress hours currexp prevexp
     _eq2_dfr:  e(df_r)
           by:  <none>

Statsby groups
----+--- 1 ---+--- 2 ---+--- 3 ---+--- 4 ---+--- 5
.

. list _b_currexp _b_prevexp _se_currexp _se_currexp _eq2_dfr, abb(20)
```

| | _b_currexp | _b_prevexp | _se_currexp | _se_currexp | _eq2_dfr |
|---|---|---|---|---|---|
| 1. | .4386055 | .3108159 | .0494109 | .0494109 | 2224 |

还可以加入选项 by(industry)，这时对 industry 的 12 个水平，可以在每一个水平上分别得到输出结果，如下所示。并且，可以用选项 saving()把这些结果保存成数据 wwsreg. dta。[①]

```
. use wws2, clear
(Working Women Survey w/fixes)

. statsby _b _se dfr=e(df_r), by(industry) saving(wwsreg): regress hours currexp prevexp
(running regress on estimation sample)

      command:  regress hours currexp prevexp
     _eq2_dfr:  e(df_r)
           by:  industry

Statsby groups
----+--- 1 ---+--- 2 ---+--- 3 ---+--- 4 ---+--- 5
```

现在打开这个由 statsby 命令生成的 wwsreg. dta 数据。

```
. use wwsreg, clear
(statsby: regress)
```

下面这个列表显示了 12 个行业中每一个行业在 currexp 和 prevexp 上的回归系数和标准误以及模型的残差自由度。

① 如果想覆盖这个文件，需要指定 saving(wwsreg，replace)。

```
. list industry _b_currexp _b_prevexp _se_currexp _se_currexp _eq2_dfr, abb(20)
```

| | industry | _b_currexp | _b_prevexp | _se_currexp | _se_currexp | _eq2_dfr |
|---|---|---|---|---|---|---|
| 1. | 1 | .5512784 | -.5114645 | .7195972 | .7195972 | 14 |
| 2. | 2 | 0 | 0 | 0 | 0 | 1 |
| 3. | 3 | .9094636 | .1749561 | .6948095 | .6948095 | 26 |
| 4. | 4 | .0850188 | .0866459 | .0729664 | .0729664 | 363 |
| 5. | 5 | .1011588 | .4665331 | .1564988 | .1564988 | 87 |
| 6. | 6 | .1786376 | .3468918 | .1802799 | .1802799 | 327 |
| 7. | 7 | .3407777 | .4575056 | .171842 | .171842 | 188 |
| 8. | 8 | .605177 | -.1271947 | .3178068 | .3178068 | 82 |
| 9. | 9 | .7354487 | .8282823 | .4758221 | .4758221 | 91 |
| 10. | 10 | .3959756 | .1265796 | .579298 | .579298 | 14 |
| 11. | 11 | .5019768 | .2692812 | .0900196 | .0900196 | 812 |
| 12. | 12 | .294879 | .1325803 | .0968519 | .0968519 | 172 |

第二个行业的结果看起来好像有问题。返回数据 wws2. dta，手动操作仅针对第二个行业的 regress 命令。

```
. use wws2, clear
(Working Women Survey w/fixes)

. regress hours currexp prevexp if industry == 2

      Source |       SS       df       MS              Number of obs =       4
-------------+------------------------------           F(  2,     1) =       .
       Model |           0     2           0           Prob > F      =       .
    Residual |           0     1           0           R-squared     =       .
-------------+------------------------------           Adj R-squared =       .
       Total |           0     3           0           Root MSE      =       0

------------------------------------------------------------------------------
       hours |      Coef.   Std. Err.      t    P>|t|     [95% Conf. Interval]
-------------+----------------------------------------------------------------
     currexp |  (omitted)
     prevexp |  (omitted)
       _cons |         40          .        .       .            .           .
------------------------------------------------------------------------------
```

当运行只针对第二个行业的回归模型时就会发现问题。把这个行业的结果变量和预测变量都列出来。

```
. list hours currexp prevexp if industry == 2
```

| | hours | currexp | prevexp |
|---|---|---|---|
| 14. | 40 | 2 | 7 |
| 498. | 40 | 9 | 8 |
| 1070. | 40 | 2 | 10 |
| 1249. | 40 | 5 | 7 |

现在我们看到问题所在了。在所有的观测值上，结果变量（hours）都是一样的(40)。这为我们提供了一个很重要的信息。使用像 statsby 这样的命令时，很容易和分析脱节，以致我们看不出这样明显的问题。

记住第二个行业的这个结果有问题，现在返回到 wwsreg. dta 上，看看该怎样计算 currexp 和 prvexp 的系数 t-values 和 p-values。这些值虽不在保存结果范围之列，但可以根据已经保存的信息来算出它们。用系数除以标准误就可以得到 t-values，如下所示。

```
. use wwsreg, clear
(statsby: regress)

. generate t_currexp = _b_currexp/_se_currexp
(1 missing value generated)

. generate t_prevexp = _b_prevexp/_se_prevexp
(1 missing value generated)
```

下面看看 12 个行业的 12 个回归模型中的 t-值。如你所料，第二个行业的值都是缺失（因为它的标准误是 0）。

```
. list industry t_currexp t_prevexp, abb(20) sep(0)
```

| | industry | t_currexp | t_prevexp |
|---|---|---|---|
| 1. | 1 | .766093 | -.4955963 |
| 2. | 2 | . | . |
| 3. | 3 | 1.308939 | .315505 |
| 4. | 4 | 1.165178 | 1.032858 |
| 5. | 5 | .6463869 | 2.128792 |
| 6. | 6 | .9908907 | 2.239035 |
| 7. | 7 | 1.983088 | 2.474004 |
| 8. | 8 | 1.90423 | -.4354882 |
| 9. | 9 | 1.545638 | 2.333574 |
| 10. | 10 | .6835439 | -.2048338 |
| 11. | 11 | 5.576303 | 2.614238 |
| 12. | 12 | 3.044639 | 1.103051 |

p 值是 t 分布尾部包含的区域，是超过了基于残差自由度的 t 值绝对值的部分。用函数 ttail()乘以 2 就可以得到双尾 p 值。

```
. generate p_currexp = ttail(_eq2_dfr, abs(t_currexp))*2
(1 missing value generated)

. generate p_prevexp = ttail(_eq2_dfr, abs(t_prevexp))*2
(1 missing value generated)
```

t 值和 p 值如下所示。

```
. list industry t_currexp t_prevexp p_currexp p_prevexp, abb(20) sep(0) noobs
```

| industry | t_currexp | t_prevexp | p_currexp | p_prevexp |
|---|---|---|---|---|
| 1 | .766093 | -.4955963 | .4563444 | .6278678 |
| 2 | . | . | . | . |
| 3 | 1.308939 | .315505 | .2020064 | .7548969 |
| 4 | 1.165178 | 1.032858 | .2447122 | .3023579 |
| 5 | .6463869 | 2.128792 | .5197304 | .0360981 |
| 6 | .9908907 | 2.239035 | .3224716 | .0258258 |
| 7 | 1.983088 | 2.474004 | .0488136 | .0142475 |
| 8 | 1.90423 | -.4354882 | .0603874 | .6643523 |
| 9 | 1.545638 | 2.333574 | .1256628 | .0218208 |
| 10 | .6835439 | -.2048338 | .5054197 | .8406501 |
| 11 | 5.576303 | 2.614238 | 3.35e-08 | .0091084 |
| 12 | 3.044639 | 1.103051 | .002696 | .2715458 |

本节介绍了怎样用命令 statsby 获取长的输出结果，并把它浓缩为简单易读的报告。更多内容，请参见 help statsby。

## 9.13 编写 Stata 程序

在 9.3 节中，我们看到如何把一系列 Stata 命令合在一起来创建一个 do-file。本节还将继续采取这种理念，并把它和我们在本章中已学到的其他知识结合起来，介绍如何写一个自己的 Stata 程序。先来看看这个叫做 hello 的非常小的程序。

```
. program hello
.       display "Hello world"
. end
```

定义程序的一个非常规做法是在 Stata 的命令窗口直接输入。注意这仅仅是定义（并没有运行）了这个程序。定义这个程序之后，它就被载入内存中以待运行了。要运行这个程序，需要在 Stata 的命令窗口输入 hello，然后这个程序就开始运行，并在结果窗口显示 Hello word。

```
. hello
Hello world
```

在 do-file 编辑器里定义程序 hello 是更常规的做法，然后在当前工作目录下将其保存成一个名为 hello. ado 的文件。在保存的时候要确保使用的扩展名是 . ado。扩展名 . ado 表示的是 "automatic do-file"，告诉 Stata 这个文件中包含一个可以自动加载和运行的程序。

看看在 Stata 命令窗口中或在一个 do-file 中输入 hello 之后会出现什么样的结果。Stata 先要检查这是否是一个内置的程序（像 list 一样）。如果不是，Stata 还会继续搜索，看看 hello 是不是一个已经保存在内存里的程序。如果是，Stata 会执行保存在内存中的 hello 复本。如果在内存中也没有找到，Stata 还会在其他地方搜索 hello。当前工作目录就是一个它要搜索的地方。如果在当前工作目录中保存了一个 hello. ado 的复本，Stata 就会找到这个文件并把 hello 程序加载到内存中，然后运行它。

假设我们刚好启动了 Stata，并输入命令 hello。Stata 进行搜索并找到了保存在当前工作目录中的 hello. ado。Stata 会把这个程序加载到内存中，然后运行它。

```
. hello
Hello world
```

假设对这个程序做了修改并重新保存为 hello. ado，如下所示：

```
. type hello.ado
program hello
        display "Good Morning and Hello world"
end
```

现在再输入 hello，得到如下输出结果，结果显示所做的修改并没有被保存下来。

```
. hello
Hello world
```

虽然这些改动已经保存在 hello. ado 中，但内存中加载的上一版 hello 程序没变。用命令 program list hello 能看到内存中加载的版本，如下所示。

```
. program list hello

hello:
  1.      display "Hello world"
```

用命令 program drop 可以让 Stata 忘记内存中的这个 hello 版本。

```
. program drop hello
```

现在再输入 hello 时，Stata 在内存中已经找不到 hello 了，所以它会重新在硬盘中寻找它，找到后会把它加载到内存，并运行这个更新版的 hello. ado。

```
. hello
Good Morning and Hello world
```

我们已经知道如何写一个基本的 Stata 程序，现在来写一个更有用的程序。有时，我们想用同一组预测变量对不同的结果变量做一系列的回归。例如，要用变量 age 和 married 来预测 wage 和 hours。一个简单的做法是用 2 个 regress 命令。

```
. use wws2, clear
(Working Women Survey w/fixes)

. regress wage age married
```

(输出结果略)

```
. regress hours age married
```

(输出结果略)

随着结果变量的增多，这种方法就会变得越来越没有吸引力了。如果再想修改预测变量，就更是如此了，因为对每个 regress 命令而言，你都需要修改预测变量。正如在 9.8 中讲到的，可以用命令 foreach 来实现不同结果变量间的循环，如下所示。

```
. foreach outcome in wage hours {
  2.     regress `outcome' age married
  3. }
```

现在，对上面的这些命令做一些小的改动，定义一个局域宏 y，用其来包含结果变量，另一个局域宏 x 用来包含这组预测变量。通过改变局域宏 y 便能修改结果变量，通过改变局域宏 x 便能改变预测变量。

```
. local y wage hours

. local x age married

. foreach outcome of varlist `y' {
  2.     regress `outcome' `x', noheader
  3. }
```

把这个策略推进一步也并不难，创建一个 Stata 程序，用这个程序为我们完成这个任务。下面看一看这个名为 myreg[①] 的简单程序。

---

① 如果想自己运行这个程序，可以把它输入到一个 do-file 中，然后把它保存在当前工作目录下，命名为 myreg. ado。这一做法适用于本章剩下的所有程序。要运行它们，只需要把它们保存成一个名字相同的 ado-file 程序（例如 myreg. ado）。

```
. type myreg.ado
program myreg
    syntax, y(varlist) x(varlist)

foreach outcome of local y {
   regress `outcome' `x', noheader
}
end
```

在解释这个程序如何运行的相关细节问题之前，先试着运行一下 myreg，如下所示。它首先运行了一个用 age 和 married 来预测 wage 的回归，然后又运行了一个用 age 和 married 来预测 hours 的回归。

```
. myreg, y(wage hours) x(age married)
```

| wage | Coef. | Std. Err. | t | P>\|t\| | [95% Conf. | Interval] |
|---|---|---|---|---|---|---|
| age | -.0043748 | .0230504 | -0.19 | 0.849 | -.0495772 | .0408276 |
| married | -.4619568 | .256554 | -1.80 | 0.072 | -.9650651 | .0411515 |
| _cons | 8.251724 | .8662637 | 9.53 | 0.000 | 6.55296 | 9.950487 |

| hours | Coef. | Std. Err. | t | P>\|t\| | [95% Conf. | Interval] |
|---|---|---|---|---|---|---|
| age | -.0848058 | .041155 | -2.06 | 0.039 | -.1655117 | -.0040999 |
| married | -3.179256 | .4584825 | -6.93 | 0.000 | -4.078351 | -2.28016 |
| _cons | 42.33328 | 1.546136 | 27.38 | 0.000 | 39.30127 | 45.36529 |

这个程序的核心同样是之前就用过的 foreach 循环，并让结果变量保存在局域宏 y 中，预测变量保存在局域宏 x 中。命令 syntax 告诉 Stata 程序 myreg 要求有一个名为 y()的选项和一个名为 x()的选项，两个选项中都包含了一个或多个变量名。运行 myreg 时，Stata 用选项 y(wage hours)，并将其内容保存在局域宏 y 中。同样地，选项 x(age married)也使得宏 x 中包含了 age 和 married。当程序走到 foreach 循环时，局域宏 y 和 x 就获取了信息并运行想要的 regress 命令。

为节省篇幅，这里用了选项 noheader，它会禁止输出 ANOVA 表和模型中的其他统计量。假设想看一下每个模型的 R-squared。下面的程序 myreg2 是上述程序的修改版，加入了命令 display，用一行来显示 R-squared 值。

正如 9.11 讲到的，可以在任何估计命令（如 regress）的后面输入 ereturn list 来看看可以获得的保存结果。其中有一个保存结果就是 e(r2)，它包含了这个模型的 R-squared值。在下面的程序中，将用命令 display 来显示模型的 R-squared 值。

```
. type myreg2.ado
program myreg2
   syntax, y(varlist) x(varlist)

foreach outcome of local y {
    regress `outcome' `x', noheader
    display as text "R_squared is" as result
}
    end
```

现在我们运行一下这个程序。

```
. myreg2, y(wage hours) x(age married)
```

| wage | Coef. | Std. Err. | t | P>\|t\| | [95% Conf. Interval] | |
|---|---|---|---|---|---|---|
| age | -.0043748 | .0230504 | -0.19 | 0.849 | -.0495772 | .0408276 |
| married | -.4619568 | .256554 | -1.80 | 0.072 | -.9650651 | .0411515 |
| _cons | 8.251724 | .8662637 | 9.53 | 0.000 | 6.55296 | 9.950487 |

R_squared is.00145104

| hours | Coef. | Std. Err. | t | P>\|t\| | [95% Conf. Interval] | |
|---|---|---|---|---|---|---|
| age | -.0848058 | .041155 | -2.06 | 0.039 | -.1655117 | -.0040999 |
| married | -3.179256 | .4584825 | -6.93 | 0.000 | -4.078351 | -2.28016 |
| _cons | 42.33328 | 1.546136 | 27.38 | 0.000 | 39.30127 | 45.36529 |

R_squared is.02240716

再来看看程序 myreg 的另一个变体。假设想做多个回归模型：在第一个模型中加入第一个预测变量，第二个模型中加入第一个和第二个预测变量，第三个模型中同时加入第一个、第二个和第三个预测变量（等等），直到所有的预测变量都进入模型中。为了简单起见，这里假设只有一个结果变量。

下面的程序 myhier 可以实现这类模型的自动化运行。

```
. type myhier.ado
program myhier
     syntax, y(varname) x(varlist)

local xlist
   foreach xcurr of local x {
      local xlist `xlist' `xcurr'
    regress `y' `xlist', noheader
   }
end
```

这个程序与程序 myreg 很像，myreg 是在结果变量间循环，但在 myhier 中，是在不同的预测变量间（the values of）循环。我们不仅要在那些值中间循环，还要收集局域宏 xlist 中的值，利用在 9.7 节中学到的关于如何用字符型宏的知识。首先，用命令 local xlist 给 xlist 分配空内容。在 foreach 循环中，用命令 local xlist ‘xlist’ ‘xcurr’ 累积前一个预测变量 xlist 和当前预测变量 xcurr 中的变量名，并给它分配一个变量名，这个变量名来自预测变量 xlist 的动态列表。

用下面的命令运行这个程序，循环做第一次迭代时，xlist 开始为空，xcurr 的取值是 age，因此 xlist 最后被分配的就是 age。

foreach 循环中的下一次（也是最后一次）迭代，xlist 中包含了 age，xcurr 中包含了 married，所以这时 xlist 的取值就变成了 age 和 married。

```
. myhier, y(wage) x(age married)
```

| wage | Coef. | Std. Err. | t | P>\|t\| | [95% Conf. | Interval] |
|---|---|---|---|---|---|---|
| age | -.0027502 | .0230443 | -0.12 | 0.905 | -.0479406 | .0424401 |
| _cons | 7.896423 | .8439127 | 9.36 | 0.000 | 6.241491 | 9.551355 |

| wage | Coef. | Std. Err. | t | P>\|t\| | [95% Conf. | Interval] |
|---|---|---|---|---|---|---|
| age | -.0043748 | .0230504 | -0.19 | 0.849 | -.0495772 | .0408276 |
| married | -.4619568 | .256554 | -1.80 | 0.072 | -.9650651 | .0411515 |
| _cons | 8.251724 | .8662637 | 9.53 | 0.000 | 6.55296 | 9.950487 |

当运行 myhier 时，也许想知道在每一阶段模型的 R-squared 的变化情况。

程序 myhier2 扩展了 myhier，它会在每个模型的后面计算并显示出 R-squared 的变化。

```
. type myhier2.ado
program myhier2
      syntax, y(varname) x(varlist)

local xlist
   local lastr2 0
   foreach xcurr of local x {
        local xlist `xlist' `xcurr'
         regress `y' `xlist', noheader

local changer2 = e(r2) - `lastr2'
   display as text "Change in R_squared " as result `changer2'
   local lastr2 = e(r2)
 }
end
```

在进入 foreach 循环前，先创建一个名为 lastr2 的宏，用来代表前一个模型中的

R-squared。它的初始值为 0，因为第一个模型是在和一个空模型（即没有预测变量的模型）进行比较，空模型的 R-squared 是 0。用命令 local changer2 = e(r2) - `lastr2'，通过用当前模型的 R-squared 减去前一个模型的 R-squared 来计算 R-squared 的变化。用命令 display 显示计算出来的 R-squared 的变化，然后再用命令 local lastr2 = e(r2)把当前模型中的 R-squared 保存到 lastr2 中，以便用它和下一个模型作比较。

下面是使用这个程序的一个示例。

```
. myhier2, y(wage) x(age married)
```

| wage | Coef. | Std. Err. | t | P>\|t\| | [95% Conf. | Interval] |
|---|---|---|---|---|---|---|
| age | -.0027502 | .0230443 | -0.12 | 0.905 | -.0479406 | .0424401 |
| _cons | 7.896423 | .8439127 | 9.36 | 0.000 | 6.241491 | 9.551355 |

```
Change in R_squared 6.353e-06
```

| wage | Coef. | Std. Err. | t | P>\|t\| | [95% Conf. | Interval] |
|---|---|---|---|---|---|---|
| age | -.0043748 | .0230504 | -0.19 | 0.849 | -.0495772 | .0408276 |
| married | -.4619568 | .256554 | -1.80 | 0.072 | -.9650651 | .0411515 |
| _cons | 8.251724 | .8662637 | 9.53 | 0.000 | 6.55296 | 9.950487 |

```
Change in R_squared .00144468
```

程序 myhier 和 myhier2 中综合使用了本章介绍过的很多有用且方便的技巧。尽管我们只接触了 Stata 编程的一些皮毛，但是我希望通过对本章的学习能为你提供一些有用的工具与方法，如果想学习更多有关 Stata 编程的知识，希望你能好好地利用这些方法并体会其强大之处。更多内容，请参见 help adofile。

# 第十章 附加资源



科学的全部目的就是向人们展示世界的可理解性和美丽。离开了这一点，剩下的只有表格和统计数字。

——J. R. 奥本海默

## 10.1 本书的在线资源

本书的在线资源可以从本书的网站上找到：

http：//www. stata-press. com/books/dmus. html

你可以从这个网站上找到以下的这些资源……

● 本书中用到的所有数据。我建议你去下载书中使用的数据，自己重复下书中的示例，然后试着根据自己的需要进行适当的修改。在 Stata 中输入如下的命令可以直接把所有的数据下载到你当前的工作目录中：

- net from http：//www. Stata-press. com/data/dmus
- net get dmus1
- net get dmus2

● 勘误表（当然我希望它很短或者是空白的）。尽管我已尽力不让本书出错，但我知道错误还是不可避免的，我会把这些错误在这个勘误表中列出来。

● 本书出版后，可能还会在这个网站上放上其他资源。你在访问这个网站的时候可以去看看有没有其他的资源出现。

## 10.2 搜索并安装其他程序

我认为 Stata 最大的优势之一就是易于开发附加程序（add-on programs），并为搜索和下载这些附加程序提供了一个很好的支持构架。这个优势成就了一个丰富多彩的由用户编写的 Stata 程序网络，并提高了 Stata 的性能。本节将提供一些你该如何利用这个不断发展的用户编写程序网络方面的信息和技巧。

最简单的方法是用命令 findit 来寻找和安装由用户编写的 Stata 程序。命令 findit 直接和 Stata 自有的搜索引擎相连接，这个搜索引擎会把来自全世界的用户所编写的程序编入索引。举一个例子，输入 findit regression 就会搜到并显示出 Stata 中所有和关键词 regression 有关的资源。搜索到的这些资源包括 Stata 的在线资源、Stata 常见问题（*FAQs*）、Stata 期刊（*Stata Journal*，*SJ*）以及它的前身——Stata 技术公报（*Stata Technical Bulletin*，*STB*）和网站上其他来自世界各地的 Stata 用户编写程序。所有的搜索结果都会在 Stata Viewer Window 中一起显示出来。

坦率说，findit 的搜索结果一开始会有很多。这些结果按照逻辑一致的方式组织在一起，这种组织方式易于熟悉，也易于定位。最后，我们要抽点时间看看运行 findit regression后得到的搜索结果。下面要展示的是一个搜索结果的节选版，保留了每类中具有代表性的条目。

如果你自己运行这一搜索，得到的结果可能（并且是非常有可能）会有变化，因为被搜索的内容一直在变。每一块结果前面都会有一个关于这块内容的描述，以及该如何阅读这块内容的建议。

```
. findit regression
```

结果（见下）以一个标题开始，它描述了这是一个关于 regression 的搜索，并为你提供了两组搜索结果。第一组搜索结果是基于官方帮助文件、FAQs、示例、SJs（*Stata Journal articles and programs*）以及 STBs（*Stata Technical Bulletin articles and programs*）的。第二组结果包括来自 Stata 的网络资源（绝大多数也都是第一组中的条目）以及来自其他用户的网络资源（这里并不包括第一组中的条目）。

```
Keywords:  regression
  Search:  (1) Official help files, FAQs, Examples, SJs, and STBs
           (2) Web resources from Stata and from other users
```

要搜索的第一组资源的标题是：

```
Search of official help files, FAQs, Examples, SJs, and STBs
```

结果的第一部分始于官方的帮助文件，显示了相关的帮助文件以及 Stata 手册中的相关条目。

例如，第一条记录指的是 Stata User' s Guide 中的第 20 章关于 Estimation and postestimation commmands。你可以直接翻到印刷版手册的这一章，也可以点击，进入这个帮助文件里包括的在线手册的链接。

```
[U]     Chapter 20  . . . . . . . . Estimation and postestimation commands
        (help estcom, postest, weights)

[U]     Chapter 25  . . . . Working with categorical data and factor variables
        (help generate, fvvarlist)

[U]     Chapter 26  . . . . . . . . . .  Overview of Stata estimation commands
        (help estcom)

[R]     anova . . . . . . . . . . . . . .  Analysis of variance and covariance
        (help anova)

[R]     areg  . . . . . . . . . Linear regression with a large dummy-variable set
        (help areg)
```

下一部分包含了关于 Stata NetCourse 的参考文献以及与关键词 regression 有关的

书目。

```
NC461    . . . NetCourse 461: Introduction to Univariate Time Series with Stata
         http://www.Stata.com/netcourse/nc461.html

Book     . . . . . . . . . . . . . . A Gentle Introduction to Stata, 3rd Edition
         . . . . . . . . . . . . . . . . . . . . . . . . . . . .  Alan C. Acock
         http://www.Stata.com/bookstore/acock3.html

Book     . . . . . . . . . . . An Introduction to Modern Econometrics Using Stata
         . . . . . . . . . . . . . . . . . . . . . . . . .  Christopher F. Baum
         http://www.Stata.com/bookstore/imeus.html

Book     . . . .  An Introduction to Survival Analysis Using Stata, 3rd Edition
         . . . . . . . . . . . Mario Cleves, William Gould, and Roberto Gutierrez
         http://www.Stata.com/bookstore/saus3.html
```

接下来的部分展示的是来自 Stata 网站的 FAQs 以及来自其他网站的 FAQs。这些都是网址链接，点击它们，网页浏览器就会打开并显示这个网页。下面是我从中挑选的一些条目。

```
FAQ      . . . . . . . . . . . . . . . . . . . . . . . . .  Chow and Wald tests
         . . . . . . . . . . . . . . . . . . . . . . . . . . . . . . . .  W. Gould
         8/07    How can I do a Chow test with the robust variance
                 estimates, that is, after estimating with
                 regress, vce(robust)?
                 http://www.Stata.com/support/faqs/stat/chow2.html

FAQ      . . . . . .  How can I get an R-squared with robust regression (rreg)?
         . . . . . . . . . . . . . . . . . . . . .  UCLA Academic Technology Services
         10/08   http://www.ats.ucla.edu/stat/Stata/faq/rregr2.htm
```

再下一部分是一些讲解 regression 示例的网页。它们包括来自 Stata 网站以及其他网站上的示例。和 FAQs 一样，点击网络链接就可以打开网页浏览器进入到相关的网页中。下面是一些例子。

```
Example . . . . . . . . . . . . . . Capabilities:  linear regression and influence
         http://www.Stata.com/capabilities/fit.html

Example .  Applied Longitudinal Data Anal.: Modeling Change & Event Occurrence
         . . . . . . . . . . . . . . . . . . . . .  UCLA Academic Technology Services
         2/08    examples from the book Applied Longitudinal Data
                 Analysis: Modeling Change and Event Occurrence
                 by Judith D. Singer and John B. Willett
                 http://www.ats.ucla.edu/stat/Stata/examples/alda/
```

```
Example . . . . . . . Data analysis examples: Multivariate regression analysis
        . . . . . . . . . . . . . . . . . . . .  UCLA Academic Technology Services
        7/08   http://www.ats.ucla.edu/stat/Stata/dae/mvreg.htm
```

下一组搜索结果来自 *Stata Journal*。下面是我从中选择的三个条目。

```
SJ-8-3  st0149  . . .  Implementing double-robust estimators of causal effects
        (help dr if installed)  .  R. Emsley, M. Lunt, A. Pickles, and G. Dunn
        Q3/08   SJ 8(3):334--353
        presents a double-robust estimator for pretest-posttest
        studies

SJ-7-4  st0067_3  . . . . Multiple imputation of missing values: Update of ice
        (help ice, ice_reformat, micombine, uvis if installed)  . . P. Royston
        Q4/07   SJ 7(4):445--464
        update of ice allowing imputation of left-, right-, or
        interval-censored observations

SJ-4-3  st0069  . . . . . Understanding the multinomial-Poisson transformation
        . . . . . . . . . . . . . . . . . . . . . . . . . . . . . . P. Guimaraes
        Q3/04   SJ 4(3):265--273                                  (no commands)
        discusses the data transformations required to transform
        a Poisson regression into a logit model and vice versa
```

第一个条目涉及命令 dr 和一篇 R. Emsley 等的文章，这篇文章发表在 *Stata Journal* 的第 8 卷，第 3 期的 334～353 页。可以点击链接 st0149 来了解更多关于这个命令的知识，或者也可以把命令下载下来。还可以点击链接 SJ 8（3）：334 - 353，浏览器会帮你找到在线版的文章（老一些的文章是可以免费获取的，但新近一些的文章就需要付费购买了）。

第二个条目涉及的是 *Stata Journal* 中的一篇文章并提供由 P. Royston 所写的对缺失值做多重插补（multiple inputation）命令的第三次更新版本。[①] 这类程序时常会更新是件很常见的事情。

最后一个条目中虽然没有包含命令，但链接 SJ4（3）：265 - 273 仍然会帮你打开这篇文章的在线免费 PDF 版。

下一部分涉及来自 *Stata Technical Bulletin* 的程序，其中也含有下载的链接。例如，你可以按照上面讲的方法，通过点击链接 sg97.3 来下载命令 outreg。

```
STB-59  sg97.3 . . . . . . . . . . . . . . Update to formatting regression output
        . . . . . . . . . . . . . . . . . . . . . . . . . . . . . . . J. L. Gallup
        1/01    p.23; STB Reprints Vol 10, p.143
        small bug fixes
```

① 文章编号 st0067_3 表示这是第三次更新。

```
STB-59 sg158 . . . . . . . . . . . . . . . . Random-effects ordered probit
       (help reoprob, ghquadm if installed) . . . . . . . G. R. Frechette
       1/01    pp.23--27; STB Reprints Vol 10, pp.261--266
       estimates a random-effects ordered probit model
```

接下来的标题表明下面将要展示的是第二组资源。Stata 网站有一个搜索引擎可以用来搜索与关键词相关的世界资源。我做了这种搜索，找到了 365 个程序包（你的结果可能会不一样）。搜索结果首先展示的是来自 *Stata Journal* 和 *Stata Technical Bulletin* 的条目。

```
Web resources from Stata and other users

(contacting http://www.Stata.com)

365 packages found (Stata Journal and STB listed first)
-------------------------------------------------------
```

这些都是来自 *Stata Journal* 和 *Stata Technical Bulletin* 的参考文献。其中，*Stata Journal* 的都来自 http：//www. Stata-journal. com/，而 *Stata Technical Bulletin* 的都来自 http：//www. Stata. com/stb/。

```
st0163 from http://www.Stata-journal.com/software/sj9-2
    SJ9-2 st0163.  metandi: Meta-analysis of diagnostic... / metandi:
    Meta-analysis of diagnostic accuracy using / hierarchical logistic
    regression / by Roger Harbord, University of Bristol / Penny Whiting,
    University of Bristol / Support:  roger.harbord@bristol.ac.uk / After

sbe23_1 from http://www.Stata-journal.com/software/sj8-4
    SJ8-4 sbe23_1.  Update: Meta-regression in Stata (revised) / Update:
    Meta-regression in Stata (revised) / by Roger Harbord, Department of
    Social Medicine, / University of Bristol, UK / Julian Higgins, MRC
    Biostatistics Unit, Cambridge, UK / Support:  roger.harbord@bristol.ac.uk

sg163 from http://www.Stata.com/stb/stb61
    STB-61 sg163.  Stereotype Ordinal Regression / STB insert by Mark Lunt,
    ARC Epidemiology Unit, / University of Manchester, UK / Support:
    mdeasml2@fs1.ser.man.ac.uk / After installation, see help soreg

sg97_3 from http://www.Stata.com/stb/stb59
    STB-59 sg97_3.  Update to formatting regression output / STB insert by
    John Luke Gallup, developIT.org / Support:
    john_gallup@alum.swarthmore.edu / After installation, see help outreg
```

世界各地各种各样的人都会选择使用这些条目。网站会给出一些信息来源的提示，点击程序包，会看到更多的信息并且能够下载这些程序。我们可以识别出哪些是 Stata 的用户所写的程序包，这些程序都来自 http：//www. Stata. com/users/，它们并不是 Stata 的官方组件。和其他人一样，Stata 的雇员也会对这些程序进行修补，也会把他们修补的程序放在用户目录下。

```
regh from http://www.fss.uu.nl/soc/iscore/Stata
   regh.  heteroscedastic regression / regh computes maximum-likelihood
   estimates for the regression model / with multiplicative
   heteroscedasticity. It also estimates a model in / which the mean is
   included among the predictors for the log-variance. / Author:  Jeroen

regeffectsize from http://www.ats.ucla.edu/stat/Stata/ado/analysis
   regeffectsize.  Computes effect size for regression models. / Philip B.
   Ender / UCLA Statistical Consulting / ender@ucla.edu / STATA ado and hlp
   files for simple main effects program / distribution-date: 20100816

spost9_ado from http://www.indiana.edu/~jslsoc/Stata
   Distribution-date: 21Dec2010 / spost9 ado Stata 9, 10 & 11 commands for
   the post-estimation interpretation / of regression models. Use package
   spostado.pkg for Stata 8. / Based on Long & Freese - Regression Models for
   Categorical Dependent / Variables Using Stata. Second Edition. / Support

stcstat from http://www.Stata.com/users/wgould
   stcstat.  ROC curves after Cox regression / Program by William Gould,
   Stata Corp <wgouldStata.com>. / Statalist distribution, 04 December 2001.
   / / {cmd:stcstat} calculates the area under the ROC curve based on the /
   last model estimated by {help:stcox}.
```

下面这些程序来自统计软件包（Statistical Software Components，SSC，也经常被称为 Boston College archive）。SSC 是较早的为保存和检索全世界用户开发的 Stata 程序而设的下载地址。如果下载某个程序包 URL 地址以 http：//www. bc. edu/RePEc/bocode/开始，就可以认定它来自 SSC。

```
avplot3 from http://fmwww.bc.edu/RePEc/bocode/a
   'AVPLOT3': module to generate partial regression plots for subsamples /
   avplot3 generates "partial regression plots" from an analysis of /
   covariance model, where a category variable has been included in /
   dummy-variable form among the regressors along with a constant / term

gologit2 from http://fmwww.bc.edu/RePEc/bocode/g
   'GOLOGIT2': module to estimate generalized logistic regression models for
   ordinal dependent variables / gologit2 estimates generalized ordered logit
   models for ordinal / dependent variables. A major strength of gologit2 is
   that it can / also estimate three special cases of the generalized model:
```

```
outreg from http://fmwww.bc.edu/RePEc/bocode/o
    'OUTREG': module to write estimation tables to a Word or TeX file / outreg
    arranges the results of Stata estimation commands in / tables as they are
    typically presented in journal articles, / rather than as they are
    presented in the Stata Results window. By / default, t statistics appear
```

如果我们已经对关键词（也就是 regresssion）进行了搜索，那么接下来会显示出任何与关键词 regression 相匹配的目录表（table of contents）条目。可能你已经猜到了，下面这个部分很可能会和之前的部分重合；还可能出现另外一种情况，也有可能目录表中使用了单词 regression，但是程序包的内容中没有这个单词。在这种情况下，下面的目录表中的条目并没有包含在上面提到过的那些列表之中。这里找到了 95 条参考文献，但你搜索找到的数目可能和我的会不一样。

```
95 references found in tables of contents
-----------------------------------------

http://www.Stata.com/stb/stb61/
    STB-61 May 2001 / Contrasts for categorical variables: update / Patterns
    of missing values / Simulating disease status and censored age / Violin
    plots for Stata 6 and 7 / Quantile plots, generalized: update to Stata 7.0
    / Update to metabias to work under version 7 / Update of metatrim to work

http://www.indiana.edu/~jslsoc/Stata/
    SPost: post-estimation interpretation of regression models. Long & Freese.
    / WF: workflow of data analysis. Long. / SNAG: results collection. Long &
    Wolfe. / Support: www.indiana.edu/~jslsoc/spost.htm / Support:
    www.indiana.edu/~jslsoc/workflow.htm / : ICPSR CDA Workshop 2011. / : CDA

http://www.Stata.com/users/mcleves/
    Materials by Mario A. Cleves / Mario A. Cleves -- packages created while
    working as a senior / biostatistician at Stata Corp. / Median test for K
    independent samples / Robust test for the equality of variances / Graph
    median and mean survival times / Logit reg. when outcome is measured with
```

我们对命令 findit regression 搜索结果的讨论就告一段落吧。下面以问答的方式介绍些更多有关命令 findit 的内容。

### 为什么有很多来自 http：//fmwww. bc. edu/RePEc/bccode/的程序？

这是 SSC 档案馆，又名波士顿学院档案馆。这是第一个用来存储 Stata 程序的地址，方便其他用户检索程序。实际上，Stata 有一个官方程序 ssc，可以用来帮助人们描述和安装来自 SSC 档案馆的软件包以及查看新程序（更多信息，参见 help ssc)。

### 我怎样在 Stata Journal 中读取一个条目?

下面是一个样本条目。

```
SJ-4-3  st0067  . . . . . . . . . . .  Multiple imputation of missing values
        (help micombine, mijoin, mvis if installed) . . . . . . P. Royston
        Q3/04   SJ 4(3):227--241
        implementation of the MICE (multivariate imputation by
        chained equations) method of multiple multivariate data
        imputation
```

这个条目指的是 *Stata Journal* 第 4 卷，第 3 期的 227～241 页的一篇文章，发表于 2004 年的第 3 个季度。这篇文章是关于缺失值的多重差值法，文章介绍了 3 个命令——micombine、mijoin 和 mvis——这些名字和它们相对应的帮助文件都有链接。给文章和软件包分配的标签是 st0067，意思是这是术语 "statistical" 类别（缩写为 st）中的第 67 个 *Stata Journal* 程序。这个标签可以唯一识别出 *Stata Journal* 中的每一篇文章，供你参考，用来作为 tag 名的其他大类名包括 an for announce、dm for data management、ds for dataset、gn for general、gr for graphics、pr for programming and utilities 以及 up for updates。下面列举出另一个示例，也是来自 findit 的一个 *Stata Journal* 条目。

```
SJ-7-4  st0067_3  . . . . Multiple imputation of missing values: Update of ice
        (help ice, ice_reformat, micombine, uvis if installed)  . . P. Royston
        Q4/07   SJ 7(4):445--464
        update of ice allowing imputation of left-, right-, or
        interval-censored observations
```

是的，你不是出现了记忆幻觉，这条目录显示了关于 st0067 的一次更新（实际上是第 3 次更新）。输入 findit st0067，就能找到关于原始文章和所有更新的信息。

### 为什么我看到关于一个程序有多个条目呢?

我输入 findit format regression output，结果中包含了很多不同的程序，包括和程序 outreg 相关的多条目录，这个程序看起来蛮有希望的。为了只集中到那个特定的程序上，我执行 findit outreg。搜索结果包含下列条目：

```
STB-59  sg97.3  . . . . . . . . . . . .  Update to formatting regression output
        . . . . . . . . . . . . . . . . . . . . . . . . . . . . . J. L. Gallup
        1/01    p.23; STB Reprints Vol 10, p.143
        small bug fixes
```

```
STB-58  sg97.2  . . . . . . . . . . . . Update to formatting regression output
        . . . . . . . . . . . . . . . . . . . . . . . . . . . . . J. L. Gallup
        11/00   pp.9--13; STB Reprints Vol 10, pp.137--143
        update allowing user-specified statistics and notes, 10%
        asterisks, table and column titles, scientific notation for
        coefficient estimates, and reporting of confidence interval
        and marginal effects

STB-49  sg97.1  . . . . . . . . . . . . . . . . . . . . . . Revision of outreg
        . . . . . . . . . . . . . . . . . . . . . . . . . . . . . J. L. Gallup
        5/99    p.23; STB Reprints Vol 9, pp.170--171
        updated for Stata 6 and improved

STB-46  sg97    . . . . . . .  Formatting regression output for published tables
        . . . . . . . . . . . . . . . . . . . . . . . . . . . . . J. L. Gallup
        11/98   pp.28--30; STB Reprints Vol 8, pp.200--202
        takes output from any estimation command and formats it as
        in journal articles
```

搜索结果中还包含了来自 SSC 档案馆的一个条目：

```
outreg from http://fmwww.bc.edu/RePEc/bocode/o
   'OUTREG': module to write estimation tables to a Word or TeX file / outreg
   arranges the results of Stata estimation commands in / tables as they are
   typically presented in journal articles, / rather than as they are
   presented in the Stata Results window. By / default, t statistics appear
```

为了理解这个输出结果，让我们跟着这个程序的更新走。在 1988 年 11 月，程序 outreg 出现在 *Stata Technical Bulletin* 的第 46 期（STB-46）。分配给这个程序的标签是 sg97，意思是处理一般统计[①]主题的第 97 个程序。在 1999 年的 5 月，STB-49 中发布了一个版本，名字是 sg97.1（sg97 的第一个版本），2000 年 11 月更新版又出现在 STB-58 中，2001 年 1 月另一个更新版出现在 STB-59 里。也许现在看来 sg97.3 是这个程序的最新版本，但是人们可能会继续更新他们的程序，而且有可以下载最新版的网站。条目 outreg from http：//fmwww.bc.edu/RePEc/bocode/o 来自 SSC 档案馆，也许已经出现了比 *Stata Journal* 或 *Stata Technical Bulletin* 中的最新版更新的版本了。点击 SSC 档案馆中 outreg 的链接，可以看到一个关于 5/14/2002 的发布日期的描述，一个比最新的 STB 版更新的版本。因为这看起来有点老，所以我搜索了关键词 outreg 看看能否找到一个更新的版本，我找到了条目 outreg2，如下所示。

---

① http：//www.stata.com/products/stb/journals/stb1.pdf 中列出了所有的 STB 标签。

```
outreg2 from http://fmwww.bc.edu/RePEc/bocode/o
    'OUTREG2': module to arrange regression outputs into an illustrative table
    / outreg2 provides a fast and easy way to produce an illustrative / table
    of regression outputs. The regression outputs are produced / piecemeal and
    are difficult to compare without some type of / rearrangement. outreg2
```

这个程序的灵感来自 outreg，而且最近（我是在 2009 年 8 月看的）已经被更新过了，而且值得对它进行更深入的研究。一个用户编写的程序激发另一个用户编写程序并不稀奇。

## 为什么 findit 显示的程序是 Stata 中的某一命令的重复？

我想看看要把一个字符型变量转换成数值型变量，Stata 需要做什么，因此我输入了 findit string numeric。下面是搜索结果，描述了 Stata 的一个内置命令 destring。

```
[R]     destring  . . . . . . . . . .  Change string variabels to numeric
        (help destring)
```

但是搜索结果还包括这些：

```
dm45_2 from http://www.Stata.com/stb/stb52
    STB-52 dm45_2. Changing string variables to numeric: correction / STB
    insert by Nicholas J. Cox, University of Durham, UK / Support:
    n.j.cox@durham.ac.uk / After installation, see help destring

dm45_1 from http://www.Stata.com/stb/stb49
    STB-49 dm45_1.  Changing string variables to numeric: update. / STB insert
    by Nicholas J. Cox, University of Durham, UK.  / Support:
    n.j.cox@durham.ac.uk / After installation, see help destring.

dm45 from http://www.Stata.com/stb/stb37
    STB-37 dm45.  Changing string variables to numeric. / STB insert by /
    Nicholas J. Cox, University of Durham, UK; / William Gould, Stata
    Corporation. / Support:  n.j.cox@durham.ac.uk and wgould@Stata.com /
    After installation, see help destring.
```

命令 destring 发布在 STB-37 中，然后在 STB-49 中被修改过，在 STB-52 里又被修改了一次。然后，在某个时点上，这个方便的程序使用同样的名字 destring 被并入了官方 Stata 中。当一个官方命令和一个用户写的命令使用同样的名字时，Stata 会下载官方命令。因此即使你下载了用户编写版的 destring，官方版还是会被优先考虑。

### 不同程序能否完成同样的事情?

我想找一个程序来执行回归分析中方差齐性的 White 检验，因此我输入 findit white test。结果包含 2 个程序，而且看起来它们都能做同样的检测。

```
white from http://fmwww.bc.edu/RePEc/bocode/w
    'WHITE': module to perform White's test for heteroscedasticity / htest,
    szroeter, and white provide tests for the assumption of / the linear
    regression model that the residuals e are / homoscedastic, i.e., have
    constant variance. The tests differ / with respect to the specification of

whitetst from http://fmwww.bc.edu/RePEc/bocode/w
    'WHITETST': module to perform White's test for heteroskedasticity /
    whitetst computes White's test for heteroskedasticity following / regress
    or cnsreg. This test is a special case of the / Breusch-Pagan test (q.v.
    bpagan). The White test does not require / specification of a list of
```

这并不奇怪，意味着你可以两个程序都试试，看看哪个更适合你的需要。

### 除了作者，还有谁能证明程序是正确的?

没有人。这一点非常值得关注。即使是最勤奋的编程员也会犯错误，优秀且技术高超的一组人给 Stata 社区提供他们的 Stata 程序，这群人也难免会出错。在要依赖于你下载的程序之前，也许你想采取些措施来证实它的准确性，这意味着要把这个程序的运行结果和已知结果做对比，或者向其他人（或者作者）求证看看，为了证实这个程序已经做了哪些事情。

### 除了写 Stata 程序，Nick Cox 什么都做吗?

是的，他已经编辑了 *Stata Journal*，为 *Stata Journal* 写专栏“话说 *Stata*”(*Speaking Stata*)，并解答了很多 Stata 用户的问题。

## 10.3 更多在线资源

还有很多在线资源能帮助你学习和使用 Stata。强烈推荐下面的一些资源：

- 网页 Stata Resource and support 提供了一个可以获得的有关 Stata 在线资源的完整列表。它列出了可以从 StataCorp 获取的官方资源，以及一些来自 Stata community 的资源。参见 http：//www. Stata. com/support/。

● 网页 Stata Resouce links 提供了一个由 Stata community 创建的，帮助你学习和使用 Stata 的资源列表；参见 http：//www. Stata. com/links/。其包含的链接中，我极力推荐 UCLA ATS Stata 网站上的资源，网址是 http：//www. ats. ucla. edu/stat/Stata/，它包含 FAQs，带注释的 Stata 输出结果、像教科书一样的 Stata 示例，以及 Stata 的在线课程和研讨会。

● 网页 Stata Frequently Asked Questions 是个很有特色的网站，它不仅包含了很多常见的问题，而且还给出了答案！FAQs 既涵盖了常见问题（如怎样从 Stata 中导出表格），还包括一些深奥难懂的问题（如两步 Heckman 估计中得到的 rho 估计量超出了［−1，1］的界限是怎么回事）。可以用关键词在 FAQs 中搜索，或者也可以根据主题来浏览 FAQs。参见 http：//www. Stata. com/support/faqs/。

● Statalist 这是一个独立于 Stata 公司而运作的邮件列表，它将世界各地超过 3 000 的 Stata 用户连在了一起。就个人经历来说，我对这个网站的印象是，这个社区知识含量极其丰富且非常友好，它欢迎来自新手和专家们的各种问题。即使你自己从来没提过问题，也能从浏览问题列表、阅读过往资料（追回到 2002 年）中学到很多知识。你可以在 http：//www. Stata. com/Statalist/上了解更多有关 Statalist 的信息。

● *Stata Journal* 每个季度出版一次，其中的文章涉及用 Stata 做统计分析的各个方面。现在的期刊和文章需要通过订阅才能拿到，3 年前的文章可以免费下载 PDF 版。参见 http：//www. Stata-journal. com/。

● *Stata Technical Bulletin* 是 *Stata Journal* 的前身。所有过往的期刊都可以在线免费得到。尽管很多文章已经过时了，但还是不乏佳作，其中介绍的很多知识并不会受时间影响。更多信息，请参见 http：//www. Stata. com/bookstore/stbj. html。

# 附录　基础知识



你无法挽救由于设计导致的糟糕的统计分析。

——理查德·莱特、朱迪丝·辛格和约翰·维雷特

## A1. 简介

这个附录中包含的主题在很多 Stata 命令中都很常见，或者是 Stata 结构中的一个内置部分。在这个附录中，会把这些主题放在一起进行讲解，这样的话，之前的章节就可以直接参考这个附录，而没有必要每次都重复这些主题。

这个附录始于对 Stata 命令的一般结构（语法）的概述，这在 A.2 节中会讲到。接下来的 A.3 节介绍的是前缀 by。大部分的命令中都能用 by 这个前缀，这样就可以在不同类型的观测值的子集中重复执行同一个命令。A.4 节中要讲的是 Stata 的注释功能，给你的命令和 do-file 添加文本说明。尽管不是很明显，但是 Stata 中的每个变量都被分配了一个数据保存类型；这些数据类型将会在 A.5 节中讲到。逻辑表达式（见 A.6 节）是最常用在 if 限定符后的，可以用表达式来指定哪些观测值可以进入命令的分析中。Stata 函数（见 A.7 节）在很多情况下都会被用到，但在通常情况下还是和命令 generate 以及 replace 一起出现。很多命令中都可以用限定符 if 和 in（参见 A.8）来指定观测值的子集，以便让命令在这个特定的子集中去执行。可以用命令 keep 指定要保存在数据中的观测值或变量，用命令 drop 指定要从数据中删除的观测值或变量（参见 A.9）。A.10 节中要讲的是 Stata 如何定义和处理缺失值。附录结束于 A.11 节，这节介绍了在 Stata 中可以用的各种不同的指定变量列表的方法，包括能够节省时间的简便方法。

## A2. Stata 语法概述

大部分的 Stata 命令，包括用户编写的程序（10.2 节中讲到的）都遵循相同的、通用的 Stata 语法。如果我告诉你有一个新的命令 snorf，你可能能够猜到这个命令是如何运行的，因为它很有可能遵循相同的通用语法，大部分 Stata 命令都符合这些语法。这节要讲的就是 Stata 语法的通用规则。

读入 wws2. dta 后，仅发布命令 summarize 将会对数据中的所有变量做描述分析。

```
. use wws2
(Working Women Survey w/fixes)

. summarize
```

*（输出结果略）*

可以指定一个或多个变量（也就是一个变量列表）来指定想要描述的变量（更多

关于变量列表的内容，请参见 A.11)。

```
. summarize age wage
```

| Variable | Obs | Mean | Std. Dev. | Min | Max |
|---|---|---|---|---|---|
| age | 2246 | 36.22707 | 5.337859 | 21 | 48 |
| wage | 2244 | 7.796781 | 5.82459 | 0 | 40.74659 |

Stata 支持四种不同类型的权重——pweights、fweights、aweights 和 iweights。选择使用其中的一种或多种权重取决于命令本身。下面是一个用命令 summarize 和把变量 fwt 作为频率权重的例子。

```
. summarize age wage [fweight= fwt ]
```

| Variable | Obs | Mean | Std. Dev. | Min | Max |
|---|---|---|---|---|---|
| age | 9965 | 36.21686 | 5.402677 | 21 | 48 |
| wage | 9950 | 7.935715 | 6.020044 | 0 | 40.19808 |

可以通过加入限定符 if 来描述其中的部分观测值。在下面的例子中，只计算那些在工会中工作的个体的 wage 和 age 的描述统计结果。

```
. summarize age wage if union == 1
```

| Variable | Obs | Mean | Std. Dev. | Min | Max |
|---|---|---|---|---|---|
| age | 461 | 36.46421 | 5.197964 | 22 | 46 |
| wage | 460 | 8.70157 | 4.311632 | 0 | 39.23074 |

可以用限定符 in 来指定用于执行命令的特定观测值。在下面的例子中，得到的是数据中前 200 条观测值的描述统计结果。

```
. summarize age wage in 1/200
```

| Variable | Obs | Mean | Std. Dev. | Min | Max |
|---|---|---|---|---|---|
| age | 200 | 35.71 | 5.210725 | 22 | 44 |
| wage | 200 | 6.600294 | 5.538314 | 1.561996 | 38.70926 |

选项的设定方法是在命令的标准部分后面加上一个逗号，然后在这个逗号的后面列出想要加入的选项。例如，命令 summarize 中包含一个名为 detail 的选项，加上它之后会提供更详细的描述统计结果。下面这个例子便是要计算出所有变量的详细描述统计结果。

```
. summarize, detail
```

*(输出结果略)*

也可以计算指定变量的详细描述统计结果，例如 age 和 wage。

```
. summarize age wage, detail
```

(输出结果略)

当你要同时指定 if 限定符和选项时，一定要确定在限定符 if 后加上一个逗号（如下所示）。限定符 if 是 Stata 命令中的一个标准部分，限定符 in 也一样。

```
. summarize age wage if union==1, detail
```

(输出结果略)

可以在命令 summarize 的前面加上 bysort married:，这样命令就会分别在 married 变量的不同水平上各运行一次，也就是说，先计算未婚人群，然后计算已婚人群。

```
. bysort married: summarize age wage

-> married = 0
```

| Variable | Obs | Mean | Std. Dev. | Min | Max |
|---|---|---|---|---|---|
| age | 804 | 36.50995 | 5.203328 | 22 | 47 |
| wage | 804 | 8.092001 | 6.354849 | 0 | 40.19808 |

```
-> married = 1
```

| Variable | Obs | Mean | Std. Dev. | Min | Max |
|---|---|---|---|---|---|
| age | 1442 | 36.06935 | 5.406775 | 21 | 48 |
| wage | 1440 | 7.63195 | 5.501786 | 1.004952 | 40.74659 |

在用 bysort married:时，同样也可以加入限定符 if 和选项，如下所示。

```
. bysort married: summarize age wage if union==1, detail
```

(输出结果略)

bysort married:是一个关于前缀命令的示例，具体来说，是关于前缀 by 的示例。在 Stata 中还有其他几个前缀命令；更多关于它们的信息，请参见 help prefix。

这节概括了 Stata 命令通用语法的主要构成要素。更多关于 Stata 语法的信息，请参见 help language。

# A3. 用 by 命令进行多组分析

有时候，也许你想分别对数据中不同组群的观测值运行一个命令。例如，数据 gasctrysmall. dta 包含来自四个国家的汽油价格和通货膨胀率的数据，这四个国家的编号分别是 1、2、3 和 4。

```
. use gasctrysmall

. list, sepby(ctry)
```

| | ctry | year | gas | infl |
|---|---|---|---|---|
| 1. | 1 | 1974 | .78 | 1.32 |
| 2. | 1 | 1975 | .83 | 1.4 |
| 3. | 2 | 1971 | .69 | 1.15 |
| 4. | 2 | 1971 | .77 | 1.15 |
| 5. | 2 | 1973 | .89 | 1.29 |
| 6. | 3 | 1974 | .42 | 1.14 |
| 7. | 4 | 1974 | .82 | 1.12 |
| 8. | 4 | 1975 | .94 | 1.18 |

可以用命令 summarize gas 来得到所有观测值在变量 gas 上的描述统计结果，如下所示。

```
. summarize gas
```

| Variable | Obs | Mean | Std. Dev. | Min | Max |
|---|---|---|---|---|---|
| gas | 8 | .7675 | .1596201 | .42 | .94 |

但是如果想要的是变量 gas 分别在每个国家中的描述统计结果，其中的一种方法是用限定符 if，就像在下面这个例子中对第一个国家的做法。

```
. summarize gas if ctry == 1
```

| Variable | Obs | Mean | Std. Dev. | Min | Max |
|---|---|---|---|---|---|
| gas | 2 | .805 | .0353553 | .78 | .83 |

不需要一遍又一遍地重复带限定符 if 的命令，在这个命令的前面加上 by ctry:的前缀，也能得到同样的统计结果，这个前缀告诉 Stata 我们想让它在 ctry 的各个水平上运行命令 summarize gas。首先，需要依据 ctry 对数据进行排序，用的命令是 sort ctry。

```
. sort ctry

. by ctry: summarize gas

-------------------------------------------------------------------------------
-> ctry = 1

    Variable |       Obs        Mean    Std. Dev.       Min        Max
-------------+--------------------------------------------------------
         gas |         2        .805    .0353553        .78        .83

-------------------------------------------------------------------------------
-> ctry = 2

    Variable |       Obs        Mean    Std. Dev.       Min        Max
-------------+--------------------------------------------------------
         gas |         3    .7833333    .1006645        .69        .89

-------------------------------------------------------------------------------
-> ctry = 3

    Variable |       Obs        Mean    Std. Dev.       Min        Max
-------------+--------------------------------------------------------
         gas |         1         .42           .        .42        .42

-------------------------------------------------------------------------------
-> ctry = 4

    Variable |       Obs        Mean    Std. Dev.       Min        Max
-------------+--------------------------------------------------------
         gas |         2         .88    .0848528        .82        .94
```

如果你愿意，可以用命令 bysort 把命令 sort 和 by 合并成一步，如下所示。

```
. bysort ctry: summarize gas
```

*(输出结果略)*

bysort 可以被进一步缩写成 bys，如下所示。

```
. bys ctry: summarize gas
```

*(输出结果略)*

大部分 Stata 命令都能用前缀 by，包括描述命令（如 summarize 或 tabulate）和估计命令（如 regress 或 logistic）。更多有关前缀 by 的信息，请参见第七章以及

help by。

## A4. 注释

当创建一个 do-file 时，也许你会认为你能记住自己做的所有事情以及为什么要这么做。但对我来说，我的记忆力已经下降了。当我后来再查看我的 do-files 时，我找到了文件中的注释，这些注释解释了当时我做了哪些工作以及为什么这么做，这时候我就感到很庆幸。这也就是注释起作用的地方。

Stata 中最常见的一种注释是以一个星号“*”开始。星号后面跟的任何东西（在同一行）都被当成注释处理，如下面的这个示例。这类注释可以放在命令行中，也可以用在 do-file 中。

```
. use wws2
(Working Women Survey w/fixes)

. * get summary statistics for age
. summarize age

    Variable |       Obs        Mean    Std. Dev.       Min        Max
-------------+--------------------------------------------------------
         age |      2246    36.22707    5.337859         21         48
```

在一个 do-file 里，也可以在命令的后面加上双斜线“//”，这样斜线后面的部分就都会被当成注释。

```
. summarize age // get summary stats for age

    Variable |       Obs        Mean    Std. Dev.       Min        Max
-------------+--------------------------------------------------------
         age |      2246    36.22707    5.337859         21         48
```

如果一条命令一直写到屏幕的最右边，那么阅读这样的长命令就很不方便。反之，可以用连续注释把这条命令延续到下一行，其使用的符号是 ///。下面的命令 recode 就用到了连续注释使得命令更具有可读性。

```
. recode occupation (1/3=1 "White Collar") ///
>                   (5/8=2 "Blue Collar") ///
>                   (4 9 /13=3 "Other"), generate(occ3)
(1918 differences between occupation and occ3)
```

在 do-files 里，也可以把注释放在/*和*/中。任何被放在/*和*/之间的内容都会被忽略。这种注释方法可以在一条命令中使用，如下所示。

```
. summarize age /* wage */

    Variable |       Obs        Mean    Std. Dev.       Min        Max
-------------+--------------------------------------------------------
         age |      2246    36.22707    5.337859         21         48
```

也可以在/＊和＊/中包含很多行。可以利用这一点把一批不希望运行的命令当成注释处理，或者也可以用它来做多行的注释。但是，注意一定要记住当用了一个/＊后，还要用＊/作为结尾，否则，/＊后面的所有东西都会被当成注释。有关注释的更多信息可以参考 help comments。

# A5. 数据类型

本节描述了 Stata 存储变量的不同方式，从技术上讲就是数据类型（data types）或存储类型（storage types）。看看下面的示例 cardio3. dta。

```
. use cardio3

. describe

Contains data from cardio3.dta
  obs:             5
 vars:            26                          23 Dec 2009 15:12
 size:           640
----------------------------------------------------------------------------
              storage  display     value
variable name   type   format      label      variable label
----------------------------------------------------------------------------
id              long   %10.0f                 Identification variable
fname           str15  %15s                   First name
lname           str10  %10s                   Last name
bp1             int    %3.0f                  Systolic BP: Trial 1
pl1             int    %3.0f                  Pulse: Trial 1
bp2             int    %3.0f                  Systolic BP: Trial 2
pl2             int    %3.0f                  Pulse: Trial 2
bp3             int    %3.0f                  Systolic BP: Trial 3
pl3             int    %3.0f                  Pulse: Trial 3
bpmean          float  %9.0g                  Mean blood pressure
plmean          float  %9.0g                  Mean pulse
gender          str6   %9s                    Gender of person
bmo             float  %4.0f                  Birth month
bda             float  %4.0f                  Birth day
byr             float  %4.0f                  Birth year
```

```
bhr              double %4.0f                 Birth hour
bmin             double %4.0f                 Birth minute
bsec             double %4.0f                 Birth second
age              byte   %3.0f                 Age of person
weight           float  %9.0g                 Weight (in pounds)
famhist          long   %12.0g     famhistl   Family history of heart disease
income           double %10.2f                Income
zipcode          long   %12.0g                Zip Code (5 digit)
heart_attack_~t  float  %9.0g                 Risk of heart attack from treadmill test
bdate            float  %td                   Birth date
bdatetime        double %tc                   Birth date and time
-------------------------------------------------------------------------------------------
Sorted by:
```

注意写着“storage type”的那一列的不同取值，它们被分成了 2 大类，字符型和数值型。

字符串型变量有时指的是字符变量，也可用它保存数字和字符的组合体。字符型变量的长度可以从 1（也就是 str1）到 244（也就是 str244）。这个数据里有 3 个字符型变量——fname、lname 和 gender。fname 被保存成 str15，意思是它作为一个字符串变量最大可以容纳 15 个字符。lname 被保存成 str10，它最大可以容纳的字符数是 10。gender 被保存成 str6，它最大可以容纳的字符数是 6 个。

让我们看看这 3 个字符串变量的内容。

```
. list fname lname gender

     +-------------------------------+
     |    fname        lname  gender |
     |-------------------------------|
  1. |     Fred      Canning    male |
  2. |    Mario   Washington    male |
  3. |     Hong          Sun    male |
  4. | Salvador    Riopelle     male |
  5. |    Sonia        Yosef  female |
     +-------------------------------+
```

也许你已经注意到最长的 fname 是 Salvador，只有 8 个字符的宽度，但是 fname 被保存成 str15。可以用命令 compress fname 让 Stata 检查 fname 并把它的保存类型改成最节省空间的大小，如下所示。现在的结果是把 fname 保存成了 str8。如果是一个包含了很多观察值的数据，这样做可以节省出不少空间。

```
. compress fname
fname was str15 now str8

. describe fname
```

```
                 storage  display    value
variable name    type     format     label      variable label
------------------------------------------------------------------
fname            str8     %9s                   First name
```

在创建新变量时，Stata 会自动选择存储类型。下面通过创建一个名为 fullname 的变量来讲解这一点，让 fullname 把 fname 和 lname 合并在一起。

```
. generate fullname = fname + " " + lname
```

在下面的输出结果中，可以看到最长的名字是 Salvador，他的全名有 17 个字符长。

```
. list fullname

     +-------------------+
     |          fullname |
     |-------------------|
  1. |     Fred Canning  |
  2. | Mario Washington  |
  3. |          Hong Sun |
  4. | Salvador Riopelle |
  5. |       Sonia Yosef |
     +-------------------+
```

命令 describe 显示 Stata 用存储类型 str17 来保存这个新生成的变量。我们不需要做任何额外的工作，Stata 就已经为这个新变量选择了一个合适的长度。①

```
. describe fullname

                 storage  display    value
variable name    type     format     label      variable label
------------------------------------------------------------------
fullname         str17    %17s
```

现在来看看数值型变量。Stata 里有 5 种不同的数值型数据的存储类型：byte、int、long、float 和 double。其中，前 3 种类型是用来存储整数的（如用整数年表示的年龄）。它们的不同之处在于可以保存的最大位数。后两种 float 和 double 可以用来保存非整数数字，如收入（测量到分）或体重（四舍五入到小数点后一位）。和 float 数据类型相比，double 型保存的精确度更高（小数点之后可以保存更多的位数），并且也可以保存更大的数字（小数点之前也可以保存更多的位数）。

在 cardio3. dta 的最后，变量 bdate 和 bdatetime 是两个特殊类型的数值型变量，它们包含日期和时间取值。变量 bdate 包含日期取值（出生日期），其显示格式是%td。

① 如果出于某种原因，在创建变量时需要给 fullname 指定一个不同的长度（如 str25），可以用如下命令 generate str25 fullname = fname + "" + lname。

变量 bdatetime 是一个日期—时间型变量，它既包含出生日期，又包含出生时间，其显示格式是%tc。本节的最后会讨论这些变量类型，在 5.8 节和 5.9 节中也有讲到。

再来仔细看看各种类型的数值存储格式。首先来看一下 byte 存储类型。这种类型可以存储从－127 到 100 的整数。变量 age 被保存成 byte 型，年龄的取值全都会在这个范围之内。

```
. describe age

              storage  display     value
variable name   type   format      label      variable label
-------------------------------------------------------------------
age             byte   %3.0f                  Age of person

. summarize age

    Variable |       Obs        Mean    Std. Dev.       Min        Max
-------------+--------------------------------------------------------
         age |         5        25.4    9.787747         16         40
```

存储类型 int 可以容纳的整数范围从－32 767 到 32 740。注意变量 bp1—bp3 和 pl1—pl3 都被保存成了 int 型。这样做是有道理的，因为它们的最大值都超过了 100（如下所示），超过了 byte 的最高取值。（变量 pl2 的最大值是 97，因此也可以把它保存成 byte 型。）

```
. describe bp1 bp2 bp3 pl1 pl2 pl3

              storage  display     value
variable name   type   format      label      variable label
-------------------------------------------------------------------
bp1             int    %3.0f                  Systolic BP: Trial 1
bp2             int    %3.0f                  Systolic BP: Trial 2
bp3             int    %3.0f                  Systolic BP: Trial 3
pl1             int    %3.0f                  Pulse: Trial 1
pl2             int    %3.0f                  Pulse: Trial 2
pl3             int    %3.0f                  Pulse: Trial 3

. summarize bp1 bp2 bp3 pl1 pl2 pl3

    Variable |       Obs        Mean    Std. Dev.       Min        Max
-------------+--------------------------------------------------------
         bp1 |         5       116.6    7.635444        105        124
         bp2 |         5       117.4    19.17811         86        136
         bp3 |         5         114    11.13553        101        129
         pl1 |         5        74.6    23.36236         52        105
         pl2 |         5          83    12.38951         64         97
-------------+--------------------------------------------------------
         pl3 |         5        93.8    33.20693         52        128
```

存储类型 long 可以容纳的整数范围从−2 147 483 647 到 2 147 483 620。当需要准确保存很大的整数时，long 就非常有用，如这个数据中的变量 id。

```
. describe id

              storage  display     value
variable name   type   format      label      variable label
-----------------------------------------------------------------------
id              long   %10.0f                 Identification variable

. list id

     +-----------+
     |        id |
     |-----------|
  1. | 133520121 |
  2. | 275031298 |
  3. | 345821920 |
  4. |  29303092 |
  5. | 938329302 |
     +-----------+
```

虽然 byte、int 和 long 在保存整数时已经够用了，但是它们无法保存非整数值（包含小数点的数值）。Stata 中有 float 和 double 两种存储类型可以用来保存这样的数字。

保存成 float 的变量可以精确到大概 7 位数。下面是命令 describe 的运行结果，个体的体重（weight）精确到小数点后一位，保存成 float 型。这种存储类型甚至可以容纳我们可能遇到的最大的体重值。

```
. describe weight

              storage  display     value
variable name   type   format      label      variable label
-----------------------------------------------------------------------
weight          float  %9.0g                  Weight (in pounds)

. summarize weight

    Variable |       Obs        Mean    Std. Dev.       Min        Max
-------------+---------------------------------------------------------
      weight |         5      157.88    30.87915      109.9      186.3
```

**注意！float 型会丢失精度**

变量 id 是 9 位数，在这个数据中被保存成了 long 型。如果 id 被保存成 float 型，那么它就只有 7 位数的精度，这样就会导致不精确的存储。

也许你已经猜到了，double 型具有最高的精度，能够把数值保存到最高 16 位数。如下所示，变量 income 就被保存成了 double 型。

```
. describe income

              storage  display     value
variable name   type   format      label      variable label
------------------------------------------------------------------
income          double %10.2f                 Income
```

接下来看看 income 的取值（如下所示），把变量 income 保存成 double 型是很好的选择，因为最高收入包含 9 位数（小数点前 7 位，小数点后 2 位）。如果把这些取值保存成 float，那么这些信息可能就会丢失。

```
. list income

     +------------+
     |     income |
     |------------|
  1. | 5987435.32 |
  2. | 1784327.58 |
  3. |  987628.32 |
  4. | 3272828.43 |
  5. | 8229292.21 |
     +------------+
```

当用命令 generate 生成新的数值型变量时，默认是保存成 float 型。看看下面这个例子，目的是要生成一个 income 准确的复本 income2。但是，它并不是一个准确的复本，因为默认的存储类型是 float。我们可以从下面的结果中看到显示出来的不一致。

```
. generate income2 = income

. list income income2

     +------------------------+
     |     income     income2 |
     |------------------------|
  1. | 5987435.32     5987436 |
  2. | 1784327.58     1784328 |
  3. |  987628.32    987628.3 |
  4. | 3272828.43     3272829 |
  5. | 8229292.21     8229292 |
     +------------------------+
```

同样，如果要生成 id 的一个复本，信息也会丢失，因为变量 id 有 9 位数，但是新生成的变量被默认保存成 float 型，而这种类型只有 7 位数的精度。

```
. generate id2 = id

. format id2 %9.0f
```

```
. list id2 id
```

| | id2 | id |
|---|---|---|
| 1. | 133520120 | 133520121 |
| 2. | 275031296 | 275031298 |
| 3. | 345821920 | 345821920 |
| 4. | 29303092 | 29303092 |
| 5. | 938329280 | 938329302 |

当在 Stata 中创建一个新变量时，可以手动选择你想用来存储变量的类型。例如，生成 income 的一个复本，不妨叫它 incomed，手动将其保存成 double 型。这样做就会避免精度的丢失，如下所示。

```
. generate double incomed = income

. format incomed %12.2f

. list income income2 incomed
```

| | income | income2 | incomed |
|---|---|---|---|
| 1. | 5987435.32 | 5987436 | 5987435.32 |
| 2. | 1784327.58 | 1784328 | 1784327.58 |
| 3. | 987628.32 | 987628.3 | 987628.32 |
| 4. | 3272828.43 | 3272829 | 3272828.43 |
| 5. | 8229292.21 | 8229292 | 8229292.21 |

同样地，创建新变量 idlong，明确指定它的存储类型是 long。下面的结果就显示 idlong 和 id 一样。

```
. generate long idlong = id

. format idlong %9.0f

. list id id2 idlong
```

| | id | id2 | idlong |
|---|---|---|---|
| 1. | 133520121 | 133520120 | 133520121 |
| 2. | 275031298 | 275031296 | 275031298 |
| 3. | 345821920 | 345821920 | 345821920 |
| 4. | 29303092 | 29303092 | 29303092 |
| 5. | 938329302 | 938329280 | 938329302 |

为避免出现精度问题，可以让 Stata 把 double 作为新生成变量的默认存储类型。可以通过输入下面的命令来实现：

```
. set type double
```

这样在本次用 Stata 的过程中，接下来生成的数值型变量都将会被保存成 double 型。或者也可以输入：

```
. set type double, permanently
```

Stata 会把这个修改保存好，这样以后用 Stata 生成新变量时默认的就都是 double 型。这些新生成的变量就都会占用更大的保存空间。但是正如在下面的这个例子中显示的那样，还可以在后期用命令 compress 让 Stata 尽量用一种更能节约空间的存储类型来存储这些变量。

有些用来生成变量的命令不允许调整变量的存储类型。例如，下面的这个 recode 命令可以生成一个虚拟变量 mil 来表示一个人是不是百万富翁。但因为原始变量被保存成 double 型，生成的变量（mil）就也被保存成 double 型。因为 mil 只是一个 0/1 变量，所以可以把它保存成 byte 来节省空间。

```
. recode income (min/999999.99=0) (1000000/max=1), gen(mil)
(5 differences between income and mil)

. describe income mil

              storage  display     value
variable name   type   format      label      variable label
-----------------------------------------------------------------
income          double %10.2f                 Income
mil             double %9.0g                  RECODE of income (Income)
```

如果只有一个变量，这还不是一个大问题。但是如果有一个很大的数据，其中有很多这样的应该保存成 byte 型但却存成 double 型的变量，这时候，就可以用命令 compress mil 让 Stata 检测变量 mil，并为其选择一个最节约空间但又不会导致信息丢失的存储类型。如下所示，Stata 把 mil 的数据类型从 double 转换成了 byte。

```
. compress mil
mil was double now byte

. describe mil

              storage  display     value
variable name   type   format      label      variable label
-----------------------------------------------------------------
mil             byte   %9.0g                  RECODE of income (Income)
```

命令 compress 同样适用于指定多个变量的情况。可以直接输入 compress，后面不用指定任何变量，这样这条命令将会作用于所有变量。它会检测每个变量，并且会给每个变量选择一个最有效的存储类型，如下所示。

```
. compress
pl2 was int now byte
bmo was float now byte
bda was float now byte
byr was float now int
famhist was long now byte
bdate was float now int
bhr was double now byte
bmin was double now byte
bsec was double now byte
```

注意变量 pl2 现在被保存成 byte 型。这是因为所有脉搏取值都在 100 以下。

```
. list pl2

     +-----+
     | pl2 |
     |-----|
  1. |  87 |
  2. |  88 |
  3. |  97 |
  4. |  79 |
  5. |  64 |
     +-----+
```

假设用命令 replace 把第一个观测值中的变量 pl2 改成 120。如下所示，命令 replace 会检测到这个变化，并且会把 pl2 的存储类型改成 int。

```
. replace pl2 = 120 in 1
pl2 was byte now int
(1 real change made)

. desc pl2

              storage  display     value
variable name   type   format      label      variable label
------------------------------------------------------------------
pl2             int    %3.0f                  Pulse: Trial 2
```

最后，回到数据 cardio3. dta 中，来看看当使用表示日期的数值型变量时，会出现哪些特殊问题。变量 bdate 包含个人的出生日期。下面可以看到其中包含月、日和年份的变量以及变量 bdate，其中变量 bdate 是把出生日期保存成一个变量。（正如 5.8 节中讲的，格式%td 会给变量 bdate 生成合适的显示格式。）

```
. use cardio3

. list bmo bda byr bdate
```

| | bmo | bda | byr | bdate |
|---|---|---|---|---|
| 1. | 7 | 6 | 1989 | 06jul1989 |
| 2. | 11 | 12 | 1987 | 12nov1987 |
| 3. | 3 | 10 | 1981 | 10mar1981 |
| 4. | 6 | 5 | 1981 | 05jun1981 |
| 5. | 2 | 1 | 1982 | 01feb1982 |

命令 describe 显示变量 bdate 是用 float 存储类型保存的，这个类型对于保存日期的变量来说已经足够。

```
. describe bdate

              storage  display     value
variable name   type   format      label      variable label
------------------------------------------------------------
bdate           float  %td                    Birth date
```

但是就变量 bdatetime 而言，在一个变量中它既包含出生日期又包含出生时间（更多有关日期时间型变量的知识，请参见 5.9 节）。下面列出了包含出生的天、月份、年份、小时、分钟和秒的单个变量以及合并变量 bdatetime，它把出生日期和时间作为一个日期—时间值来保存并显示。

```
. list bmo bda byr bhr bmin bsec bdatetime
```

| | bmo | bda | byr | bhr | bmin | bsec | bdatetime |
|---|---|---|---|---|---|---|---|
| 1. | 7 | 6 | 1989 | 10 | 6 | 7 | 06jul1989 10:06:07 |
| 2. | 11 | 12 | 1987 | 14 | 11 | 22 | 12nov1987 14:11:22 |
| 3. | 3 | 10 | 1981 | 5 | 45 | 55 | 10mar1981 05:45:55 |
| 4. | 6 | 5 | 1981 | 2 | 23 | 25 | 05jun1981 02:23:25 |
| 5. | 2 | 1 | 1982 | 3 | 11 | 33 | 01feb1982 03:11:33 |

和 bdate 变量相反，变量 bdatetime 使用的存储格式是 double。

```
. describe bdatetime

              storage  display     value
variable name   type   format      label      variable label
------------------------------------------------------------
bdatetime       double %tc                    Birth date and time
```

把包含日期—时间取值的变量保存成 double 型是必要的，否则就会丢失信息。当生成这样的变量时，我会用下面的命令来完成这个任务：

```
. generate double bdatetime2 = mdyhms(bmo, bda, byr, bhr, bmin, bsec)
```

注意这里明确指定 bdatetime 的存储类型是 double。下面让我们重复这个命令来生成一个名为 bdatetime2 的新变量，但从命令 generate 中省略 double；这个省略会让变量的存储类型变成默认的 float 型。

```
. generate bdatetime2 = mdyhms(bmo, bda, byr, bhr, bmin, bsec)

. format bdatetime2 %tc

. describe bdatetime2

              storage  display     value
variable name   type   format      label      variable label
------------------------------------------------------------------
bdatetime2      float  %tc
```

当 bdatetime2 被保存成 float 型时，它的取值就不会准确地和一个人的出生时刻相匹配了。这是因为当把这类变量保存成 float 型，而忘记明确指定将其保存成 double 型时，就会丢失精度。

| | bmo | bda | byr | bhr | bmin | bsec | bdatetime2 |
|---|---|---|---|---|---|---|---|
| 1. | 7 | 6 | 1989 | 10 | 6 | 7 | 06jul1989 10:06:31 |
| 2. | 11 | 12 | 1987 | 14 | 11 | 22 | 12nov1987 14:11:34 |
| 3. | 3 | 10 | 1981 | 5 | 45 | 55 | 10mar1981 05:46:01 |
| 4. | 6 | 5 | 1981 | 2 | 23 | 25 | 05jun1981 02:23:40 |
| 5. | 2 | 1 | 1982 | 3 | 11 | 33 | 01feb1982 03:11:03 |

总而言之，了解 Stata 数据类型不仅有助于用最节省的方式来保存变量，节省空间，而且有助于避免变量丢失精度的错误出现。更多信息，请参见 help data type。

## A6. 逻辑表达式

提到逻辑表达式，我会想到的是一个可判断真假的陈述。考虑下面这个陈述，"Sally 每周工作少于 40 个小时"。如果 Sally 每周工作 36 个小时，那么这个陈述就为真，如果她每周工作 43 个小时，那么这个陈述即为假。打开数据 wws2. dta，可以用在后面加上了 if (hours<40)的 count 命令计算出每周工作时间少于 40 个小时的女性有多少。表达式(hours<40)就是一个可以判断真假的逻辑表达式。如下所见，这个数据中有 759 名女性在这个表达式上为真。

```
. use wws2
(Working Women Survey w/fixes)

. count if (hours < 40)
  759
```

进行对比时，可以用 < 表示小于，用 <= 表示少于或等于，> 表示大于，>= 表示大于或等于，用 == 检查两个变量是否相等，用!= 来检查两个变量是否不等。下面可以看到两个例子。

```
. * how many women work 40 hours per week?
. count if (hours == 40)
  1093

. * how many women work at most 40 hours per week?
. count if (hours <= 40)
  1852
```

有时想合并逻辑表达式。例如，想把女性工作 40 个小时或 41 个小时这两个逻辑表达式连接起来，表示想知道是第一个为真还是（or）第二个为真。Stata 中用来表示"或"（or）的符号是"|"。或许你想知道的是，女性的工作时间是否不少于 40 个小时同时也不多于 50 个小时。在这里你要问的是第一个表达式和（and）第二个表达式是否都为真。Stata 中用来表示"且"（and）的符号是"&"。下面是示例。

```
. * how many women work 40 hours or 41 hours?
. count if (hours == 40) | (hours == 41)
  1095

. * how many women work at least 40 and at most 50 hours?
. count if (hours >= 40) & (hours <= 50)
  1383
```

有些逻辑表达式可以根据 Stata 的函数生成。例如，要计算出有多少个案例在 hours 这个变量上是缺失。这时要用到 missing(hours)，如果 hours 是缺失，则其为真，如果 hours 不缺失，则其为假。如果还想算出有多少个不是缺失。Stata 中，用来表示否定的符号是!。下面是这两个示例。

```
. count
  2246

. count if missing(hours)
    4
```

```
. count if ! missing(hours)
  2242
```

结果显示，数据中一共有 2 246 名女性，其中有 4 名在 hours 上缺失，有 2 242 名在 hours 上非缺失。

这时缺失值的问题就出来了。A. 10 节中将会讲到，缺失值是作为最大的可能值保存的。在前面，已经计算过有多少名女性的工作时间是小于或者等于 40 个小时（下面还将重算一遍）。可能想通过指定 if hours>40 来计算出每周工作时间超过 40 个小时的女性人数，但要注意，这么做是错误的，因为有 4 名女性的工作时间是缺失的，它们也会被当成大于 40 的值来处理。

```
. count if hours <= 40
  1852

. * WRONG (includes missing values too)
. count if hours > 40
  394
```

下面重复后一条命令，并试着把 hours 为缺失的女性准确地排除出去。这条命令之所以能够准确地计算出工作时间超过 40 个小时的女性人数，是因为它明确规定了 hours 必须非缺失。

```
. * Correct (excludes missing values)
. count if (hours > 40) & ! missing(hours)
  390
```

下面是另一个示例，这个例子中同样要对排除缺失值做出明确的规定。当计算工作时间不等于 40 个小时的女性人数时，也需要排除缺失值，这是因为缺失值也不等于 40。在建立这种逻辑表达式时，要注意该如何处理缺失值（正无穷大）并能给出相应的解释。

```
. * how many women do not work 40 hours
. count if (hours != 40) & ! missing(hours)
  1149
```

每一个逻辑陈述都可以判断真假，Stata 给为真的陈述赋值为 1，给为假的陈述赋值为 0。假设要生成一个变量 workfull，如果工作时间达到了 40 个小时及以上，则将其赋值为 1，否则取为 0。这样来生成这个变量：

```
. generate workfull = 1 if (hours >= 40) & ! missing(hours)
(763 missing values generated)

. replace workfull = 0 if (hours < 40)
(759 real changes made)
```

或者，可把它们简化为一条逻辑陈述：

```
. generate workfull = (hours >= 40) if ! missing(hours)
(4 missing values generated)

. tab workfull, missing
```

| workfull | Freq. | Percent | Cum. |
|---|---|---|---|
| 0 | 759 | 33.79 | 33.79 |
| 1 | 1,483 | 66.03 | 99.82 |
| . | 4 | 0.18 | 100.00 |
| Total | 2,246 | 100.00 | |

当逻辑表达式(hours> = 40)为真时，workfull 赋值为 1；当逻辑表达式为假时，workfull 赋值为 0，最后的结果和期望的一样。这里加入 if !missing(hours)，意思是仅对那些 hours 非缺失的个案执行这条命令。当 hours 为缺失时，worfull 的取值仍然保持缺失状态。

假设要识别出每周工作时间恰好分别是 35、40 或 45 小时的女性。可以生成一个变量来识别这些女性，如下所示：

```
. generate workdummy = (hours==35) | (hours==40) | (hours==45)  if ! missing(hours)
(4 missing values generated)
```

还可以用另一种方法来生成这个变量，就是用函数 inlist()。注意，如果想要选择的工作小时数有好几个，比起上面的做法来，这样做会更易读，也更易操作。

```
. generate workdummy = inlist(hours,35,40,45) if ! missing(hours)
(4 missing values generated)
```

到目前为止，已经讨论了如何处理像 hours 这样的整数值的变量。但要在逻辑表达式中用小数（小数点右边也有取值的数）时，可能就会遇到精度和四舍五入的问题。

例如，这个数据中有一个变量 wage2，其包含的工资额是四舍五入到小数点后第 2 位的（也就是到分）。假设要列出每小时工资恰好是＄8.90 的女性。这里想先展示数据中的 3 个例子，来表明这样的女性确实存在。

```
. list idcode wage2 if inlist(idcode, 2231, 1370, 1435)
```

| | idcode | wage2 |
|---|---|---|
| 1288. | 2231 | 8.9 |
| 1660. | 1435 | 8.9 |
| 1683. | 1370 | 8.9 |

可以看到至少有 3 个个案满足条件，现在要列出所有这样的个案，下面这么做看上去是合逻辑的：

```
. list idcode wage2 if wage2 == 8.9
```

怎么会是这样的结果呢？如果不是我们之前已经看到了确实有 3 个这样的个案，或许就会错误地认为每小时工资刚好为 $8.90 的女性是不存在的了。这样的结果提示我们应该注意计算机保存小数值时的精度问题。对于整数而言，如何保存一个数值没有歧义。但是对于小数而言，计算机表示的精度会有出入。正如 A.5 讲到的，Stata 有两种用来保存小数的数据类型，分别是 float 型和 double 型。如下所示，wage2 的存储类型是 float。但是 Stata 在进行内部计算时，用的可能是最高精度（也就是说，它用的是 double 精度）。因此当变量 wage2（float 型）和取值 8.9（它是以 double 型表示的）做比较时，两个取值就被认为是不相等的了。

```
. desc wage2

              storage  display     value
variable name   type   format      label      variable label
-------------------------------------------------------------------------
wage2           float  %9.0g                  Wages, rounded to 2 digits
```

解决办法就是让这两个取值处于同样的精度水平上（让两个都处在 float 水平上），如下所示。当比较 wage2 和 float(8.9)时，会看到所有 wage2 等于 $8.90 的观测值。

```
. list wage2 if wage2 == float(8.9), sep(0)

      +-------+
      | wage2 |
      |-------|
1112. |   8.9 |
1288. |   8.9 |
1487. |   8.9 |
1572. |   8.9 |
1660. |   8.9 |
1683. |   8.9 |
2001. |   8.9 |
      +-------+
```

假设想通过把 wage2 的精度变成 double 型来解决这个问题，用精度为 double 的变量 wage2 和 8.9 相比。我们也试试这个做法。

```
. generate double wage2d = wage2
(2 missing values generated)

. list wage2d if wage2d == 8.9
```

这么做也没有显示出任何观测个案。

下面看看这么做为什么也不行。可以先对取值设定一个较高的精度（如把 8.9 先存成一个 double 值），然后将其转换成一个较低的精度（如再把 8.9 存成一个 float 值），这样做是有问题的，但是不能拿一个较低精度的值，通过将其存成更高精度类型来恢复取值的精度（如把它从 float 转换成 double）。如下所示，可以看到 wage2 和 wage2d 的取值有微小的差异。

```
. list wage2 wage2d if wage2 == float(8.9), sep(0)

        +------------------+
        | wage2     wage2d |
        |------------------|
 1112.  |   8.9  8.8999996 |
 1288.  |   8.9  8.8999996 |
 1487.  |   8.9  8.8999996 |
 1572.  |   8.9  8.8999996 |
 1660.  |   8.9  8.8999996 |
 1683.  |   8.9  8.8999996 |
 2001.  |   8.9  8.8999996 |
        +------------------+
```

更多有关逻辑表达式的信息，请参见 help exp 和 help if。

## A7. 函数

一个函数允许输入一个或多个参数取值，然后得到一个返回值。例如，在函数 sqrt()里输入 4 时，它就会返回取值 2。下面用 wws2.dta 作为示例来介绍函数，在这个数据中生成一个变量 sqrtwage，它等于 wage 的平方根。

```
. use wws2
(Working Women Survey w/fixes)

. generate sqrtwage = sqrt(wage)
(2 missing values generated)

. list wage sqrtwage in 1/5

     +---------------------+
     |     wage   sqrtwage |
     |---------------------|
  1. |  7.15781   2.675408 |
  2. | 2.447664   1.564501 |
  3. | 3.824476   1.955627 |
  4. | 14.32367   3.784662 |
  5. | 5.517124   2.348856 |
     +---------------------+
```

如你所想，Stata 有很多函数。实际上，help functions 中把这些函数做了分类，一共分成 8 大类。函数 sqrt()是数学函数的一个例子。

其他会经常用到的数学函数还有 abs()（绝对值），exp()（指数）和 ln()（自然对数）。数学函数中还有对数字做约等处理的函数。举例来说，下面用函数 int()计算出女性直接去掉美分后的净收入。与之相对，函数 round()则是把女性的净收入四舍五入到美元（用的是传统的四舍五入规则）。

```
. generate networth1 = int(networth)

. generate networth2 = round(networth)

. list idcode networth networth1 networth2 in 1/5, abb(20)
```

| | idcode | networth | networth1 | networth2 |
|---|---|---|---|---|
| 1. | 5159 | 157.8097 | 157 | 158 |
| 2. | 5157 | -4552.336 | -4552 | -4552 |
| 3. | 5156 | -3175.523 | -3175 | -3176 |
| 4. | 5154 | 7323.667 | 7323 | 7324 |
| 5. | 5153 | -1482.876 | -1482 | -1483 |

函数 round()不只限于四舍五入到整数（默认是到整数）。生成变量 network3 来表示四舍五入到十分位数的净收入（也就是到角），变量 network4 表示四舍五入到百分位数的净收入。更多有关 Stata 数学函数的信息，请参见 help math function。

```
. generate networth3 = round(networth, 0.1)

. generate networth4 = round(networth, 100)
```

下面查看一下原始变量以及四舍五入后的变量。

```
. list idcode networth networth3 networth4 in 1/5, abb(20)
```

| | idcode | networth | networth3 | networth4 |
|---|---|---|---|---|
| 1. | 5159 | 157.8097 | 157.8 | 200 |
| 2. | 5157 | -4552.336 | -4552.3 | -4600 |
| 3. | 5156 | -3175.523 | -3175.5 | -3200 |
| 4. | 5154 | 7323.667 | 7323.7 | 7300 |
| 5. | 5153 | -1482.876 | -1482.9 | -1500 |

**注意！Stata 函数，你的函数是什么？**

也许你会咨询 Jack Sheldon（http：//www. schoolhouserock. tv/Conjunction. html）有关 Stata 函数的问题，他也许会和您分享如下信息：

Stata function，what's your function?

Passing in values，getting back results.

Stata Function，how's that function?

I've got eight types of functions，that get most of my job done.

Stata Function，what's their function?

See the help for function，that will get you pretty far.

接下来探讨一些 Stata 中的编程函数，参见 help programming functions。例如，看看下面怎样用函数 missing()来计算 grade 不为缺失值的观测值在变量 wage 上的描述统计值。

```
. summarize wage if ! missing(grade)
```

| Variable | Obs | Mean | Std. Dev. | Min | Max |
|---|---|---|---|---|---|
| wage | 2240 | 7.803143 | 5.827396 | 0 | 40.74659 |

假设只想计算工作编码为 1、3、5、8 或 10 的女性在工资上的描述统计值。不需要指定 5 个 if 限定符，通过指定 if inlist(occupation,1,3,5,8,10）就可以实现，如下所示。

```
. summarize wage if inlist(occupation,1,3,5,8,10)
```

| Variable | Obs | Mean | Std. Dev. | Min | Max |
|---|---|---|---|---|---|
| wage | 1391 | 7.496547 | 5.451008 | 1.032247 | 40.74659 |

如果只对每周工作时间在 0 到 40（包括 40）个小时的人感兴趣，只想计算出他们在工资上的描述统计值。可以通过指定 if(hours>=0 & hours<=40）来实现，但也可以简单地用 if inrange(hours,0,40)来实现，如下所示。

```
. summarize wage if inrange(hours, 0, 40)
```

| Variable | Obs | Mean | Std. Dev. | Min | Max |
|---|---|---|---|---|---|
| wage | 1850 | 7.45381 | 5.537428 | 1.004952 | 40.74659 |

随机数函数（参见 help random number）在随机选取观测值上非常有用，可以用

来抽查数据。下面先用命令 set seed[①]，然后用命令 generate 和函数 runiform()生成一个随机变量 rannum，它是取值范围在 0 到 1 之间的随机数。

```
. * ensure you get the same sample
. set seed 8675309

. * make a random number
. generate rannum = runiform()
```

接着就可以显示出随机选取的约 1%的观测值，如下所示。

```
. list idcode age race if rannum <= 0.01
```

*(输出结果略)*

如果只想检查 10 个观测值。可以用 rannum（用它给数据进行一个随机排序）给数据排序，然后显示前 10 条观测值。

```
. sort rannum

. list idcode age race in 1/10
```

*(输出结果略)*

本节只是粗浅地了讲了一下 Stata 中的函数。本节中省略了字符串函数、日期函数和日期—时间函数，因为它们在 5.4 节、5.8 节和 5.9 节中都已经介绍过了。要想对学习 Stata 中的所有函数有完整的了解，请参见 help functions。

# A8. 用 if 和 in 对观测值进行分组

几乎所有的 Stata 命令都允许用限定符 if，在满足逻辑限定条件的观测值中执行命令。同样地，几乎所有的 Stata 命令都允许加入限定符 in，在指定的观测值上执行命令。本节就来介绍一下 if 和 in，用的数据是 wws2. dta。先来计算下数据中所有观测值在变量 currexp 上的描述统计值。

```
. use wws2
(Working Women Survey w/fixes)

. summarize currexp
```

| Variable | Obs | Mean | Std. Dev. | Min | Max |
|---|---|---|---|---|---|
| currexp | 2231 | 5.185567 | 5.048073 | 0 | 26 |

① 可以给命令 set seed 分配任何一个你喜欢的数字。如果不用命令 set seed，则每次运行这些命令时，都会得到不同样本量的观测值。命令 set seed 保证在每次重复执行命令时都会得到相同的随机数列。

通过加入 if married==1 来限定仅对已婚的个体进行分析。

```
. summarize currexp if married ==1
```

| Variable | Obs | Mean | Std. Dev. | Min | Max |
|---|---|---|---|---|---|
| currexp | 1432 | 5.078212 | 4.934883 | 0 | 26 |

当然，也可以指定更复杂的限定符。例如，下面限定只对那些已婚且年龄不到 40 岁的个体进行分析。更多有关逻辑表达式的信息请参见 A.6。

```
. summarize currexp if (married==1) & (age < 40)
```

| Variable | Obs | Mean | Std. Dev. | Min | Max |
|---|---|---|---|---|---|
| currexp | 1016 | 4.829724 | 4.585643 | 0 | 21 |

还可以在限定符 if 的后面加上一或多个选项。例如，要获取更详细的描述统计结果，在上述命令的后面加上选项 detail。

```
. summarize currexp if (married==1) & (age < 40), detail
```

*(输出结果略)*

限定符 in 是根据观测值的编号来控制要对哪些观测值执行命令。用限定符 in 1/4，就只显示前 4 条观测值。

```
. list idcode age race married in 1/4
```

| | idcode | age | race | married |
|---|---|---|---|---|
| 1. | 5159 | 38 | 2 | 0 |
| 2. | 5157 | 24 | 2 | 1 |
| 3. | 5156 | 26 | 1 | 1 |
| 4. | 5154 | 32 | 1 | 1 |

也可以通过指定 in-4/L 来显示最后四条观测值。−4 表示的是倒数第四条观测值，L 表示最后一条观测值。

```
. list idcode age race married in -4/l
```

| | idcode | age | race | married |
|---|---|---|---|---|
| 2243. | 4 | 43 | 1 | 1 |
| 2244. | 3 | 42 | 2 | 0 |
| 2245. | 2 | 34 | 2 | 0 |
| 2246. | 1 | 25 | 2 | 0 |

我认为在读取很大的原始数据时，in 就显得尤其好用。假设数据 wws_subset.txt 是一个含有很多变量的非常大的原始数据。为确保正确地读取了原始数据，可以先只读取前 5 条观测值，然后查看一下，如下所示。

```
. infile idcode age race married nevmar using wws_subset.txt in 1/5
(eof not at end of obs)
(5 observations read)

. list

     +-------------------------------------------+
     | idcode   age   race   married   nevmar |
     |-------------------------------------------|
  1. |      1    37      2         0        0 |
  2. |     12     2     37         2        0 |
  3. |      0    12      3        42        2 |
  4. |      0     1     12         4       43 |
  5. |      1     1      0        17        6 |
     +-------------------------------------------+
```

我好像在读取数据时出错了。我又重新检查了一遍数据，发现确实漏掉了一个变量。把这个变量加上之后，又重新读取了一次数据。这次的结果应该是对的。

```
. infile idcode age race married nevmar grade using wws_subset.txt in 1/5, clear
(eof not at end of obs)
(5 observations read)

. list

     +---------------------------------------------------+
     | idcode   age   race   married   nevmar   grade |
     |---------------------------------------------------|
  1. |      1    37      2         0        0      12 |
  2. |      2    37      2         0        0      12 |
  3. |      3    42      2         0        1      12 |
  4. |      4    43      1         1        0      17 |
  5. |      6    42      1         1        0      12 |
     +---------------------------------------------------+
```

接着，把整个数据读入 Stata，并列出前 5 条和后 5 条观测值。我发现这是一个既快速又简单的识别读入数据时出现问题（但不会是全部的问题）的方法。

```
. infile idcode age race married nevmar grade using wws_subset.txt, clear
(2246 observations read)

. list in 1/5
```

```
     ┌──────────────────────────────────────────────────┐
     │ idcode   age   race   married   nevmar   grade  │
     ├──────────────────────────────────────────────────┤
  1. │      1    37      2         0        0      12  │
  2. │      2    37      2         0        0      12  │
  3. │      3    42      2         0        1      12  │
  4. │      4    43      1         1        0      17  │
  5. │      6    42      1         1        0      12  │
     └──────────────────────────────────────────────────┘

. list in -5/-1

        ┌──────────────────────────────────────────────────┐
        │ idcode   age   race   married   nevmar   grade  │
        ├──────────────────────────────────────────────────┤
 2242.  │   5153    35      1         0        1      12  │
 2243.  │   5154    44      1         1        0      16  │
 2244.  │   5156    42      1         1        0      12  │
 2245.  │   5157    38      2         1        0      12  │
 2246.  │   5159    43      2         0        0      12  │
        └──────────────────────────────────────────────────┘
```

读取原始数据时也可以用限定符 if。假设 wws_subset. txt 是一个非常大的原始数据文件，只对其中的已婚个体感兴趣。与其先把整个数据读入内存然后再把未婚的观测值删掉，还不如我们只读入已婚的 1 442 个观测案例，如下所示。

```
. infile idcode age race married nevmar grade using wws_subset.txt if married == 1, cle
(1442 observations read)
```

更多信息，请参见 help if 和 help in。

**注意！if 不是一个选项**

有时有人试图把限定符 if 放在逗号的后面，当成一个选项来处理。

```
summarize currexp, if married ==1 detail
```

这样做会产生如下一条错误信息：

```
option if not allowed r(198);
```

这条错误信息看起来是告诉我们命令不支持限定符 if，但实际上它的意思是命令不能识别选项 if。把逗号放在限定符 if 的后面，然后再运行一次命令，就能得到想要的结果。

```
. summarize currexp if married ==1, detail
```

## A9. 用 keep 和 drop 选择观测值和变量

命令 keep 和 drop 有两个作用：从当前数据中删除变量以及从当前数据中删除观测值。用数据 cardio1. dta 来讨论这两个命令，如下所示。

```
. use cardio1

. describe

Contains data from cardio1.dta
  obs:             5
 vars:            12                          22 Dec 2009 19:50
 size:           100
--------------------------------------------------------------------------
              storage  display     value
variable name   type   format      label      variable label
--------------------------------------------------------------------------
id              byte   %3.0f                  Identification variable
age             byte   %3.0f                  Age of person
bp1             int    %3.0f                  Systolic BP: Trial 1
bp2             int    %3.0f                  Systolic BP: Trial 2
bp3             int    %3.0f                  Systolic BP: Trial 3
bp4             int    %3.0f                  Systolic BP: Trial 4
bp5             int    %3.0f                  Systolic BP: Trial 5
pl1             int    %3.0f                  Pulse: Trial 1
pl2             byte   %3.0f                  Pulse: Trial 2
pl3             int    %3.0f                  Pulse: Trial 3
pl4             int    %3.0f                  Pulse: Trial 4
pl5             byte   %3.0f                  Pulse: Trial 5
--------------------------------------------------------------------------
Sorted by:
```

这个数据中包含 5 条观测值，变量有：ID、age、5 个血压测量值以及 5 个脉搏测量值。列出数据中的这 5 条观测值。

```
. list
```

| | id | age | bp1 | bp2 | bp3 | bp4 | bp5 | pl1 | pl2 | pl3 | pl4 | pl5 |
|---|---|---|---|---|---|---|---|---|---|---|---|---|
| 1. | 1 | 40 | 115 | 86 | 129 | 105 | 127 | 54 | 87 | 93 | 81 | 92 |
| 2. | 2 | 30 | 123 | 136 | 107 | 111 | 120 | 92 | 88 | 125 | 87 | 58 |
| 3. | 3 | 16 | 124 | 122 | 101 | 109 | 112 | 105 | 97 | 128 | 57 | 68 |
| 4. | 4 | 23 | 105 | 115 | 121 | 129 | 137 | 52 | 79 | 71 | 106 | 39 |
| 5. | 5 | 18 | 116 | 128 | 112 | 125 | 111 | 70 | 64 | 52 | 68 | 59 |

可以通过输入 drop age 来删除变量 age，如下所示。命令 list 的结果显示已经把 age 从当前工作数据中删掉了。

```
. drop age

. list
```

| | id | bp1 | bp2 | bp3 | bp4 | bp5 | pl1 | pl2 | pl3 | pl4 | pl5 |
|---|---|---|---|---|---|---|---|---|---|---|---|
| 1. | 1 | 115 | 86 | 129 | 105 | 127 | 54 | 87 | 93 | 81 | 92 |
| 2. | 2 | 123 | 136 | 107 | 111 | 120 | 92 | 88 | 125 | 87 | 58 |
| 3. | 3 | 124 | 122 | 101 | 109 | 112 | 105 | 97 | 128 | 57 | 68 |
| 4. | 4 | 105 | 115 | 121 | 129 | 137 | 52 | 79 | 71 | 106 | 39 |
| 5. | 5 | 116 | 128 | 112 | 125 | 111 | 70 | 64 | 52 | 68 | 59 |

还可以通过在命令 drop 的后面指定多个变量来一次删除多个变量。假设想删除所有的血压测量值的变量。可以输入 drop bp1 bp2 bp3 bp4 bp5，或者，因为所有变量在数据中是连续排列的，所以还可以输入 drop bp1-bp5（如下所示）。观测值列表显示已经把所有的血压变量从数据中删除了。

```
. drop bp1-bp5

. list
```

| | id | pl1 | pl2 | pl3 | pl4 | pl5 |
|---|---|---|---|---|---|---|
| 1. | 1 | 54 | 87 | 93 | 81 | 92 |
| 2. | 2 | 92 | 88 | 125 | 87 | 58 |
| 3. | 3 | 105 | 97 | 128 | 57 | 68 |
| 4. | 4 | 52 | 79 | 71 | 106 | 39 |
| 5. | 5 | 70 | 64 | 52 | 68 | 59 |

重新读入 cardio1. dta，讲解如何用命令 keep，这条命令会把除了指定要保存的变量之外的所有其他变量删除。这里只想保存 id 和血压值，可以这样来用 keep 命令：

```
. use cardio1

. keep id bp*
```

如下所示，当前工作数据中只包含 ID 变量和血压观测值。

```
. list
```

| | id | bp1 | bp2 | bp3 | bp4 | bp5 |
|---|---|---|---|---|---|---|
| 1. | 1 | 115 | 86 | 129 | 105 | 127 |
| 2. | 2 | 123 | 136 | 107 | 111 | 120 |
| 3. | 3 | 124 | 122 | 101 | 109 | 112 |
| 4. | 4 | 105 | 115 | 121 | 129 | 137 |
| 5. | 5 | 116 | 128 | 112 | 125 | 111 |

也可以用命令 drop 和 keep 来删除当前工作数据中的观测值。命令 drop 可以与 if 和 in 联用来指定要从数据中删除的观测值（更多有关 if 和 in 的信息，请参见 A. 8 节）。例如，命令 dorp in 1/3 就会从当前数据中删除前 3 条观测值。或如下所示，命令 drop if age < 30 会删掉所有年龄不到 30 岁的人。

```
. use cardio1

. drop if age < 30
(3 observations deleted)

. list
```

| | id | age | bp1 | bp2 | bp3 | bp4 | bp5 | pl1 | pl2 | pl3 | pl4 | pl5 |
|---|---|---|---|---|---|---|---|---|---|---|---|---|
| 1. | 1 | 40 | 115 | 86 | 129 | 105 | 127 | 54 | 87 | 93 | 81 | 92 |
| 2. | 2 | 30 | 123 | 136 | 107 | 111 | 120 | 92 | 88 | 125 | 87 | 58 |

如你所料，命令 keep if 和 keep in 也可以指定要保存哪些观测值。输入 keep in 2/3 就会保留第 2 条和第 3 条观测值。下面打开 cardio1. dta，然后执行命令 keep if age <= 20，只保留那些年龄小于或等于 20 岁的观测值。

```
. use cardio1

. keep if age <= 20
(3 observations deleted)

. list
```

| | id | age | bp1 | bp2 | bp3 | bp4 | bp5 | pl1 | pl2 | pl3 | pl4 | pl5 |
|---|---|---|---|---|---|---|---|---|---|---|---|---|
| 1. | 3 | 16 | 124 | 122 | 101 | 109 | 112 | 105 | 97 | 128 | 57 | 68 |
| 2. | 5 | 18 | 116 | 128 | 112 | 125 | 111 | 70 | 64 | 52 | 68 | 59 |

更多关于命令 drop 和 keep 的内容，请参见 help drop。

## A10. 缺失值

对研究者来说缺失值简直就是灾害。如果可能，我甚至想让缺失值成为不合法的东西。但此时此刻，我们需要想办法来处理它们。幸运的是，Stata 提供了很多功能和工具来帮助你处理缺失值。其中的一个功能就是支持很多不同类型的缺失值。实际上，Stata 给出了 27 种不同的缺失值编码。默认的编码是 .，另外还可以用 .a，.b，.c 一直到 .z 的缺失值编码。例如，在你的研究中，也许有一部分人缺失是因为拒绝回答（可能给这部分人分配一个 .r 作为缺失值编码），还有一部分是因为不知道（可能给这些人分配一个 .d 作为缺失值编码），等等。在 Stata 的所有命令中，这些不同类型的缺失值都会被识别出来，且都会被当成缺失值处理，不同类型的编码也方便你把不同类型的缺失值区分开。

看看下面的数据 cardiolamiss。在这个数据中，有 5 个血压测量值（bp1– bp5）和 5 个脉搏测量值（pl1—pl5）。在这项研究中，个案有缺失值可能是因为编码错误（这种情况分配的是编码 .a），也可能是因为中途退出了研究（这种情况分配的是编码 .b）。

```
. use cardiolamiss

. list
```

| | id | age | bp1 | bp2 | bp3 | bp4 | bp5 | pl1 | pl2 | pl3 | pl4 | pl5 |
|---|---|---|---|---|---|---|---|---|---|---|---|---|
| 1. | 1 | 40 | 115 | 86 | 129 | 105 | .b | 54 | 87 | 93 | 81 | .b |
| 2. | 2 | 30 | 123 | 136 | 107 | 111 | 120 | 92 | 88 | 125 | 87 | 58 |
| 3. | 3 | 16 | .a | 122 | 101 | 109 | 112 | 105 | 97 | 128 | 57 | 68 |
| 4. | 4 | 23 | 105 | 115 | 121 | 129 | 137 | 52 | 79 | 71 | 106 | 39 |
| 5. | 5 | 18 | 116 | 128 | 112 | 125 | .a | 70 | .a | 52 | 68 | 59 |

了解一下 Stata 是如何在计算机中存储缺失值，尽管这看起来似乎和我们的关系不大。缺失值是被当成最大值来保存的，它比任何其他的有效取值都大。下面根据 bp5 对数据做排序，然后列出排好序的观测值。在变量 bp5 上是缺失的观测值被放在列表的最后，因为它们的取值最大。缺失值大于任何其他的有效值，而在 27 个缺失值内部，最小值的是 .，接着是 .a，然后是 .b 一直到最大的缺失值 .z。

```
. sort bp5

. list
```

| | id | age | bp1 | bp2 | bp3 | bp4 | bp5 | pl1 | pl2 | pl3 | pl4 | pl5 |
|---|---|---|---|---|---|---|---|---|---|---|---|---|
| 1. | 3 | 16 | .a | 122 | 101 | 109 | 112 | 105 | 97 | 128 | 57 | 68 |
| 2. | 2 | 30 | 123 | 136 | 107 | 111 | 120 | 92 | 88 | 125 | 87 | 58 |
| 3. | 4 | 23 | 105 | 115 | 121 | 129 | 137 | 52 | 79 | 71 | 106 | 39 |
| 4. | 5 | 18 | 116 | 128 | 112 | 125 | .a | 70 | .a | 52 | 68 | 59 |
| 5. | 1 | 40 | 115 | 86 | 129 | 105 | .b | 54 | 87 | 93 | 81 | .b |

假设只想看看第 5 次血压测量值高于 115 的观测值。可以输入下面这条命令，看看会发生什么。

```
. list if bp5 > 115
```

| | id | age | bp1 | bp2 | bp3 | bp4 | bp5 | pl1 | pl2 | pl3 | pl4 | pl5 |
|---|---|---|---|---|---|---|---|---|---|---|---|---|
| 2. | 2 | 30 | 123 | 136 | 107 | 111 | 120 | 92 | 88 | 125 | 87 | 58 |
| 3. | 4 | 23 | 105 | 115 | 121 | 129 | 137 | 52 | 79 | 71 | 106 | 39 |
| 4. | 5 | 18 | 116 | 128 | 112 | 125 | .a | 70 | .a | 52 | 68 | 59 |
| 5. | 1 | 40 | 115 | 86 | 129 | 105 | .b | 54 | 87 | 93 | 81 | .b |

上面的命令结果显示了 bp5 上有缺失的观测值，因为当 bp5 为缺失时，它是大于 115 的。为了从列表中删除这些缺失值，可以在限定符 if 中加上 & ! missing(bp5)，就会把 bp5 为缺失的个案排除在外。

```
. list if (bp5 > 115) & ! missing(bp5)
```

| | id | age | bp1 | bp2 | bp3 | bp4 | bp5 | pl1 | pl2 | pl3 | pl4 | pl5 |
|---|---|---|---|---|---|---|---|---|---|---|---|---|
| 2. | 2 | 30 | 123 | 136 | 107 | 111 | 120 | 92 | 88 | 125 | 87 | 58 |
| 3. | 4 | 23 | 105 | 115 | 121 | 129 | 137 | 52 | 79 | 71 | 106 | 39 |

另一个用法是指定 & (bp5 <.)，它规定 bp5 应该小于最小的缺失值。这是另一种用来指定 bp5 不能为缺失的做法。

```
. list if (bp5 > 115) & (bp5 < .)
```

| | id | age | bp1 | bp2 | bp3 | bp4 | bp5 | pl1 | pl2 | pl3 | pl4 | pl5 |
|---|---|---|---|---|---|---|---|---|---|---|---|---|
| 2. | 2 | 30 | 123 | 136 | 107 | 111 | 120 | 92 | 88 | 125 | 87 | 58 |
| 3. | 4 | 23 | 105 | 115 | 121 | 129 | 137 | 52 | 79 | 71 | 106 | 39 |

如果想显示 pl5 为缺失的观测值，可以用下面的命令：

```
. list if missing(pl5)
```

| | id | age | bp1 | bp2 | bp3 | bp4 | bp5 | pl1 | pl2 | pl3 | pl4 | pl5 |
|---|---|---|---|---|---|---|---|---|---|---|---|---|
| 5. | 1 | 40 | 115 | 86 | 129 | 105 | .b | 54 | 87 | 93 | 81 | .b |

如果只想查看第 5 次脉搏值为缺失的观测值，且缺失原因是由于被试中途退出研究（编码为 .b），可以输入

```
. list if pl5 == .b
```

| | id | age | bp1 | bp2 | bp3 | bp4 | bp5 | pl1 | pl2 | pl3 | pl4 | pl5 |
|---|---|---|---|---|---|---|---|---|---|---|---|---|
| 5. | 1 | 40 | 115 | 86 | 129 | 105 | .b | 54 | 87 | 93 | 81 | .b |

可以在函数 missing()中填上一系列表达式（中间用逗号隔开）。如果其中任何一个表达式为缺失，那么函数 missing()即为真。下面就是用它来识别任何一次血压或脉搏测量中出现缺失的观测值。

```
. list if missing(bp1, bp2, bp3, bp4, bp5, pl1, pl2, pl3, pl4, pl5)
```

| | id | age | bp1 | bp2 | bp3 | bp4 | bp5 | pl1 | pl2 | pl3 | pl4 | pl5 |
|---|---|---|---|---|---|---|---|---|---|---|---|---|
| 1. | 3 | 16 | .a | 122 | 101 | 109 | 112 | 105 | 97 | 128 | 57 | 68 |
| 4. | 5 | 18 | 116 | 128 | 112 | 125 | .a | 70 | .a | 52 | 68 | 59 |
| 5. | 1 | 40 | 115 | 86 | 129 | 105 | .b | 54 | 87 | 93 | 81 | .b |

注意函数 missing()里加入的是一系列表达式，而不是一个变量列表，参见 A. 11 节。例如，如果指定的是 missing(bp＊)，Stata 就会报错。但是看了下面这个命令，也许又会认为它是有效的，因为它运行成功了，但是它产生的结果却和上面的不一样，这到底是怎么回事呢？由于函数 missing()要求用的是表达式，所以它把 bp1—bp5 理解成 bp1 减去 bp5，因此列出的是这两个变量之差为缺失的所有观测值。

```
. list if missing(bp1-pl5)
```

| | id | age | bp1 | bp2 | bp3 | bp4 | bp5 | pl1 | pl2 | pl3 | pl4 | pl5 |
|---|---|---|---|---|---|---|---|---|---|---|---|---|
| 1. | 3 | 16 | .a | 122 | 101 | 109 | 112 | 105 | 97 | 128 | 57 | 68 |
| 5. | 1 | 40 | 115 | 86 | 129 | 105 | .b | 54 | 87 | 93 | 81 | .b |

假设想算出 5 次试验脉搏值的平均值。下面提供了一种方法。但要注意当 id 等于

5 和 1 时，计算处理的均值为缺失。这是因为在进行算术运算时，如果碰到缺失值，其结果也将是缺失。

```
. generate plavg = (pl1 + pl2 + pl3 + pl4 + pl5)/5
(2 missing values generated)

. list id pl*
```

| | id | pl1 | pl2 | pl3 | pl4 | pl5 | plavg |
|---|---|---|---|---|---|---|---|
| 1. | 3 | 105 | 97 | 128 | 57 | 68 | 91 |
| 2. | 2 | 92 | 88 | 125 | 87 | 58 | 90 |
| 3. | 4 | 52 | 79 | 71 | 106 | 39 | 69.4 |
| 4. | 5 | 70 | .a | 52 | 68 | 59 | . |
| 5. | 1 | 54 | 87 | 93 | 81 | .b | . |

假设想对当前已有的观测值计算均值。需要用到命令 egen 来实现，如下所示。

```
. egen plavg2 = rowmean(pl1 pl2 pl3 pl4 pl5)

. list id pl*
```

| | id | pl1 | pl2 | pl3 | pl4 | pl5 | plavg | plavg2 |
|---|---|---|---|---|---|---|---|---|
| 1. | 3 | 105 | 97 | 128 | 57 | 68 | 91 | 91 |
| 2. | 2 | 92 | 88 | 125 | 87 | 58 | 90 | 90 |
| 3. | 4 | 52 | 79 | 71 | 106 | 39 | 69.4 | 69.4 |
| 4. | 5 | 70 | .a | 52 | 68 | 59 | . | 62.25 |
| 5. | 1 | 54 | 87 | 93 | 81 | .b | . | 78.75 |

还可以把函数 rowmiss()和 egen 连用来计算指定变量中缺失值的个数，也可以用 rownonmiss()来计算指定变量中非缺失值的个数，如下所示。

```
. egen missbp = rowmiss(bp1 bp2 bp3 bp4 bp5)

. egen nonmissbp = rownonmiss(bp1 bp2 bp3 bp4 bp5)

. list id bp1-bp5 missbp nonmissbp
```

| | id | bp1 | bp2 | bp3 | bp4 | bp5 | missbp | nonmis~p |
|---|---|---|---|---|---|---|---|---|
| 1. | 3 | .a | 122 | 101 | 109 | 112 | 1 | 4 |
| 2. | 2 | 123 | 136 | 107 | 111 | 120 | 0 | 5 |
| 3. | 4 | 105 | 115 | 121 | 129 | 137 | 0 | 5 |
| 4. | 5 | 116 | 128 | 112 | 125 | .a | 1 | 4 |
| 5. | 1 | 115 | 86 | 129 | 105 | .b | 1 | 4 |

同样也可以给缺失值分配取值标签，与给任何其他取值分配标签的做法一样（参见 4.3 节）。下面定义了一个取值标签 plbpmiss，.a 代表编码错误，.b 代表被试退出。

```
. label define plbpmiss .a "RecErr"  .b "Dropout"
```

现在把取值标签给血压和脉搏变量贴上。可以看到包含 5 个脉搏变量的列表中已经显示出取值标签，如下所示。

```
. label values pl1-pl5 bp1-bp5 plbpmiss

. list id pl1 pl2 pl3 pl4 pl5
```

| | id | pl1 | pl2 | pl3 | pl4 | pl5 |
|---|---|---|---|---|---|---|
| 1. | 3 | 105 | 97 | 128 | 57 | 68 |
| 2. | 2 | 92 | 88 | 125 | 87 | 58 |
| 3. | 4 | 52 | 79 | 71 | 106 | 39 |
| 4. | 5 | 70 | RecErr | 52 | 68 | 59 |
| 5. | 1 | 54 | 87 | 93 | 81 | Dropout |

更多有关如何给缺失值编码的知识，请参见 5.6 节。还可以参见 help missing 来获取更多有关 Stata 中缺失值的内容。

# A11. 变量列表

Stata 的帮助文件和手册中都提到了一个概念 *varlist*。简单地说，就是一个变量或多个中间用空格隔开的变量的列表。Stata 里的变量列表支持几种不同的缩写规则，具体来说包括 *、?、_all 和~。这里用数据 cardio3.dta 来介绍一下这些缩写规则，数据描述如下所示。

```
. use cardio3

. describe

Contains data from cardio3.dta
  obs:            5
 vars:           26                          23 Dec 2009 15:12
 size:          640
```

```
                  storage  display     value
variable name     type     format      label       variable label
---------------------------------------------------------------------------------
id                long     %10.0f                  Identification variable
fname             str15    %15s                    First name
lname             str10    %10s                    Last name
bp1               int      %3.0f                   Systolic BP: Trial 1
pl1               int      %3.0f                   Pulse: Trial 1
bp2               int      %3.0f                   Systolic BP: Trial 2
pl2               int      %3.0f                   Pulse: Trial 2
bp3               int      %3.0f                   Systolic BP: Trial 3
pl3               int      %3.0f                   Pulse: Trial 3
bpmean            float    %9.0g                   Mean blood pressure
plmean            float    %9.0g                   Mean pulse
gender            str6     %9s                     Gender of person
bmo               float    %4.0f                   Birth month
bda               float    %4.0f                   Birth day
byr               float    %4.0f                   Birth year
bhr               double   %4.0f                   Birth hour
bmin              double   %4.0f                   Birth minute
bsec              double   %4.0f                   Birth second
age               byte     %3.0f                   Age of person
weight            float    %9.0g                   Weight (in pounds)
famhist           long     %12.0g      famhistl    Family history of heart disease
income            double   %10.2f                  Income
zipcode           long     %12.0g                  Zip Code (5 digit)
heart_attack_~t   float    %9.0g                   Risk of heart attack from treadmill test
bdate             float    %td                     Birth date
bdatetime         double   %tc                     Birth date and time
---------------------------------------------------------------------------------
Sorted by:
```

最简单的变量列表就是完整地拼写出一个变量。例如，要得到变量 bp 的描述统计结果：

```
. summarize bp1

    Variable |       Obs        Mean    Std. Dev.       Min        Max
-------------+--------------------------------------------------------
         bp1 |         5       116.6    7.635444        105        124
```

或者，也可以指定很多变量，中间用空格隔开，如下所示。

```
. summarize bp1 bp2 bp3

    Variable |       Obs        Mean    Std. Dev.       Min        Max
-------------+--------------------------------------------------------
         bp1 |         5       116.6    7.635444        105        124
         bp2 |         5       117.4    19.17811         86        136
         bp3 |         5         114    11.13553        101        129
```

可以用 summarize bp *，这样能减少输入，它给出了所有以 bp 开头的变量的描述统计结果。

```
. summarize bp*

    Variable |       Obs        Mean    Std. Dev.       Min        Max
-------------+--------------------------------------------------------
         bp1 |         5       116.6    7.635444        105        124
         bp2 |         5       117.4    19.17811         86        136
         bp3 |         5         114    11.13553        101        129
      bpmean |         5         116    4.600725        110        122
```

天啊，上面这个例子中，怎么变量 bpmean 也被包括进去了（因为它也是以 bp 开头）。可以尝试下另一种方法；我们指定 bp?，它是对任何以 bp 开头的且只有 3 个字母的变量的缩写，第 3 个字母可以是任意值。这就排除了有 6 个字母的 bpmean。

```
. summarize bp?

    Variable |       Obs        Mean    Std. Dev.       Min        Max
-------------+--------------------------------------------------------
         bp1 |         5       116.6    7.635444        105        124
         bp2 |         5       117.4    19.17811         86        136
         bp3 |         5         114    11.13553        101        129
```

?和 * 可以在任何地方出现：可以在最后（如上所示），也可以夹在中间（如 b * 1），也可以在开头。就像下面指定 * 2，它就会显示出所有以 2 结尾的变量的描述统计结果。

```
. summarize *2

    Variable |       Obs        Mean    Std. Dev.       Min        Max
-------------+--------------------------------------------------------
         bp2 |         5       117.4    19.17811         86        136
         pl2 |         5          83    12.38951         64         97
```

可以根据变量在数据中的位置，用-来指定一系列的变量。例如，x-y 的意思是数据中从 x 到 y 的变量。

下面是想用这个方法来获取从 1 到 3 的血压值，但这样做不对，因为这些变量在数据中的位置并不相邻。脉搏值夹在中间。

```
. summarize bp1-bp3

    Variable |       Obs        Mean    Std. Dev.       Min        Max
-------------+--------------------------------------------------------
         bp1 |         5       116.6    7.635444        105        124
         pl1 |         5        74.6    23.36236         52        105
         bp2 |         5       117.4    19.17811         86        136
         pl2 |         5          83    12.38951         64         97
         bp3 |         5         114    11.13553        101        129
```

可以重新给这些变量排一下序，让血压和脉搏的测量值分别放在一起。

```
. order fname bp1 bp2 bp3 bpmean pl1 pl2 pl3 plmean
```

将这些变量排好序后，就可以用 bp1—bp3 来指代 3 个血压测量值，如下所示。5.15 节介绍了更多有关给数据中的变量排序的问题。

```
. summarize bp1-bp3
```

| Variable | Obs | Mean | Std. Dev. | Min | Max |
|---|---|---|---|---|---|
| bp1 | 5 | 116.6 | 7.635444 | 105 | 124 |
| bp2 | 5 | 117.4 | 19.17811 | 86 | 136 |
| bp3 | 5 | 114 | 11.13553 | 101 | 129 |

怎样指定一个变量列表，让其把当前数据中的所有变量都包含在内呢？这种情况下可以用关键词_all。下面的示例就用了命令 order 和选项 alpha 来对数据中的变量按照首字母顺序排序。因为指定了_all 为变量列表，所以数据中的所有变量都按首字母顺序排好了。

```
. order _all, alpha
```

最后，~可以用来缩写一个（且只能是一个）变量。它和 * 很像，但是它只能指代一个变量。如果用这个缩写指定多个变量，Stata 就会返回一条错误信息（来阻止你指代更多变量）。下面就是用它来指代变量 heart_attack_risk_treadmill_test 的例子。

```
. summarize hear~test
```

| Variable | Obs | Mean | Std. Dev. | Min | Max |
|---|---|---|---|---|---|
| heart_atta~t | 5 | .4288191 | .3189803 | .0445188 | .8983462 |

更多有关变量列表的信息，请参见 help varlist。

# 主题词表

| | |
|---|---|
| **Symbols** | **符号** |
| %fmt | 设置变量的显示格式 |
| * abbreviation character | 缩写字符“*” |
| * comment indicator | 注释符号“*” |
| + combining strings | 用“+”连接字符串 |
| - abbreviation character | 缩写字符“-” |
| . ,. a,. b,…,. z mising values | 缺失值“.”、“. a”、“. b”……“. z” |
| /* */ comment indicator | 注释符号“/* */” |
| // comment indicator | 注释符号“//” |
| /// continuation comment indicator | 连续注释符号“///” |
| ? abbreviation character | 缩写字符“?” |
| ## interaction | 交互项“##” |
| ~ abbreviation character | 缩写字符“~” |
| 1. , 2. prefix | 前缀“1.”、“2.” |
| **A** | **A** |
| abbreviating variable lists | 缩写变量列表 |
| accessing results of commands…see saved results | 获取命令的保存结果……见“保存结果” |
| ado-files | 可自动运行的 Stata 程序文件 |
| aggregate statistics, making dataset of | 把汇总统计结果保存为数据 |
| _all, abbreviation | 缩写规则_all |
| alphabetizing variables | 按首字母顺序排列变量 |
| anycount(), egen function | 函数 anycount()、egen |
| anymatch(), egen function | 函数 anymatch()、egen |
| append command | append 命令 |
| appending datasets | 添加数据 |
| problems | 添加数据时存在的问题 |

## R



## R

Data Management Using Stata：A Practical Handbook

By Michael N. Mitchell

**图书在版编目（CIP）数据**

Stata环境下的数据管理实务手册/（美）米歇尔著；唐丽娜译．—北京：中国人民大学出版社，2013.11

ISBN 978-7-300-18239-1

Ⅰ.①S… Ⅱ.①米…②唐… Ⅲ.①数据管理-手册 Ⅳ.①TP274-62

中国版本图书馆CIP数据核字（2016）第068994号

**Stata环境下的数据管理实务手册**

[美] 迈克尔·N·米歇尔 著

唐丽娜 译

Stata Huanjingxia de Shuju Guanli Shiwu Shouce

---

**出版发行** 中国人民大学出版社

**社　　址** 北京中关村大街31号　　**邮政编码** 100080

**电　　话** 010－62511242（总编室）　　010－62511770（质管部）

010－82501766（邮购部）　　010－62514148（门市部）

010－62515195（发行公司）　　010－62515275（盗版举报）

**网　　址** http://www.crup.com.cn

http://www.ttrnet.com(人大教研网)

**经　　销** 新华书店

**印　　刷** 北京昌联印刷有限公司

**规　　格** 185 mm×235 mm 16开本　　**版　　次** 2016年5月第1版

**印　　张** 27 插页1　　**印　　次** 2017年1月第2次印刷

**字　　数** 522 000　　**定　　价** 68.00元

---